ullstein

Das Buch

Einerseits vermutet die Wissenschaft, die Asteroiden zwischen Mars und Jupiter stammten aus der Urzeit des Sonnensystems, andererseits auch, diese Objekte könnten eventuell durch eine Planetenkollision entstanden sein. Dieser Gedanke wurde nicht weiterverfolgt – denn für dieses Szenario fehlte schlichtweg ein passender Planet. Obwohl die Strukturen der Asteroiden auf eine Planetenkruste hinweisen, mit der Venus ein Planet existiert, dessen mysteriöse Eigenschaften ihn als Projektil eines kosmischen Crashs ausweisen, und eine Nahaufnahme der NASA den Großen Roten Fleck auf dem Jupiter sogar als den Ort einer Planetenkollision vermuten lässt. Aber: Die Umlaufbahn der Venus befindet sich heute viel näher an der Sonne, als sie nach einem Zusammenstoß eigentlich sein dürfte – somit bliebe nur eine Option: Eine außerirdische Intelligenz ist an diesem Geschehen beteiligt gewesen! Offensichtlich wurde vor etwa 13.000 Jahren die Kollision eines Planeten mit dem Jupiter bewusst herbeigeführt!
Eine spannende, physikalisch abgesicherte Indizienkette, aufgrund derer sich ein völlig anderer Verlauf der Menschheitsgeschichte rekonstruieren lässt und sich für viele Mysterien der Frühgeschichte schlüssige und zugleich sensationelle Lösungen ergeben – nebst der Frage: Besteht die Gefahr, dass die Außerirdischen auf der Suche nach neuem Lebensraum imperiale Ansprüche auf unseren Planeten hegen?

Der Autor

Martin Heinrich, geboren in Schlesien, lebt bis auf kurze Aufenthalte im Westerwald und Spanien im Siegerland. Durch Erich von Däniken inspiriert, suchte er jahrelang vergebens nach dem ultimativen Beweis außerirdischer Einflussnahme. Erst in den letzten Jahren gelang ihm mehr zufällig beim Betrachten der Aufnahmen der Asteroiden Ida und Eros der Durchbruch. Zur Zeit arbeitet er an einem weiteren Buch, das sich neben neuen Erkenntnissen mehr dem theologisch-philosophischen Bereich widmet, in dem nachhaltig darauf verwiesen wird, welche katastrophalen Folgen der Menschheit bei einer Rückkehr der »Götter« drohen.
(Weitere Informationen auf seiner Website www.martinheinrich.eu)

Martin Heinrich

DIE VENUS-KATASTROPHE

WIE DAS SONNENSYSTEM VERÄNDERT WURDE

Ullstein

Besuchen Sie uns im Internet:
www.ullstein-taschenbuch.de

Umwelthinweis:
Dieses Buch wurde auf chlor- und säurefreiem Papier gedruckt.

Originalausgabe im Ullstein Taschenbuch
1. Auflage Juli 2007
2. Auflage 2007

Umschlaggestaltung: HildenDesign, München
(nach einer Vorlage von Büro Hamburg)
Titelabbildung: Stephan Heinrich, Agentur Heinrich
Satz: Keller & Keller GbR
Gesetzt aus der: Goudy
Druck und Bindearbeiten: Ebner & Spiegel, Ulm
Printed in Germany
ISBN 978-3-548-36960-0

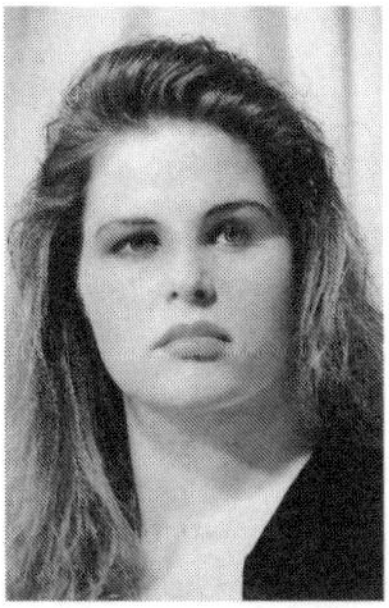

Gewidmet unserer Tochter Cornelia
die im März des Jahres 2003 im Alter von 29 Jahren
nach einem langen Leidensweg verstarb.

Ich habe das Gestern gesehen –
ich kenne das Morgen
(Grabinschrift im Tal der Könige, Theben-West)

Inhalt

Vorwort

Als ich Ende der sechziger Jahre in einer Illustrierten zum ersten Mal mit den Theorien Erich von Dänikens konfrontiert wurde, fiel es mir wie Schuppen von den Augen: Das ist es, war mein erster Gedanke, und viele Bibelpassagen erschienen plötzlich in einem völlig anderen Licht. Prähistorische Astronauten – das war die Lösung! Und so wurde im Laufe der Jahrzehnte einiges an Material zu diesem Thema gesammelt und aufgearbeitet. Dadurch wurde zwar meine Hausbibliothek vor allem in den 70er und 80er Jahren zunehmend umfangreicher, was aber nicht bedeutete, dass diese Thematik meinen Lebensinhalt ausmachte. Das gezielte Recherchieren begann eigentlich erst in den letzten Jahren. Was sich anfangs als einfach und simpel darbot, wurde, je weiter ich mich in die Materie einarbeitete, ständig komplizierter und undurchsichtiger. Es genügte mir einfach nicht, einer Figur auf irgendeiner jahrtausendealten Felszeichnung einen Astronautenhelm überzustülpen oder den Besuch von Außerirdischen einmal auf 30.000 Jahre, dann wieder auf 400 Jahre vor der Zeitrechnung zu datieren. Schlichtweg gesagt, es wirkte wie viele andere Spekulationen einfach unglaubwürdig, wenn nach diesem Schema krampfhaft nach Spuren prähistorischer Astronauten gesucht werden sollte. Unter logischen Gesichtspunkten betrachtet, bot sich nur eine Möglichkeit an: Wenn jemals Außerirdische die Erde besuchten, dann war dies nicht zufällig geschehen; es muss ein riesiges Unternehmen gewesen sein, und die Besucher hatten einen triftigen Grund, eine solche Reise anzutreten.

Gleichwohl führt kein Weg daran vorbei, dass das Interesse an der Theorie eines Eingriffs Außerirdischer in die Menschheitsentwicklung im Laufe der Zeit immer mehr nachließ. Auch wenn es noch so bitter ist; auf der Bühne der Astroarchäologie erschien in den letzten Jahren nichts mehr, was dieser Idee neue Impulse hätte verleihen können. Deshalb konnten sich die Skeptiker bezüglich einer Einflussnahme durch Außerirdische im frühgeschichtlichen Verlauf der Menschheitsgeschichte bisher relativ sicher sein, dass ein derartiges Geschehen nach wissenschaftlichen Regeln schwerlich zu belegen war. Durch die in diesem Buch vorgestellte und durch zahlreiche Belege untermauerte Theorie entsteht eine andere Situation – unter konsequenter Befolgung physikalischer Gesetze lassen die präsentierten Indizien keinen anderen Schluss zu als diesen: Außerirdische waren in prähistorischer Zeit auf der Erde!

Das äußerst eindrucksvolle Beweismaterial liefert überraschenderweise die NASA. Die Aufnahmen der Asteroiden Ida, Mathilde und Eros belegen eindeutig, dass diese Körper Bruchstücke einer Planetenkruste sind. Natürlich ist das alleine noch kein Indiz für das Wirken Außerirdischer in unserem Sonnensystem. Dieses wiederum liefern der Planet Jupiter und vor allem die mysteriöse Venus. Eine weitere Aufnahme der NASA erhärtet die Vermutung, dass der Rote Fleck auf dem Jupiters eine überdimensionierte Delle ist. Die einzig logische Erklärung für diese Entdeckung ist, dass an diesem Ort einst ein Planet mit dem Jupiter kollidierte. Weil es im gesamten Sonnensystem nur einen Planeten gibt, der aufgrund seiner vielen Merkwürdigkeiten für diese Kollision in Frage kommt, ist mit der Venus der Kandidat schnell gefunden. Der ultimative Beweis auf Außerirdische findet sich aber ausschließlich in der exakt kreisförmigen Bahn der Venus, die nur durch eine bewusste Manipulation zu erklären ist. Nach einer Kollision mit dem Jupiter wäre ihr Sonnenumlauf bis auf den heutigen Tag aufgrund physikalischer Gesetzmäßigkeiten extrem elliptisch verlaufen und eine permanente Gefahr für die Erde gewesen, wenn sie nicht verändert worden wäre.

Auf die Frage, was die Außerirdischen zu ihrem Tun veranlasste, kommt die Lösung wiederum von der NASA. Die spektakulären Aufnahmen des Weltraumteleskops Hubble von apokalyptischen Supernovä lassen erahnen, welche lebensbedrohenden Gewalten im Kosmos allgegenwärtig sind. Somit wäre das Motiv gefunden, warum Außerirdische einstmals zur Erde gelangten: Sie waren und werden auch weiterhin auf der unerbittlichen Suche nach neuem Lebensraum sein, weil sich ihr Heimatplanet in der Gefahrenzone einer bevorstehenden Katastrophe befindet.

Sicherlich war es nicht ihr Ziel, der Menschheit beim Aufbau einer Zivilisation behilflich zu sein – das war eher ein Nebenprodukt. Aufgrund dieser Vermutung ist der Versuch legitim, einen völlig anderen Verlauf der Menschheitsgeschichte zu rekonstruieren, wodurch gleichzeitig für viele Rätsel der Frühgeschichte, wie zum Beispiel das Nazca-Mysterium, eine logische Lösung angeboten wird. Dass beispielsweise die Pyramiden von Giseh als weithin sichtbares Symbol für die dramatischen Umwälzungen in unserem Sonnensystem stehen, soll mit Hilfe des Physikers Dr. Hans Jelitto belegt werden.

Und noch etwas kristallisierte sich heraus: Es waren keine Super-Außerirdischen, die auf der Erde wirkten. Ihr Unternehmen war vielmehr gekennzeichnet von Pleiten, Pech und Pannen sowie einer gehörigen Portion Skrupellosigkeit. Dass sie eine kosmische Katastrophe mit der Entstehung der Venus mit einhergehenden weitreichenden geologischen Umwälzungen auf der Erde zu verantworten hatten, soll ebenso dokumentiert werden wie die Sintflut, die durch einen gezielten Asteroideneinschlag in den Atlantik die zweite prähistorische Katastrophe zur Folge hatte und die ihnen ebenfalls anzulasten ist.

Deshalb ist es notwendig, auf die drohenden Gefahren hinzuweisen, falls die Außerirdischen eines Tages zurückkommen sollten, um ihre imperialen Ansprüche auf die Erde durchzusetzen, die ihrer Zivilisation ein Weiterexistieren ermöglichen kann. Dass sie bei einer Rückkehr im Gegensatz zu ihrem ersten Aufenthalt als kompakte Einheit auftreten und Konsequenz und Entschlossenheit demonstrieren, daran darf keine Sekunde gezweifelt werden. Denn nicht der Entwicklung der menschlichen Gesellschaft wird ihr vorrangiges Interesse gelten, sondern der Planet Erde wird das Objekt der Begierde sein.

Damit wäre unabwendbar der Punkt erreicht, an dem auch für den Normalbürger in letzter Konsequenz das Modell einer übergeordneten Allmacht nicht mehr vermittelbar ist. Dann hieße es unweigerlich Abschied nehmen vom biblischen Gott, von Allah, Manitu, Brahma oder welche Namen die Götter sonst noch tragen. All diesen Gottheiten, welchen bar jeglicher Logik seit Jahrtausenden gehuldigt wird, hätten dann ein für alle Mal ausgedient wie auch die Vision vom ewigen Zusammenleben in Gottes Reich.

Neben den wissenschaftlichen Disziplinen existiert noch eine »Software«, für die es keine Beweise im wissenschaftlichen Sinne gibt, die aber unter logischen Gesichtspunkten betrachtet viele Antworten auf ungelöste Rätsel der Frühgeschichte gibt. Es sind die Menschheitserinnerungen in Form der Mythologie, der Wissenschaft von den Weltentstehungs- und Göttersagen. Unter dem Aspekt einer Begegnung mit einer außerirdischen Zivilisation zeigt sich überraschend eine weltweite identische Linie in diesen Überlieferungen. Deshalb sollten wir »modernen« Menschen uns davor hüten, diese Berichte in eine Schublade zu legen, versehen mit dem Prädikat: wirre, undefinierbare Erzählungen primitiver Völker. Am Beispiel der Venus wird besonders offenkundig, wie unerklärliche wissenschaftliche Fakten erst durch die Menschheitserinnerungen eine konsequente Schlussfolgerung ermöglichen. Umso unbegreiflicher, dass nie der Versuch unternommen wurde, die fast unzähligen weltweit vorhandenen Berichte über die Venus-Entstehung einer unvoreingenommenen Prüfung zu unterziehen, anstatt sie mythologisch mit ihren irrationalen Deutungen erklären zu wollen.

Zum Geleit

von Dr. Hans Jelitto

Das Interesse am Unbekannten und an der Beantwortung ungeklärter Fragen, wie z. B. im Zusammenhang mit den Pyramiden von Giseh, war es wohl, das den Autor dazu bewegte, mit mir Kontakt aufzunehmen. Später bat er mich, ein paar physikalische Fragen zu diesem Buch zu klären und einen Beitrag zu liefern, was ich sehr gern tat. Der berufliche Hintergrund und die Herangehensweise sind beim Autor und mir recht unterschiedlich. Während Martin Heinrich mit normalem technischem Verständnis relativ unbelastet an dieses astronomische Thema herangeht, spielt bei mir auch die wissenschaftliche Vorbildung eine Rolle. Während des Hauptstudiums in Physik belegte ich als Nebenfach Astronomie, so dass ich neue Fragen stets auch vor dem physikalischen und astronomischen Hintergrund sehe.

Nun mag die von Martin Heinrich vorgetragene These der Entstehung der Venus und ihrer heutigen Umlaufbahn für Außenstehende sehr unreal oder sogar »völlig abgehoben« anmuten. Es ist von einer gigantischen Planetenkollision innerhalb unseres Sonnensystems die Rede, einem an sich undenkbaren Ereignis, und zu alle dem bringt der Autor außerirdische Wesen ins Spiel. Und so muss ich mir wohl die Frage gefallen lassen, wie ich dazu komme, mich mit diesem Thema zu beschäftigen und eine solche Idee überhaupt ernst zu nehmen. Ich möchte dies anhand einiger offener, teils astronomischer Fragen erläutern und vorweg ein Beispiel heranziehen.

Wohl nahezu jeder Leser wird schon einmal von der (allgemeinen) Relativitätstheorie Albert Einsteins gehört haben. Um diese

Theorie aufstellen zu können, musste Einstein die bis dahin geläufige Vorstellung des »absoluten« Raumes und einer überall im Raum »gleichförmig verlaufenden« Zeit aufgeben. Er behauptete unter anderem, dass nicht nur der Raum, sondern sogar die Zeit gekrümmt sei. Klingt das nicht wie barer Unsinn? Es ist offenbar keiner, denn die Theorie wurde bisher durch alle physikalischen Experimente und Beobachtungen bestätigt. Ich führe dies hier nur an, weil ich mir bewusst bin, dass die Grundidee im vorliegenden Buch ähnlich unglaubhaft klingen mag. Wenn eine These wirklich absurd ist – wie z. B. »Die Erde ist eine Scheibe« –, dann gibt es immer ein oder mehrere leicht nachvollziehbare Gegenargumente. Falls diese Gegenargumente allerdings nicht existieren, dann ist die Tatsache, dass eine These völlig unglaublich klingt, allein noch in keiner Weise ein Argument dagegen. Auch die Aussage: »Viele Personen sind anderer Meinung« zählt nicht als Gegenargument. Wenn es echte Gegenargumente gibt, dann müssen diese konkret genannt werden!

Nun ist der Aufbau unseres Sonnensystems durch moderne, erdgestützte Beobachtungen und auch durch Raumsonden sehr gut bekannt. Dennoch gibt es in Bezug auf unser Sonnen- bzw. Planetensystem eine Reihe ungeklärter Fragen, wie z. B. die folgenden:

Der Jupiter ist auf seiner ganzen Oberfläche von einer dichten Atmosphäre umgeben, was an sich nichts Besonderes ist. Doch nicht sehr weit von seinem Äquator gibt es den sogenannten Großen Roten Fleck. *Was hat es mit dem Roten Fleck auf sich?* Es ist heute bekannt, dass es sich um ein stabiles wirbelförmiges Wolkengebilde handelt, von dem bereits seit 300 Jahren berichtet wird, d. h. seit geeignete Beobachtungsinstrumente zur Verfügung stehen. Wie kann ein Wolkengebilde mit einer Ausdehnung, die größer als die Erde ist, so lange am selben Ort bestehen? Im Juli 1994 waren wir Zeuge des gigantischen Kometenabsturzes Shoemaker-Levi-9 auf Jupiter. Der Komet zerbrach vor dem Aufschlag aufgrund der starken Gravitation des Jupiters, doch die mehrere Kilometer großen Bruchstücke hinterließen immer noch riesige sichtbare Wolkenflecken an den Einschlagstellen auf der Jupiteroberfläche. Diese hielten sich jedoch nur einige Zeit, wurden schwächer und sind heute nicht mehr zu sehen. Die Ursache für den Roten Fleck auf dem Jupiter muss also erheblich stärkere Ausmaße gehabt haben. Was könnte das sein? Eine naheliegende Erklärung wäre eine Delle in einem angenommenen festen Kern des Jupiters. Diese Einsenkung in der Oberfläche des Kerns würde sich natürlich mit dem Planeten mitdrehen und bliebe erhalten, was den ortsfesten Wolkenwirbel, den Großen Roten Fleck, erklären könnte. Natürlich wäre zu erwarten, dass durch Erosion, die aufgrund der hohen Windgeschwindigkeiten von mehreren hundert Stundenkilometern gewaltig sein muss, diese Kuhle nach und nach eingeebnet wird. Tatsächlich wird beim Vergleich alter Zeichnungen mit modernen Fotografien ein langsames Abnehmen der Größe des Großen Roten Flecks vermutet. Falls eine solche Delle existiert, ist nun die Frage, wie sie entstanden ist. Es sei erwähnt, dass in der heutigen Astrophysik noch nicht geklärt ist, ob der Jupiter aufgrund seiner geringen Dichte von ca. $1{,}3\,g/cm^3$ überhaupt einen festen Kern besitzt. Doch auch wenn der Kern des Jupiters eine andere Beschaffenheit hat, wäre denkbar, dass der hier angenommene Planetenzusammenstoß eine Narbe im Kern des Jupiters zurückließ, die bis heute existiert und sich im Großen Roten Fleck auf der Jupiteroberfläche manifestiert.

Wie entstand die große Anzahl von Asteroiden, die sich hauptsächlich im sogenannten Asteroidengürtel zwischen der Jupiter- und der Marsbahn aufhalten und die die Sonne umkreisen? Durch langsame Verdichtung interstellarer Materie während der Entstehung des Sonnensystems werden sie nicht entstanden sein, denn dabei entstehen keine unförmigen Felsbrocken in der Größe von einigen Metern bis mehreren hundert Kilometern. Eine viel einfachere Erklärung wäre, dass die Asteroiden Bruchstücke eines gewaltigen Zusammenstoßes von Himmelskörpern sind. Die Frage ist: Was ist da zusammengestoßen?

Eine weitere Frage, die in diesem Zusammenhang auftaucht: *Wie kommt es, dass sich (betrachtet man die neun bekannten Planeten) der Asteroidengürtel genau in der nächstkleineren Bahn innerhalb der Jupi-*

terbahn befindet? Sollte der kolossale Zusammenstoß eines Himmelskörpers mit dem Jupiter die Ursache sein, dann ist tatsächlich die Asteroidenbahn genau die, die zu erwarten wäre. Die Asteroidenbahn würde sich nicht weiter innen und schon gar nicht weiter außen befinden.

Was liegt der Idee zugrunde, dass bei einem angenommenen Zusammenstoß eines Himmelskörpers mit dem Jupiter möglicherweise Außerirdische beteiligt waren? Der Jupiter hat unter unseren Planeten eine Sonderstellung. Das sei kurz erläutert: Obwohl Planeten im Allgemeinen vergleichsweise klein gegenüber den Sternen bzw. Sonnen sind, so ist dennoch der Übergang in der Größe fließend. Macht man einen Planeten theoretisch oder praktisch immer größer, dann werden die Masse und der damit verbundene innere Druck des Planeten irgendwann so groß, das im Inneren des Planeten Wasserstoff zu Helium fusioniert. Das heißt, das nukleare Brennen beginnt, und der Planet wird plötzlich zu einem Stern. Er beginnt zu leuchten. Interessanterweise befindet sich der Jupiter als größter Planet knapp unterhalb dieser Massegrenze. Das heißt, »ein wenig« mehr Masse könnte ausreichen, ihn zu »zünden«. Tatsächlich wurde dies schon in Büchern und in dem Kinofilm »2010: Das Jahr, in dem wir Kontakt aufnehmen« thematisiert. In diesem Film findet gegen Ende die dramatische Umwandlung des Jupiters vom Planeten zum Stern statt.

Nun hat der Mensch bisher offenbar gern mit sehr gefährlichen Spielzeugen wie z. B. Atomwaffen herumgespielt und sie zur Explosion gebracht. Angenommen es gäbe Außerirdische, die uns technisch weit überlegen sind – wäre es nicht denkbar, dass diese mit ihren Möglichkeiten auch ein wenig herumspielten? Sie hätten versucht, durch Manipulation der Flugbahn eines Himmelskörpers einen gezielten Zusammenstoß mit dem Jupiter herbeizuführen, damit die kritische Masse überschritten wird. Das nukleare Brennen würde beginnen, und der Jupiter würde zum Stern werden. Vielleicht hatten sie ein wissenschaftliches Interesse, oder sie wollten sich damit ein bleibendes Denkmal setzen. Wie dem auch sei, wenn er die Ursache für den sichtbaren Roten Fleck auf dem Jupiter ist, dann ist dieser Versuch anscheinend misslungen. Der Himmelskörper wäre demnach in einer Weise abgeprallt, die nicht geplant war.

Warum drehen sich nahezu alle unsere Planeten im gleichen Drehsinn wie die Sonne und auch wie die Bahnbewegungen der Planeten, während die Venus entgegengesetzt rotiert? Wenn vor Milliarden von Jahren alle Planeten gemeinsam mit der Sonne durch allmähliche Verdichtung einer langsam rotierenden Wolke interstellaren Staubes entstanden sind, so wäre die entgegengesetzte Rotation der Venus kaum zu erklären. Die naheliegende und möglicherweise die einzige Erklärung dafür ist der Zusammenstoß mit einem anderen Himmelskörper. Bei einer solchen Kollision wird fast immer die Rotationsachse des kleineren Kollisionspartners drastisch verändert. Die Effekte der Präzession und der Nutation im Gravitationsfeld der Sonne erzeugen ein gleichförmiges »Schwanken« der Rotationsachse eines Planeten, doch ein vollständiges Kippen der Drehachse in eine neue stabile Lage ist dadurch allein nicht möglich. Damit wäre möglicherweise das Projektil für den Jupiter gefunden. Es sei noch erwähnt, dass der Uranus ebenfalls eine Sonderstellung im Planetensystem hat, doch dieser Planet läuft weit außerhalb der Jupiterbahn um die Sonne und spielt deshalb in diesem Zusammenhang wahrscheinlich keine Rolle.

Eine Konsequenz der vorherigen Annahmen ist nun die vorerst letzte Frage: *Wenn die Venus tatsächlich das übrig gebliebene »Projektil« nach der Kollision mit Jupiter ist, warum hat die Venus dann heute eine nahezu kreisförmige Umlaufbahn innerhalb der Erdbahn um die Sonne?* Das Problem ist, dass sich ihre Umlaufbahn heute viel näher an der Sonne befindet, als sie nach einem Zusammenstoß gemäß physikalischen Gesetzen eigentlich dürfte. Durch die Kollision wäre ihre Bewegung derart abgebremst worden, dass sie zunächst auf eine ellipsenförmige Sturzbahn in Richtung Sonne und in Richtung heutiger Venusbahn gefallen wäre. Nach der größten Annäherung an die Sonne hätte dieser Himmelskörper jedoch wieder die Höhe der Jupiterbahn erreicht und wäre niemals von allein in die nahezu kreisförmige, sonnennahe Umlaufbahn der Venus eingeschwenkt. Er würde wie ein Komet einer schlanken Ellipse um die Sonne folgen und dabei die Erdbahn kreuzen. Die Klärung des Problems ist eine Folgerung aus den vorangegangenen Punkten; wenn die Kollision eines Himmelskörpers mit Jupiter absichtlich durch Außerirdische herbeigeführt wurde, so müssen jene Wesen die technischen Möglichkeiten gehabt haben, um die Bewegung eines Planeten drastisch zu beeinflussen. Angenommen, das Experiment ging daneben, der Jupiter wurde nicht zum Stern, und das abgeprallte Projektil (die Venus) befand sich nun auf einer stark elliptischen Umlaufbahn, die ständig die Erdbahn kreuzte, dann wäre eine weitere Kollision mit der Erde bzw. eine ständige Störung der Erdbahn auf lange Sicht unvermeidlich gewesen. Das Ende des Lebens auf der Erde wäre besiegelt. Da die außerirdischen Wesen jedoch die Möglichkeit zur Beeinflussung einer Planetenbahn besessen haben müssen, sahen sie sich eventuell gezwungen, falls sie die Menschen nicht ihrem Schicksal überlassen wollten, ein zweites Mal einzugreifen und die Venus derart abzubremsen, dass sie in eine nahezu kreisförmige sonnennahe Umlaufbahn einschwenkte. Die Umlaufbahn der Venus wäre nun harmlos für die Erde, und als ein Indiz bliebe die umgekehrte (retrograde) Eigenrotation der Venus übrig.

Ich will nicht behaupten, dass alles so stattfand, wie hier angedeutet wird. Und es ist auch nicht so, dass ich in allen Punkten mit der Argumentation von Martin Heinrich übereinstimme. Doch darauf kommt es aus meiner Sicht nicht an. Selbst wenn sich der eine oder andere Punkt als nicht richtig herausstellen sollte (wobei ich meine eigenen Thesen nicht ausschließe), so kann das Gesamtkonzept dennoch korrekt sein. Entscheidend ist, dass der Autor hier eine sehr gewagte These zur Diskussion stellt. Und ich freue mich, wenn jemand den Mut hat, ungewöhnliche und vielleicht unbequeme Themen aufzugreifen. Es kann frischen Wind in die Forschung bringen.

Wie Martin Heinrich schon angedeutet hat, beschäftige ich mich selbst nebenbei mit den Pyramiden von Giseh und einem astronomischen Zusammenhang zwischen ihnen. Im Jahre 1995 wurde der erste Aufsatz über eine Korrelation zwischen den drei großen Pyramiden von Giseh und den inneren drei Planeten unseres

Sonnensystems, nämlich Merkur, Venus und Erde, veröffentlicht. Durch die Venus ist die Verbindung zum Thema des vorliegenden Buches gegeben. Es sei hier erwähnt, dass die von mir vorgelegte These der Planetenkorrelation im Zusammenhang mit den Giseh-Pyramiden als solche für sich allein steht, unabhängig vom hier vorgestellten Thema. Trotzdem sind die von Martin Heinrich aufgeworfenen Thesen mehr als interessant, und es erscheint mir geboten, diese ernsthaft zu überprüfen. Dabei braucht man zunächst gar nicht auf außerirdisches Leben zurückzugreifen. Allein die Idee, dass der Große Rote Fleck auf dem Jupiter aus einer gigantischen kosmischen Kollision entstand, ist aus meiner Sicht eine Untersuchung wert. In jedem Fall sieht es für mich so aus, als seien die vorgestellten Thesen noch lange nicht erschöpfend behandelt worden.

Meine Motivation, einen Beitrag zu diesem Buch zu liefern, sind die physikalischen und astronomischen Aspekte der Ideen von Martin Heinrich und ein möglicher Zusammenhang mit alten Überlieferungen und rätselhaften antiken Bauwerken. Ich hoffe, dass mein Beitrag »Pyramiden und Planeten« im Zusammenhang mit den astronomischen Thesen des Autors eine Anregung ist und den einen oder anderen Wissenschaftler dazu ermuntert, selbst dem Thema nachzugehen. Es würde mich freuen, wenn sich mehr Interessierte mit diesen Themen befassen würden, wobei es einerlei ist, ob durch neue Erkenntnisse eine der aufgestellten Thesen zu Fall kommt oder bestätigt wird. Mich interessiert die Wahrheit, und dafür ist mir jeder informative Beitrag recht.

Möge dieses Buch in der Astronomie und den Altertumswissenschaften auf konstruktive Art Staub aufwirbeln und dazu beitragen, längst fällige Diskussionen und eine neue Forschungsrichtung in Gang zu bringen.

Der Kosmos lebt – der Kosmos bebt

Das Weltall, das uns bisher immer relativ statisch erschien, präsentiert sich sogar unter Berücksichtigung der gewaltigen kosmischen Zeit- und Entfernungsdimensionen als ein äußerst gefährlicher Aufenthaltsort. Dass der Kosmos kein friedlicher Hort für die Ewigkeit ist, beweist die permanente Flut von neuen Erkenntnissen, die uns heutzutage durch die Weltraumforschung zugutekommen. Action ohne Unterbrechung ist angesagt, irgendwo kracht es immer in für uns unvorstellbaren Dimensionen. Im gesamten Kosmos explodieren nach Hochrechnungen täglich etwa 50.000 Sonnen als Supernovä, andere wiederum verschwinden für immer in schwarzen Löchern. Erst Ende des Jahres 2004 konnte die NASA einen der hellsten Blitze beobachten, der aus einer Entfernung von 50.000 Lichtjahren die Erde erreichte. Ursache war der Strahlenausbruch eines Magnetars – so bezeichnet man diese nur einige Kilometer großen Neutronensterne mit der Masse einer normalen Sonne, die in einer Zehntelsekunde so viel Energie freisetzen, wie eine Sonne in 150.000 Jahren produziert. Welch ein Glück für die Erde, dass dieser Strahlenausbruch eines Magnetars nicht im Bereich der benachbarten Fixsterne stattfand, sonst wäre die Erdatmosphäre wohl unweigerlich zerstört worden.

Diese kaum vorstellbare Energiemenge ist jedoch fast als harmlos zu bezeichnen gegenüber den Schockwellen eines Gammastrahlenblitzes, dessen Bilder der ESA-Forschungssatellit XMM-Newton Ende 2003 lieferte. Bei diesem Vorgang wird in wenigen Sekunden mehr Energie freigesetzt, als eine Sonne in Jahrmilliarden abgibt. Die durch eine Hypernova freigesetzte Strahlung dehnt sich mit tausendfacher Lichtgeschwindigkeit in der Galaxie aus. Dies jedenfalls ist die Aussage von Wissenschaftlern der britischen Universität in Leicester. Was würde Einstein zu diesem phantastischen Speed sagen, der ja nach seiner Theorie eigentlich gar nicht möglich wäre? Zuerst vermuteten die Astrophysiker, Gammabursts entstünden in unserer Galaxie; heute weiß man, dass sie sogar vom Ende des Universums bis aus einer Entfernung von 10 Milliarden Lichtjahren kommen. Es wird vermutet, dass diese Hypernovä aus riesigen Sonnen mit einer Lebensdauer von »nur« einer Million Jahren entstehen. Einige Astronomen glauben, dass nicht der Einschlag eines großen Asteroiden, sondern ein Gammaburst vor ca. 450 Millionen Jahren für das Massensterben auf der Erde verantwortlich war, bei dem fast alle Lebensformen vernichtet wurden. Bei einer derartigen Katastrophe gibt es kein Entrinnen, weil einfach die Zeit dafür nicht gegeben ist. Das Bedrohliche an einem Gammaburst ist nicht nur seine extrem hohe Geschwindigkeit, sondern die Tatsache, dass er im Gegensatz zu einer Supernova mit deren »lokal begrenzten« Auswirkungen sogar aus entfernten Galaxien bis zur Erde gelangen kann.

Wandernde schwarze Löcher lassen auf ihrer »Tour« durch die Galaxie reihenweise ganze Sonnensysteme verschwinden. Aber diese Gefahr ist in unserem Ausläufer der Milchstraße zum Glück als gering einzustufen. Überwiegend im Zentrum der Galaxie treiben diese kosmischen Monster ihr Unwesen. Sie werden in die Kategorie der »Supermassiven schwarzen Löcher« eingeordnet, die gefräßig eine Sonne nach der anderen verschlingen, welche die schwarzen Löcher mit hoher Geschwindigkeit umkreisen. Einige Sonnen hingegen werden durch die enorme Anziehungskraft des schwarzen Loches so extrem beschleunigt, dass sie mit Millionen von Stundenkilometern in den Kosmos hinausgeschleudert werden und dort als Irrläufer ihre Bahn ziehen. Aber stopp, alles nur halb so schlimm, denn nach gegenwärtigem Erkenntnisstand sind diese schwarzen Löcher überhaupt erst die Bedingung für die Entstehung neuer Galaxien. Und was sich noch verheißungsvoller anhört: Sie werden auch einmal »satt« und hören auf, weitere Sonnen zu verschlingen!

Auf der Horrorskala für kosmische Katastrophen gibt es wohl kein Limit. Im Januar 2005 registrierte der NASA-Röntgensatellit

Chandra ein schwarzes Loch in einem weit entfernten Galaxiehaufen, dem wahrlich nicht das Attribut »satt« zugebilligt werden konnte, sondern das ganz im Gegenteil eine bisher nicht gekannte Gefräßigkeit aufzeigte. Dieses schwarze Loch, nicht größer als unser Sonnensystem, soll schon an die 300 Millionen Sonnen verschlungen haben. Bei einem solch hastigen Verschlingen bilden sich naturgemäß auch Abgase, die daraufhin in zwei entgegengesetzte Richtungen aus dem schwarzen Loch hinausgeblasen wurden, so dass in dieser Galaxie daraufhin zwei gigantische Hohlräume mit einer Ausdehnung von jeweils 650.000 Lichtjahren entstanden. Die dabei weggeblasene Materie entspricht der Masse von einer Billion Sonnen, fünfmal so viel wie unsere gesamte Milchstraße. Diese Eruption besaß die unglaubliche Energie von hundert Millionen Gammastrahlen-Explosionen – eine Energiekonzentration, die wiederum ausreichen würde, unsere eigene Galaxie restlos zu vernichten.

Der Andromedanebel, nur eine von geschätzten 100 Milliarden Galaxien, ist mit seinen wiederum 400 Milliarden Sonnen eine der größeren Galaxien in unserer kosmischen Nachbarschaft.

Die Physik und eine endgültige Weltformel

Im Elfenbeinturm der Physik ist ein ständiges Bemühen erkennbar, die ultimativen Gesetzmäßigkeiten des Universums in einer einzigen Weltformel zu erklären. Dabei sind Fragen wie die folgenden bis heute ungeklärt: Welcher Raum befindet sich hinter dem Raum? Ist der Raum in einer vierten Dimension begrenzt oder doch unendlich? Aber was kommt nach der Unendlichkeit? Ist es physikalisch überhaupt möglich, dass die gesamte kosmische Materie, bestehend aus über 100 Milliarden Galaxien, aus einer einzigen geballten, relativ kleinen Materieansammlung entstanden ist? Dennoch muss man sich fragen, ob nicht ein Bruchteil der Materie schon genügt hätte, um einen Urknall auszulösen. Und noch ein Problem bleibt: Wenn es den Urknall wirklich gegeben hat, müssten die äußersten Galaxien im Universum logischerweise an Tempo verlieren – das Gegenteil ist jedoch der Fall; die Galaxien entfernen sich immer schneller voneinander und erreichen dabei fast Lichtgeschwindigkeit. Dieses Phänomen führen die Astrophysiker auf die 70 Prozent unerforschte »dunkle Energie« zurück. Weitere 26 Prozent des Universums sollen aus »dunkler Materie« bestehen. Somit blieben für den auch optisch wahrnehmbaren, dennoch unvorstellbaren Materiehaufen lediglich noch vier Prozent übrig.

Einen nie zuvor gekannten Ansturm erleben gegenwärtig die Hörsäle der Universitäten in den USA, wenn auf den physikalischen Vorlesungsprogrammen das Thema Stringphysik erscheint. Das Interessante daran ist zweifellos, dass die Stringtheorie sich zwar vermuten und logisch erklären lässt, sie physikalisch aber noch nicht nachgewiesen werden kann. Gleichwohl sind fast alle führenden Physiker von der Richtigkeit dieser Theorie überzeugt. Große Hoffnungen setzen die Physiker auf einen neuen Teilchenbeschleuniger im Forschungszentrum CERN, der diese Theorie erstmals wissenschaftlich belegen soll. Durch die Stringtheorie scheint es tatsächlich zu gelingen, nach Einsteins Relativitätstheorie in neue physikalische Dimensionen vorzudringen und für einige der oben genannten Fragen logischere, überzeugendere Antworten wie diese zu präsentieren: Expandiert ein Universum und kommt es dabei zur

Berührung mit einem anderen Universum, entsteht als Folge ein Urknall. Dieser Vorgang kann sich bis in alle Ewigkeit wiederholen.

Die Stringtheorie wurde in den 80er Jahren von einigen Physikern begründet, erlebte aber erst 1995 durch Edward Widden – für viele der neue Einstein – einen Boom ohnegleichen. Widden gab der Stringtheorie auch die Bezeichnung »M-Theorie«. Diese Theorie setzt auf ein Stringuniversum, in dem von der Quantenmechanik bis zur Relativitätstheorie – der Bereich vom Mikrokosmos bis zum Makrokosmos – alle physikalischen Gegebenheiten mit einer Formel abgedeckt werden. Die Strings sollen aus winzigen vibrierenden Energiefäden bestehen und milliardenfach kleiner als ein Atom sein. Hätte im Vergleich ein Atom die Größe unseres gesamten Sonnensystems, erreichte ein String gerade das Volumen eines Baumes. Seit Einstein dominierte in der Physik das theoretische Modell einer Raumkrümmung des gesamten Universums in einer vierten Dimension, in dem durch die sogenannten Wurmlöcher größere kosmische Distanzen auf ein Minimum schrumpfen könnten. Wiederum auf der Stringtheorie basierend entwickelten Physiker ein neues Bild des Universums; nach ihrer Ansicht könnte mit der Stringtheorie nicht nur in eine vierte, sondern sogar bis in eine elfte Dimension vorgedrungen werden.

Diese Physiker sind der Überzeugung, dass ein Überraum existiert, in dem ein Universum neben dem anderen scheibenförmig im Raum steht. So vermuten sie neben unserem Universum ein Paralleluniversum in einer weiteren Dimension. Beide Universen, die ähnlich einer Membrane zyklisch expandieren oder kontrahieren, könnten bei einer Berührung Teile des einen Universums in einer weiteren Dimension verschwinden lassen. Durch diese Vorstellungen wird allerdings die Urknalltheorie in Zweifel gezogen, die von Astrophysikern im Laufe der Zeit endlich auf einen Nenner gebracht worden war. Weil niemand begründen kann, welche Vorgänge vor und während des Urknalls wirklich abliefen, scheint die Endgültigkeit dieser Theorie immer weniger gesichert.

Der Kosmos hält noch viele ungeklärte Rätsel bereit, die in immer kürzeren Zeitabständen neue Herausforderungen an die Physiker stellen. Ob der Mensch jemals in der Lage sein wird, den Kosmos mit einer physikalischen Formel zu erklären, erscheint deshalb mehr als zweifelhaft.

Wenn die Physiker nach Lösungen suchen, könnte eventuell ein Blick zurück ins Altertum ebenso hilfreich sein wie ein ausgeklügeltes Computerprogramm. In einer Abhandlung von Demokrit, einem Zeitgenossen Platons, heißt es beispielsweise: Die Welten sind ungleichmäßig im Raum verteilt – hier sind es mehr, dort weniger. Manche sind voll entwickelt und manche sind im Schwinden: Werden in einem Teil des Weltalls – Vergehen im anderen. Die Ursache ihres Untergangs ist das Zusammenstoßen miteinander. Unklar bleibt, woher Demokrits Wissen stammt. Wenn seine Gedanken eine physikalische Aussage beinhalten, erkennt man fast einen Bezug zur Stringtheorie. Der griechische Philosoph und Mathematiker Proklos verdeutlicht eindrucksvoll, dass schon im Altertum das Bestreben vorhanden war, eine endgültige Antwort für den Kosmos zu definieren. »In jeder der Planetensphären gibt es unsichtbare Sterne, die zusammen mit ihren Sphären rotieren«, war sein Beitrag. Diese Beispiele, mitunter mit einem Schuss Mystik gepaart, ließen sich endlos fortsetzen. Schon lange vor Sokrates hatten griechische Philosophen der Sonne ihre göttliche Aura entzogen. Zu Beginn des 6. Jahrhunderts v. Chr. behauptete der Philosoph Thales, alles bestehe aus Wasserstoff, womit er fast hundertprozentig recht hatte. Empedokles wiederum vermutete, dass sich das Universum zuerst unendlich weit ausdehnt und dann zu einem einzigen Mittelpunkt zusammenstürzt und sich dieser Vorgang endlos wiederholt.

Am bequemsten ist es natürlich, man wälzt diese zur Verzweiflung treibenden Fragen auf die Existenz eines allmächtigen, genialen Schöpfers ab, der auf magische Weise das gesamte Universum in nur wenigen Tagen aus dem Nichts schuf. Wie beneidenswert sind doch meine christlichen Brüder und Schwestern. Sie brauchen sich über all diese Fragen keine Gedanken zu machen. Für sie taucht nicht einmal die nächstliegende Frage auf: Woher kommt eigentlich wiederum dieser geniale Schöpfer? Da er vermutlich nicht von unserer Erde kommt, hätten wir schon den ersten Außerirdischen!

Die Suche nach erdähnlichen Planeten

Als 1995 der erste Exoplanet (auch: extrasolarer Planet) durch den Genfer Didier Queloz im 50 Lichtjahre entfernten Sonnensystem My Arae entdeckt wurde, begann eine regelrechte Jagd auf Planeten in anderen Sonnensystemen, die gegenwärtig eine schon inflationär zu nennende Entwicklung nimmt. Über 200 solcher Sonnensysteme wurden bisher aufgespürt, und fast wöchentlich kommen neue hinzu. Bei einigen handelt es sich um Systeme, in dessen Zentrum sich zwei Sonnen umkreisen und deshalb wohl kaum Voraussetzungen für Lebensformen bieten. Es wurden zwar auch andere extrasolare Planeten entdeckt, aber ihre Umlaufbahnen sind so weit vom Zentralgestirn entfernt, dass Lebensformen dort ebenso unmöglich erscheint. Einen derartigen Planeten entdeckte im Jahre 2002 Prof. Hatzes von der Thüringer Landessternwarte im 45 Lichtjahre von der Erde entfernten Doppelsternsystem Gamma Cephei. Damit wurde erstmals bewiesen, das sich Planeten auch in der Hemisphäre von Doppelsternsystemen bilden, obwohl die Astronomen bisher annahmen, dass die starken Gravitationskräfte der Doppelsterne eine Planetenbildung verhindern und alle in ihrer Nähe befindliche Materie aufsaugen würden. Diese Landessternwarte in Tautenburg ist außerdem an der Mission der französischen Raumfahrtagentur CNES beteiligt, die mit dem COROT-Satelliten in den nächsten Jahren bis zu 60.000 Sonnen nach kleineren Planeten auf relativ sternnahen Bahnen absuchen soll.

Das Fachblatt »Journal of Astrobiology« berichtet vom 45 Lichtjahre entfernten Sonnensystem »47 Ursae Majoris«; hier könnte theoretisch Leben auf einer zweiten Erde sprießen, denn dieses System ähnelte bisher am meisten unserem Sonnensystem – in ihm wurden zwei dem Jupiter und Saturn vergleichbare Planeten geortet. Solche Riesenplaneten sind nach Ansicht der Forscher für die Entstehung von Leben von eminenter Bedeutung, weil sie den inneren, »fruchtbaren« Bereich vor Asteroiden- und Kometeneinschlägen schützen. Aufgrund dieser Vermutung wird gegenwärtig verstärkt nach Sonnensystemen Ausschau gehalten, in denen ein Planet wie der Jupiter vermutet wird. Ob diese Vermutung zutrifft, ist aber fraglich, weil der direkte Schutz durch den Jupiter nur einmal in 13 Monaten besteht, und zwar in der Zeitspanne vor, während und nach der Konjunktion zwischen Jupiter und Erde.

Die größte Widersinnigkeit bezüglich einer dem Jupiter zugeschriebenen Schutzfunktion offenbart der Asteroidengürtel, in dem ausgerechnet zwischen Jupiter und Mars Hunderttausende von Asteroiden ungestört ihre Bahn ziehen. Ergo dürfte der dem Jupiter zugeschriebene Schutzfaktor etwas übertrieben sein. Die Experten-Meinung, dass nur in Sonnensystemen mit Planeten wie dem Jupiter Leben möglich ist, muss deshalb vielleicht doch revidiert werden.

Die Suche nach Planeten in unserer Galaxie bringt ständig neue, überraschende Ergebnisse zutage. Amerikanische Forscher entdeckten im 41 Lichtjahre von der Erde entfernten »55 Cancri« im Sternbild Krebs ein Sonnensystem, das sie als einen »Cousin unseres Sonnensystems« bezeichneten, weil dort ein dem Jupiter ähnlicher Planet in etwa der gleichen Entfernung eine Sonne umkreist, die wiederum unserer Sonne ähnelt. Das Problem dabei war, dass die Astronomen lediglich Exoplaneten in der Größenordnung des Jupiters entdeckten, auf denen wohl weder vom physikalischen noch vom biologischen Standpunkt aus Leben existieren kann. In welchem Tempo die Entwicklung voranschreitet, wurde im Sommer 2004 dokumentiert; im gleichen Sonnensystem 55 Cancri entdeckten US-Astronomen aufgrund neuer Beobachtungstechniken ein »Vier-Planeten-System«. Zwei dieser Planeten haben nur das 10- bis 20-fache Volumen der Erde.

Dass die Suche nach erdähnliche Planeten durch eine ständig verbesserte Methodik Erfolge zeigten, demonstrierte im Juni 2005 die Entdeckung des bis dahin kleinsten und erdähnlichsten Planeten, den die Forscher bisher erspähten. Es ist ein Planet, der in »nur« 15 Lichtjahre von der Erde entfernt den Stern Gliese 876 umkreist. Im Radius hat er etwa die doppelte Größe der Erde, eine feste Oberfläche und vermutlich eine Atmosphäre. Wegen seiner Oberflächentemperatur von geschätzten 200 bis 400 Grad dürfte er für Lebensformen dennoch kaum in Frage kommen. Wiederum 41 Lichtjahre entfernt ortete die ESO im Mai 2006 eine Sonne, die unserer ähnelt und von drei bisher entdeckten Planeten umkreist wird. Auf dem äußersten Planeten, vermuten die Wissenschaftler, könnte flüssiges Wasser vorkommen.

Die größte Überraschung lieferte im Jahre 2007 wiederum eine Sonne namens Gliese, dieses mal fünf Lichtjahre weiter entfernt und mit der Endziffer 581. 581 wird von einem Planeten umkreist, der nur anderthalb mal so groß wie die Erde ist und geschätzten Temperaturen von 0 bis 40 Grad Celsius. Seine Oberfläche soll felsig oder sogar von Ozeanen bedeckt sein. Kurzum: der erste Exoplanet, auf dem Leben möglich wäre!

Die Entwicklung der Planetensuche hat in sehr kurzer Zeit immense Fortschritte gemacht, so dass die früher vermutete Planetenanzahl in unserer Galaxie nach dem heutigen Erkenntnisstand tatsächlich wesentlich höher sein dürfte. Die Anzahl der Planeten und Trabanten, die allein in den Sonnensystemen unserer Galaxie ihre Bahnen ziehen, bewegt sich wahrscheinlich im Billionenbereich.

Hilfreich kann auch die Methode sein, durch Spektralanalysen Sonnen zu definieren, die außer dem durch die Fusion von Wasserstoffatomen produzierten Helium noch eine Vielzahl anderer Elemente wie Silizium, Kohlenstoff usw. aufweisen. Daraus könnte wiederum geschlossen werden, dass die vorhandenen Planeten über die gleichen Elemente verfügen. Ziel der Astronomen in den kommenden Jahren ist es natürlich, die Beobachtungstechnik dahingehend zu verfeinern, dass endlich auch Planeten vom Format der Erde zu erspähen sind. Einen weiteren großen Schritt zur Erforschung des Universums erhofft sich die NASA von dem für das Jahr 2008 geplanten weltraumstationären Interferometer. Ebenso eröffnet das im Oktober 2004 eingeweihte und erst ab 2007 voll einsatzfähige Large Binocular Telescope (LBT) in Arizona neue Möglichkeiten, weil es eine zehnfach größere Leistung als das Weltraumteleskop Hubble besitzt. Dieses Super-Teleskop ist in der Lage, den Schein einer Kerze noch auf die unglaubliche Distanz von 2,5 Millionen Kilometern nachzuweisen. Infolgedessen hegen die Astronomen berechtigte Hoffnungen, unter anderem erstmals Planeten in anderen Sonnensystemen optisch zu erfassen. So wird zukünftig wahrlich bildlich zu sehen sein, wie der Kosmos lebt und bebt. Die Mitarbeiter des Projektes »Darwin« von der ESA wie auch ihre Kollegen von der NASA mit ihrer Mission »Terrestrial Planet Finder« hoffen, dass durch das gezielte Abhorchen dieser Planeten mit Hilfe von Radioteleskopen endlich die Frage beantwortet werden kann:

Existiert außerirdisches Leben?

Wenn im Folgenden die Hypothese aufgestellt wird, dass vor Jahrtausenden Außerirdische auf der Erde waren, muss vorab die Frage nach den Möglichkeiten extraterrestrischer Lebensformen beantwortet werden. Vor noch nicht allzu langer Zeit vertrat die überwiegende Mehrheit der wissenschaftlichen Seite die Meinung, dass Leben nur auf der Erde möglich sei. Zu gerne versteckten sich die »Erd-Monoisten« hinter dem Faktum, dass Leben bisher nur auf der Erde nachgewiesen ist. Klar, denn niemand kennt gegenwärtig die Bedingungen in anderen Sonnensystemen. Aber die Verfechter dieser Anschauung verloren aufgrund ständig neuer Erkenntnisse über das Universum zunehmend an Boden. Trotzdem können sie in ihrer Annahme der Einmaligkeit der Erde richtig liegen, denn es ist kaum anzunehmen, dass unter den möglicherweise Abertausenden von Zivilisationen in unserer Galaxie noch eine zweite ein metaphysisches göttliches Gebilde als ihren Schöpfer anbetet.

Auch die Meinung, dass innerhalb unseres Sonnensystems nur auf der Erde Leben existiert, muss ernsthaft in Frage gestellt werden, seit durch das an der Mainzer Gutenberg-Universität entwickelte Spektrometer MIMOS II an Bord der US-Marssonde Spirit das Mineral Goethit auf dem Mars nachgewiesen werden konnte. Die Schwesternsonde Opportunity fand zudem das Mineral Jarosit. Beide Mineralien deuten eindeutig auf Wasser auf dem Mars hin. Goethit bildet sich nur in Gegenwart von Wasser. Es kann deshalb davon ausgegangen werden, dass die feuchte und heiße Vergangenheit des Roten Planeten primitive Lebensformen hervorgebracht hat, auch wenn es sich nur um Mikroben oder Bakterien handeln sollte. Ebendiese Bakterien könnten für die entdeckten Methangasvorkommen verantwortlich sein, für dessen Produktion biologische oder vulkanische Aktivitäten in Frage kommen. Aktive Vulkane wurden aber auf dem Mars bisher nicht beobachtet.

Aufgrund all dieser Erkenntnisse ist es heute unter Experten kein Tabu mehr, extraterrestrisches und dazu intelligentes Leben für sehr wahrscheinlich zu halten. Mehr noch, es muss davon ausgegangen werden, dass die Bausteine des Lebens überall im Universum anzutreffen sind und ein Drang nach Leben sogar unter extremsten Bedingungen besteht. Zusätzlichen Auftrieb erhielt diese Vermutung durch Forschungsergebnisse, die nicht im Universum, sondern auf der Erde das Spektrum für Lebensformen beträchtlich erweiterten. Bisher wurde davon ausgegangen, dass auf einem Planeten nur in einem bestimmten Abstand von seinem Zentralgestirn Leben möglich ist. Sonnenlicht galt ebenso als unabdingbar, weil angeblich erst die Photosynthese den Aufbau chemischer Stoffe ermöglicht. Dass dem nicht so ist, bewiesen Biologen, die tief unter der Erde in Felsformationen Mikroben und sogar tief im Meer direkt am Kraterrand eines Vulkanes bei 200° Celsius Lebensformen nachweisen konnten.

Der französische Tiefseeforscher Jacques Piccard entdeckte bei einer Tauchfahrt mit der »Trieste« in fast 11.000 Metern Tiefe in totaler Dunkelheit und somit fern aller Photosynthese im Scheinwerferlicht einen Plattfisch. Welche Kapriolen das Leben schlagen kann, mag man daraus ersehen, dass auf diesem 30 Zentimeter langen Fisch ein unvorstellbarer Druck von ca. 300 Tonnen lastet. Aus diesen Beispielen kann ersehen werden, wie unglaublich erfindungsreich sich das Leben allein auf der Erde präsentiert. Dr. Joel Hagen, Astrobiologe bei der NASA, ist deshalb zu dem Schluss gekommen, dass es im Kosmos nur so von Leben wimmeln muss. Dass auf dieser Basis auch dort komplexere Lebensformen vorhanden sind und damit auch intelligentes Leben existiert, erscheint daher mehr als naheliegend.

Hallo, ist da jemand?

Es wird Bereiche in den Galaxien geben, die beste Voraussetzungen für Leben erfüllen, während andere Regionen eventuell weniger begünstigt sind. Schon kurz nach dem Urknall vor etwa 13,7 Milliarden Jahren – wenn er tatsächlich so stattfand – werden sich Schwaden von »Lebenswolken« in den Galaxien ausgebreitet und angereichert haben. Wenn bei der Entstehung der Erde alle zum Leben notwendigen Materiearten vorhanden waren, müssen sie sich nach dem Urknall auch in anderen Regionen des Universums gebildet haben. Nach vorherrschender Meinung bedurfte es mehrerer Fusionsschritte, um eine Vielzahl von Elementen entstehen zu lassen, wobei anfangs der Wasserstoff überwog. Ein Indikator für Leben sind neben dem Wasserstoff noch Sauerstoff und Kohlenstoff, und diese Elemente sind nach neuesten Erkenntnissen reichlich im Universum vorhanden. So wurden diese drei Elemente Anfang des Jahres 2004 erstmals auf dem extrasolaren Planeten Osiris entdeckt, obwohl man direkt nachschicken muss, dass auf ihm wegen der extrem hohen Oberflächentemperatur kaum Leben möglich sein wird. Weil die Planetensuche sich erst im Anfangsstadium befindet, kann dennoch davon ausgegangen werden, dass wahrscheinlich irgendwann in Zukunft und irgendwo in der Galaxie ein bewohnbarer Planet entdeckt wird.

Auf der Suche nach außerirdischem Leben wird gegenwärtig nur die eine Methode angewendet, das Universum mit Radioteleskopen nach »intelligenten« Signalen abzuhören. Eine sehr schwierige und aufgrund der noch beschränkten Technik wenig erfolgversprechende Methode. Dennoch wurden erstmals im Juli 1977 Signale künstlichen Ursprungs aus 200 Lichtjahren Entfernung empfangen, wenn auch nur für einige Sekunden. Im August des Jahres 1997 zeichneten drei Teleskope in Green Banks (Westvirginia) arithmetische Signale von einem 17 Lichtjahre entfernten Doppelsternsystem auf, die nach Ansicht des Leiters der Station eindeutig auf einen künstlichen Ursprung hinweisen. Nur fehle es gegenwärtig den Menschen an der nötigen Intelligenz, diese Zeichen logarithmisch zu lesen und zu deuten. Interessant an diesem Spiegel-TV-Bericht vom 28. Juni 2002 war außerdem die Bemerkung, dass das US-Militär umgehend begann, die Funkverbindung zu stören, als dieses Ereignis publik wurde.

Nicht nur, dass viele Wege nach Rom führen, sondern auch zu anderen Intelligenzen im Kosmos. In einem Beitrag in »Sagenhafte Zeiten«, dem Organ der A. A. S., macht Dipl.-Ing. Lothar Joest in seiner Reportage »Kommunizieren wir bald mit extraterrestrischen Intelligenzen?« darauf aufmerksam, dass Radiowellen eventuell ein »steinzeitlicher« Versuch sind, mit anderen Intelligenzen Kontakt aufzunehmen. Er vertritt die Ansicht, dass sich unsere Astronomen in einer Situation befinden, die derjenigen eines Indianers gleichkommt, der nach Rauchzeichen Ausschau hält, während um ihn herum per Telefon Nachrichten in Sekundenbruchteilen die Erde umrunden. Dass sich eine Kommunikation zu anderen Intelligenzen in Zukunft auf einem ganz anderen Level zutragen könnte, darauf deuten Versuche und auch neue Theorien hin. Am Physikalischen Institut in Köln wurden Experimente zur lichtgeschwindigkeitsüberschreitenden Informationsübertragung durchgeführt. Mit Doppelprismen, photonischen Gittern und unterdimensionierten Wellenleitern soll es gelungen sein, elektromagnetische Signale auf die fast fünffache Lichtgeschwindigkeit zu beschleunigen. Amerikanische Wissenschaftler wollen sogar die 300-fache Lichtgeschwindigkeit bei Gravitationswellen nachgewiesen haben.

Wir sind nicht allein

Mit jeder neu entdeckten kosmischen Katastrophe rückt die Möglichkeit, dass die Erde als neuer Lebensraum irgendwann ins Visier einer außerirdischen Zivilisation gelangen wird, stärker in den Bereich der Wahrscheinlichkeit. Denn hätte nur jede hundertste Sonne in unserer heimatlichen Galaxie einen Planeten mit einer lebensfreundlichen Atmosphäre, blieben nach vorsichtiger Schätzung etwa zwei Milliarden Planeten übrig. Wenn von dieser immer noch gigantischen Planetenansammlung wiederum nur jeder hundertste Planet auch Leben hervorbrächte, so ergäbe dies immer noch 20 Millionen Planeten. Und beherbergte davon wiederum jeder Hundertste intelligente Lebensformen, könnten es 200.000 Planeten sein, die von Zivilisationen bewohnt wären. Diese Zahl wiederum mit den 100 Milliarden Galaxien multipliziert ergibt die phantastische Zahl von einer Trillion (= 10^{18}) bewohnter Planeten. Seriöse Wissenschaftler dürfen sich nun einmal nicht so weit aus dem Fenster lehnen – dennoch geht Frank Drake, Gründer des SETI-Instituts (Search for Extraterrestrial Intelligence) bei seiner nach ihm benannten Gleichung aber immerhin noch von 10.000 Zivilisationen allein in unserer Galaxie aus. Das ergibt summa summarum für das gesamte Universum immer noch die unfassbare Zahl von einer Million mal einer Milliarde, oder schlicht gesagt, einer Billiarde Zivilisationen!

Bei diesen Zahlenspielen bewegt man sich leicht im mathematischen Billionen- oder Trilliardenbereich, ohne diese Anzahl wirklich erfassen zu können; sie übersteigt einfach das Vorstellungsvermögen eines normal Denkenden. Eine kleine Rätselaufgabe soll dies verdeutlichen: Wenn wie in einer Bildershow nur alle 10 Sekunden das Foto einer Galaxie erscheint, schätzen Sie bitte, wie viel Zeit vergeht, bis alle Galaxien erschienen sind? (Das Ergebnis finden Sie am Ende des Kapitels.)

Ob sich nun 10.000 oder 200.000 Zivilisationen in unserer Galaxie tummeln, die brennendsten Fragen für die Menschen sind wohl: Wie muss man sich die Außerirdischen vorstellen, wie sieht ihre Welt aus, und wie leben sie? Anthropologen und Ethnologen, Ökonomen, Politiker oder Philosophen, jeder entwickelte wohl sein spezifisches Interesse für die Lebensgewohnheiten anderer Zivilisationen. Eines dürfte aber sicher sein: Wie kein Fingerabdruck eines Menschen dem eines anderen gleicht, wird sicherlich kein Planet mit einer Zivilisation ein Pendant im Kosmos vorfinden. Andererseits dürften die Gemeinsamkeiten intelligenter Lebensformen größer sein als allgemein vermutet. Sie werden zwei Beine und zwei Arme haben und aufrecht gehen. Denn mehr oder weniger an Gliedern sind eher hinderlich als vorteilhaft. Die Unterschiede zum Menschen werden aber immer von den Faktoren des anderen Planeten geprägt sein wie zum Beispiel dessen Größe sowie dessen klimatischen und atmosphärischen Bedingungen.

Nur ein Beispiel, wie die Bedingungen für eine der vielleicht sogar am häufigsten vorkommenden Lebensformen in einem Denkmodell aussehen könnten: Ihr Planet ist von einer dichten grüngräulichen Atmosphäre verhüllt, so dass die Bewohner ihre zentrale Sonne wegen eines permanenten Dunstschleiers nur vage wahrnehmen. Weil es sich um ein Doppelsternsystem handelt, erscheint periodisch noch schwächer ihre zweite Sonne. Nachbarplaneten und -monde können sie visuell nicht wahrnehmen. Richtig hell wie auf der Erde wird es dort nie. Deshalb sind ihre Augen zwar weitaus größer als die der Menschen und bestehen aus Tausenden Rasterpunkten, besitzen dafür aber keine Pupillen, weil keine extremen Helligkeitsunterschiede herrschen. Ihr bevorzugter Lebensraum befindet sich an den Rändern von Seen und Tümpeln, so dass man sie den amphibischen Lebensformen zuordnen kann. Diese Spezies können sogar auf einer hohen Intelligenzstufe angesiedelt sein; aufgrund der eingeschränkten Lebensbedingungen bleibt ihnen aber ein höherer technischer Standard – vielleicht zum Glück – verwehrt.

Im Allgemeinen gehen wir von uns vertrauten biologischen Lebensformen aus. Experten halten wiederum völlig andere, wie zum Beispiel elektrolytische Lebensformen aus einer Verbindung von Kohlenstoff und Silizium für möglich. Eines dürfte unbestritten sein, ob biologische, physisch-metamorphische oder auch elektrolytische Gebilde – das Universum bietet noch viel Raum für Interpretationen von Lebensformen der unterschiedlichsten Varianten.

Wenden wir uns lieber den realistischeren Nachbarn aus der eigenen Milchstraße zu. »Nachbarn« mag zwar nicht die angebrachte Wortwahl sein aufgrund der gewaltigen Entfernungen zwischen den einzelnen Sonnen. Aber betrachtet man das gesamte Universum mit seinen Milliarden von Galaxien und nähert sich unserer kleinen Gruppe mit 26 Galaxien und danach unserer Galaxie mit dem »heimatlichen« Spiralarm, so kann, aus diesem Blickwinkel betrachtet, beruhigt von nachbarschaftlichen Verhältnissen gesprochen werden.

Aus welcher Entfernung Außerirdische zu uns gelangen mögen, sei dahingestellt; vielleicht aus einem Radius von 100 oder 200, vielleicht sind es auch nur 30 oder 40 Lichtjahre. Einer hochtechnisierten Zivilisation kann man zutrauen, dass für sie diese interstellaren Entfernungen vor dem Hintergrund eines Überlebenskampfes kein unüberwindbares Hindernis darstellen müssen. Und wenn sich die Frage stellt, ob Lebewesen über Jahrtausende existieren können, um solche Reisen durchzuführen, bleibt als Antwort nur ein klares Ja. Denn sogar Erdenmenschen entschlüsseln gegenwärtig die Gene, die für den Alterungsprozess verantwortlich sind. Und man hält es für möglich, dass eines Tages durch Manipulation dieser Altersgene ein »ewiges Leben« keine Utopie mehr ist. Die Menschheit ist im Zeitraum ihrer Entwicklung erst einen Wimpernschlag lang in der Lage, begrenzte Raumfahrt zu betreiben. Nur ein paar Jahrzehnte genügten, um mitzuerleben, in welchem rasanten Tempo das Wissen im Bereich der Astronomie, der Astrophysik und der allgemeinen Naturwissenschaften erweitert wurde. Und dieser Prozess ist permanent auf Expansionskurs – wo er eines Tages endet und welche Überraschungen er noch bereithält, kann gegenwärtig nicht einmal erahnt werden.

(Hier nun des Rätsels Lösung: Fast unglaubliche 30.000 Jahre!!! benötigte man für dieses Vorhaben. Man kann dieses Ergebnis noch an einem anderen Beispiel plastisch verdeutlichen: Wenn Sie schon einmal an einem Strand waren, und jedes Sandkorn wäre eine Sonne, befänden sich bei jedem Schritt Millionen von Sonnen unter Ihren Füßen. In Wirklichkeit existieren jedoch mehr Sonnen als Sandkörner an allen Sandstränden der Erde zusammen.)

Auf der Suche nach neuem Lebensraum

Die Uhr tickt unaufhaltsam ... auch die Erde wird nicht ewig existieren. Bekommen Sie keinen Schreck, aber 90 Prozent der Lebenserwartung des Planeten Erde sind schon erreicht. Die verbleibenden zehn Prozent genügen aber immer noch für Millionen von Jahren, bis unsere Sonne zum Roten Riesen mutiert. Trotzdem, unsere Sonne erwärmt sich permanent, wenn auch nicht dramatisch. Fünf Prozent Temperaturzunahme bedeuten aber unweigerlich, dass auf der Erde keine Pflanzen mehr existieren, zehn Prozent Zunahme bewirken das Aus für alle Lebewesen, und bei 15 Prozent wird kein Wasser mehr auf der Erde vorhanden sein. Obwohl der Erde noch eine riesige Zeitspanne verbleibt, werden von der NASA bereits jetzt Pläne entwickelt mit dem Ziel, die Existenz der Menschheit noch über den Weltuntergang hinaus zu sichern. Dieses Szenario sieht als Erstes vor, den Mars bewohnbar zu machen. »Terraforming« nennen die Wissenschaftler das Verfahren, auf einem Planeten eine Atmosphäre zu schaffen. Einige Jahrhunderte werden für dieses Verfahren veranschlagt, bis dort Menschen in einer sauerstoffhaltigen Umgebung überleben könnten.

Die Menschheit hätte damit eine Galgenfrist von einigen Jahrtausenden erhalten. Aber die Bedrohung geht unaufhaltsam weiter. Als nächste Option bietet sich der Jupiter-Mond Europa an, unter Umständen auch Io oder Ganymed. Auf diesen Trabanten müsste ebenfalls erst eine Atmosphäre geschaffen werden, um ein Überleben dort möglich zu machen. Doch irgendwann wäre die letzte Option in unserem Sonnensystem verbraucht. Darüber können noch Millionen von Jahren vergehen, aber eines ist sicher, der Zeitpunkt wird kommen. Und was dann? Dann wird das eintreten, womit andere Zivilisationen in unserer Galaxie nach der in diesem

Buch angenommenen Theorie schon viel früher konfrontiert wurden: Man wird sich auf die Suche begeben, um in irgendeinem Sonnensystem einen lebensfreundlichen Planeten zu finden. Sonst gibt es auf die Frage: Quo vadis, Menschheit? nur eine unerbittliche Antwort: Adios, Menschheit!

Über Außerirdische, die in frühgeschichtlicher Zeit die Erde besuchten, existieren die unterschiedlichsten Versionen. So blieb es auch nicht aus, dass in diesem Zusammenhang die seltsamsten Geschichten kolportiert wurden. Mehr noch, durch zu obskure Ideen erwies man den Gegnern dieser Theorie einen Bärendienst, so dass prähistorische Astronauten trotz einiger überzeugender Ansätze heute kaum noch ein Thema sind. Dass die einstmals populären Ideen aus dem Blickfeld des öffentlichen Interesses so gut wie verschwunden sind, ist in Anbetracht des stagnierenden Gedankenguts kaum verwunderlich. Hier einige Beispiele aus dieser breitgefächerten Skala: »Außerirdische waren vor Hunderttausenden Jahren auf der Erde, um Bodenschätze zu fördern«, »Außerirdische hatten Sex mit Erdenmenschen«, »Außerirdische mussten wegen Problemen mit ihrem Raumschiff auf der Erde notlanden«, »Auf Nibiru, dem zwölften Planeten unseres Sonnensystem, leben die Anunnaki« – Noch nie davon gehört? Keine Angst, das wird sich garantiert bald ändern, denn nach Zecharia Sitchin, einem der populärsten Autoren dieses Genres, nähert sich dieser Planet alle 3600 Jahre der Erde!!! Einige Anhänger dieser obskuren Vermutung erwarteten schon für das Jahr 2003 eine Sichtbarkeit von Nibiru, die natürlich nicht eintrat. Dass ein Planet X (X = römisch 10, während im folgenden Text Planet X für unbekannt steht) außerhalb der bekannten Planetenlaufbahnen im Kuiper-Gürtel existiert, vermuten auch die Astronomen. Dass aber der von den Sumerern erwähnte Nibiru seit Hunderttausenden von Jahren intelligente Lebewesen beherbergt, übersteigt das erträgliche Maß der Phantasie doch erheblich.

Eine kosmische Katastrophe kündigt sich an

Im Mai 2002 kam ein Bericht des britischen Wissenschaftsmagazins »New Scientist« auf meinen Tisch geflattert, dem ich damals wegen der Krankheit meiner Tochter keine Aufmerksamkeit schenkte. Erst Ende 2003, beim Durchstöbern meiner Unterlagen, fiel er mir wieder in die Hände und offerierte schlagartig ein handfestes Motiv für intergalaktische Reisen, das unter Abwägung aller Möglichkeiten am wahrscheinlichsten erscheint. Dieser Bericht handelt von dem »Weißen Zwerg« HR 8210 in einem Doppelstern-System in 150 Lichtjahren Entfernung von der Erde, der irgendwann in einer apokalyptischen Supernova explodieren kann. Denn sein Begleiter wird sich zu einem »Roten Riesen« aufblähen, dessen Materie von dem Weißen Zwerg absorbiert wird – und eines Tages kommt es zur Supernova. Eigentlich war man bisher der Ansicht, unser Teil der Galaxie sei ein relativ sicherer Ort. Aufgrund der genannten Fakten jedoch schließen die Wissenschaftler nicht mehr aus, dass noch mehr derartige Gefahrenobjekte in direkter Nachbarschaft unserer Erde liegen können.

Bereits im Jahr 1993 waren HR 8210 und sein Begleiter entdeckt worden. Erst im Laufe neuerer Untersuchungen der Harvard University in Cambridge (Massachusetts) erkannte man das Potential für eine Supernova der höchsten Stufe. Bis zu diesem Zeitpunkt können noch Millionen von Jahren verstreichen. Es könnte aber auch viel schneller gehen, und wenn es nur zu einer kleinen Supernova käme, dann bliebe vielleicht nur noch ein Zeitraum von 100.000 Jahren. In diesem Fall würde der Weiße Zwerg die Materie des Roten Riesen nach und nach aufsaugen. Von einem Weißen Zwerg – einer »ausgebrannten« Sonne – bleibt in der Regel nur ein Körper von der Größe der Erde oder des Mondes übrig, aber durch die aufgesaugte Materie erreicht er eine extrem dichte Masse und erhitzt sich auf Millionen von Graden, so dass es zum thermonuklearen Ausbruch kommt. Nach einer solch verheerenden Explosion verbleibt dennoch ein Kern von etwa 10 Kilometern als Neutronenstern übrig, auf dem eine Handvoll Materie eine Milliarde Tonnen schwer wäre. Sollte aber eine Spezies sich im Bereich zu einer

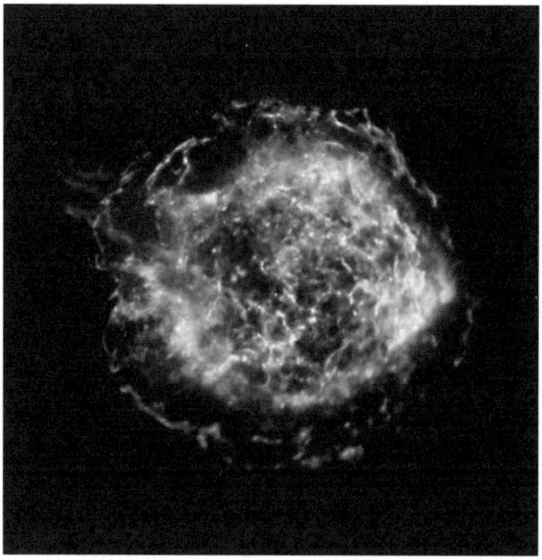

Wie der Kosmos lebt und bebt und welche Dimensionen eine Supernova erreichen kann, verdeutlicht diese NASA-Aufnahme. Vor 10.000 Jahren explodierte die Sonne »Cassiopeia A«, und im November 1572 konnte dieses Ereignis auf der Erde beobachtet werden. Im Jahre 2004 konnten spanische Astronomen den Begleitstern des Weißen Zwerges ausfindig machen, der in 100 Billiarden Kilometern Entfernung von der Erde mit einer dreifach erhöhten Geschwindigkeit durch die Galaxie irrt. In den Jahren 1604 und 1987 wurden die bisher hellsten Supernovä auf der Erde beobachtet und konnten mit bloßem Auge verfolgt werden, denn für kurze Zeit leuchten diese explodierenden Sonnen mitunter heller als die gesamte Milchstraße.

Supernova befinden, würden die dabei entstehende energiereiche Strahlung und ein gigantischer Hagel schneller kosmischer Teilchen alles Leben sowie auch die Atmosphäre auf ihrem Planeten vernichten – sogar noch in einer Entfernung von über 100 Lichtjahren. Dies ist jedenfalls die Meinung von Astrophysikern.

In den letzten Jahren veröffentlichte die NASA eine Vielzahl spektakulärer Aufnahmen von Sonnenexplosionen im Kosmos. Jeder, der Zugang zum Internet hat, kann sich unter »Bilder« und dem

Stichwort »Nebula« oder »Supernova« seitenweise unvorstellbare Sonnenexplosionen ansehen, die das Hubble-Weltraumteleskop in nur wenigen Jahren aufgenommen hat (siehe Farbteil). Einerseits sind es faszinierende Aufnahmen, andererseits lassen diese kosmischen Apokalypsen auch erahnen, welchen Katastrophen Bewohner in anderen Sonnensystemen der Galaxie ausgesetzt sind. Ebenso ist nicht auszuschließen, dass eine Zivilisation in unserem Spiralarm der Galaxie von einer Supernova oder einer anderen kosmischen Katastrophe bedroht ist, die auf der Erde aufgrund mangelnder Beobachtungen bisher noch nicht wahrgenommen werden konnte.

Wie plant man das Überleben?

Wenn der Menschheit in ferner Zukunft einmal das gleiche Schicksal droht, kann davon ausgegangen werden, dass die Reaktionen auf der Erde kaum Unterschiede gegenüber einer anderen kosmischen Zivilisation aufzeigen würden. Angenommen, eine außerirdische Zivilisation hätte diese Bedrohung vor etwa 20.000 Jahren entdeckt, wie hätte sie wohl reagiert: Panik wäre bestimmt nicht ausgebrochen – man hatte ja noch genügend Zeit. Sicherlich wird nicht der sofortige Exodus in die Galaxie ihr primäres Ziel gewesen sein. Eher werden die Bewohner des bedrohten Planeten einen über viele Jahrtausende reichenden Zeitplan aufgestellt haben. In der ersten Phase wird es vorrangig darum gegangen sein, ihre Kenntnisse über den Kosmos zu erweitern und danach eine Raumfahrtindustrie aufzubauen, denn es ist eher unwahrscheinlich, dass sie zum Zeitpunkt der Entdeckung der Bedrohung bereits die Technik für interstellare Raumfahrt beherrschten. Das Ziel der Bewohner des unbekannten Planeten wird jedoch von diesem Moment an gewesen sein, »bewohnbare Planeten« zu entdecken und zu einem späteren Zeitpunkt auch dorthin überzusiedeln. Die Raumfahrt bildete gewiss nur einen Teil der vielfältigen Herausforderungen, mit denen sich die Außerirdischen konfrontiert gesehen haben müssen. Nicht weniger intensiv werden in dieser Zeit Forschungen in den Bereichen Physik, Astronomie, Medizin und Biotechnologie betrieben worden sein.

In der nächsten und wahrscheinlich längsten Phase werden sie im Laufe von Jahrtausenden eine ganze Armada von Raumschiffen in alle Richtungen – logischerweise bis auf eine – entsandt haben. Ihre Raumschiffe ähnelten mit Sicherheit keinem der uns aus dem Genre der Science-Fiction-Filme bekannten Modelle à la Enterprise. Möglicherweise bestanden sie aus mehreren Modulen, um ab einer gewissen Entfernung von ihrem Sonnensystem eine getrennte Reise weiterzuführen. Dieses Verfahren bot nicht nur den Vorteil, Energie zu sparen, sondern auch die Möglichkeit, die Anzahl der zu inspizierenden Sonnensysteme ergiebiger zu gestalten. Außerdem müssen sich die Außerirdischen Fragen wie diese gestellt haben: Mit welchen Lebensformen konnten sie auf einem anderen Planeten konfrontiert werden? Sollten sie unter gewissen Umständen auch Aktivitäten entwickeln, diese für sie fremden Lebensformen zu beeinflussen, wenn es zu ihrem Vorteil gereichte? Ebenso mussten ihre Planspiele den Fall einschließen, dass sie auf intelligente Lebensformen treffen konnten und somit ihr Auftauchen keineswegs Begeisterungsstürme auslösen würde.

Ihr Lastenheft beinhaltete sicherlich einige technische Vorgaben, die unabdingbare Voraussetzung für einen Erfolg ihrer Expeditionen waren. Dazu zählte sicher auch, Planetenlaufbahnen zu beeinflussen, um sie in eine günstigere Position zu ihrem Solarstern zu dirigieren. Denn eines dürfte sicher sein; mit der Beherrschung dieser Technik stiegen ihre Chancen um ein Vielfaches, auf einem Planeten mit einer heißen Atmosphäre durch eine größere Distanz oder einen Planeten mit gefrorenem Wasservorkommen mit einer geringeren Distanz zu seiner Sonne die Bedingungen für eine lebensfreundliche Atmosphäre zu schaffen. Die Frage nach einer Infrastruktur auf einem fremden Planeten hatte wahrscheinlich keine große Bedeutung, aber es mussten dennoch Geräte entwickelt werden, die nicht nur in der Lage waren, Felsen zu zerschneiden, sondern eventuell je nach Bedarf ganze Landschaften zu verändern, um sie ihren Lebensbedingungen anzupassen …

Die entscheidende Zeit begann (oder beginnt erst noch) mit der dritten Phase, der Rückkehr ihrer Expeditionen. Die gelieferten Ergebnisse müssen ausgewertet und analysiert werden. Und es wird ihnen sicherlich nicht verborgen geblieben sein, dass nach den unterschiedlichsten Erfahrungen der Expeditionen mehr als einiges verbesserungswürdig ist. Wieder werden Jahrtausende vergehen, bis alle Problemfälle dahingehend optimiert sind, die entscheidende letzte Reise mit einem fixierten Ziel anzutreten. Natürlich dürfte es kaum möglich sein, die Bevölkerung eines ganzen Planeten zu evakuieren, was ja aufgrund der noch verbleibenden Zeitspanne auch keineswegs nötig wäre. Die Menschen würden in einem solchen Falle die in den Chromosomen enthaltenen Erbinformationen, kurz DNS genannt, zur Bildung neuer Menschentypen benutzen. Mit einer ähnlichen Anwendung könnten die Bewohner des bedrohten Planeten versuchen, ihre weitere Existenz auf einem anderen Planeten sichern.

Ein besonders breites Spektrum wird ihnen wie auch der Menschheit in der gleichen Situation die Biotechnologie mit für diese Zwecke fast unbegrenzten Möglichkeiten bieten. Somit bestände die Möglichkeit, ihren Typus durch den genetischen Code in der Art zu manipulieren, dass sie sogar auf Planeten existieren könnten, die nicht unbedingt ihrem Anforderungsprofil entsprächen. Und sollten sie das Glück haben, auf ihren Expeditionen mehrere Planeten aufzuspüren, die für ihr Vorhaben in Frage kommen, wäre es mehr als logisch und wahrscheinlich, dass sie die Taktik verfolgten, sich auf einigen niederzulassen, um mehrere Optionen für ihre künftige Lebensgestaltung offenzuhalten. Weil es eher unwahrscheinlich ist, dass sie auf ihrer Tour durch den Spiralarm unserer Galaxie einen weiteren Planeten mit einer solchen Fülle an Flora und Fauna vorfinden, wie ihn die Erde bietet, dürfte die Erde auf Dauer in ihrem Fokus bleiben.

Die Venus-Katastrophe

Kann ein Foto das Weltbild verändern?

Die überzeugendsten Hinweise, dass einst Außerirdische auf der Erde weilten, liefern uns nicht irgendwelche unerklärlichen Bauwerke, auch wenn einige Indizien buchstäblich darauf hinweisen, sondern wir finden sie überraschenderweise im Sonnensystem. Eine Aufnahme der NASA von dem Asteroiden Ida (siehe Farbteil) genügt eigentlich schon, dem Anspruch eines anderen Weltbildes gerecht zu werden. Und wenn diese Linie unter physikalischen Prämissen konsequent weiterverfolgt wird, sieht man, in welcher Art und Weise in kosmischen Dimensionen betrachtet erst »gestern« Außerirdische in unserem Sonnensystem zu Werke gingen. Welche Risikobereitschaft sie zeigten und welche Katastrophen ihr Tun zur Folge hatte, an dessen Ende sich das Sonnensystem und die Erde völlig verändert präsentierten, kann einen nur erschaudern lassen. Mit der Entstehung der Venus begann ein Katastrophenszenario, wie es der Menschheit in diesen Dimensionen bis heute nicht widerfahren ist.

Es ist schon paradox, dass die Venus mit der Göttin der Liebe in Verbindung gebracht wird, weckte ihr Nimbus im Altertum doch sehr wenige Assoziationen mit einem lieblichen Himmelswesen. Eher furchteinflößend war ihr Erscheinen bei den Völkern rund um die Erde. Für die Mayas war der Planet Venus der Kriegsstern schlechthin, der alle 52 Jahre die Erde bedrohte. Die Menschen im Orient registrierten alle 50 Jahre eine Annäherung der Venus an die Erde, einhergehend mit fürchterlichen Naturkatastrophen. Kein Wunder, dass weltweit genauestens über die Laufbahn der Venus Buch geführt wurde und an vielen Orten Beobachtungsposten entstanden. Die Veränderungen im Sonnensystem waren über einen langen Zeitraum das alles beherrschende Thema in den alten Kulturen, die immer noch unter der kosmischen Vergangenheitsbewältigung litten, weil im Bewusstsein der Menschen die Gefahr einer erneuten Katastrophe durch eine Annäherung der Venus an die Erde unterschwellig nicht für immer gebannt schien.

Aus diesem Blickwinkel betrachtet, erscheint es mehr als seltsam, dass unser Sonnensystem für die heutigen Menschen wie selbstverständlich immer den Status quo besaß: Sonne, Mond, Sterne, die Erde und die Planeten scheinen ihren Platz seit ewigen Zeiten innezuhaben und ihn wohl auch in Zukunft beizubehalten. Ein Status quo ante in einem in kosmischen Maßstäben gesehen minimal kurzen Zeitraum ist für viele einfach nicht vorstellbar. Doch es liegen eine Fülle von Indizien und Beweisen bereit, die belegen, dass in unserem Sonnensystem dramatische Veränderungen stattfanden und die Venus ein ganz junger Planet ist, der an seinem jetzigen Ort erst seit etwas über 13.000 Jahren existiert. Die Hinweise für diese einschneidenden Veränderungen finden wir vorrangig bei dem Planeten selber, im Sonnensystem mit dem Gasriesen Jupiter und dem Asteroidengürtel sowie bei den Pyramiden von Giseh.

Eigentlich merkwürdig, dass bei den vielen Venus-Mysterien so gut wie nie Zweifel aufkamen und keiner der arrivierten Astronomen und Astrophysiker stutzig wurde. Aber eine Ausnahme gab es doch: Dr. Immanuel Velikovsky. In den vierziger Jahren des vorigen Jahrhunderts stellte der New Yorker Wissenschaftler in seiner Publikation »Worlds in Collision« erstmals die Theorie vom *neuen* Planeten Venus auf und wurde daraufhin prompt vom wissenschaftlichen Establishment verrissen. Erwähnenswert in diesem Zusammenhang ist, dass Albert Einstein sich in seinem letzten Lebensjahr intensiv mit Velikovskys Theorie auseinandersetzte und lange und rege Diskussionen mit ihm führte. In den letzten Wochen seines Lebens las er nochmals »Worlds in Collision«, und trotz der Meinungsverschiedenheiten näherte sich Einstein in vielen Punkte Velikovskys Ideen. Es wäre wünschenswert, dass die aktuellen Kenntnisse über die Venus Velikovskys Kritiker etwas mehr zum Nachdenken anregen würden. So fand zum Beispiel im Jahre 1974 in San Francisco ein Kongress der American Association for the Advancement of Science statt, in dessen Verlauf sich einige Wissenschaftler höhnisch damit brüsteten, Velikovskys Katastrophentheorie endgültig widerlegt zu haben. Schade, denn eigentlich hätten Velikovskys Ideen in der wissenschaftlichen Welt ein gesteigertes Interesse an dem Planeten Venus hervorrufen müssen.

Sicherlich irrte Velikovsky in einigen markanten Punkten, wie zum Beispiel dem Zustandekommen der exakten Venus-Kreisbahn, oder dass die Venus für ihn ein ehemaliger, von der Sonne eingefangener Komet war. Der Kenntnisstand über die Venus und deren Oberflächenbeschaffenheit war noch vor einigen Jahrzehnten mehr als dürftig – insofern konnte keiner für sich in Anspruch nehmen, das ultimative Wissen über die Venus zu besitzen. Seit April des Jahres 2006 kann sich dieses grundlegend ändern, als die im November 2005 primär als Atmosphärenmission gestartete ESA-Sonde »Venus-Express« unseren nächsten Nachbarn erreichte. Mit Sicherheit wird das Wissen über diesen Planeten nach Beendigung der Mission um einiges umfangreicher sein. Seit fast 15 Jahren erhielt die Venus keinen Besuch mehr von der Erde. Dabei sollte die Erkundung dieses Planeten eigentlich absolute Priorität haben gegenüber der Erforschung des Mars oder der Jupiter- und Saturnmonde, auf denen vorrangig nach Erkenntnissen über die Ursprünge des Sonnensystems gesucht wird. Die Venus hält sehr viel interessantere Informationen bereit, die unser Bild vom Verlauf der Menschheitsgeschichte grundlegend verändern könnten!

Velikovsky hatte seine Theorie vom neuen Planeten nie in irgendeinen Zusammenhang mit den Pyramiden gebracht. Er datierte die Entstehung der Venus auf das siebte vorchristliche Jahrhundert – eine Datierung, die jedoch nicht akzeptabel ist; es bestand nie ein Zweifel, dass dieses Ereignis zu einem viel früheren Zeitpunkt stattgefunden haben musste. Denn zu dem von Velikovsky avisierten Zeitpunkt existierte zwischen den damaligen Kulturen schon ein so reger Austausch, dass von diesem Geschehen viel mehr Fakten und Berichte die Neuzeit erreicht hätten. Für Velikovsky fand die Sintflut ebenfalls zu dieser Zeit statt. Unter allen Experten besteht jedoch Einigkeit darüber, dass sich die weltumspannenden Flutkatastrophen vor über 10.000 Jahren ereigneten. Trotzdem: Hut ab vor Velikovsky, denn was er an alten Überlieferungen zum neuen Planeten Venus zusammengetragen hat – auf einige wird noch zurückgegriffen –, verdient posthum allergrößte Hochachtung.

Erst als mich die Anordnung der Pyramiden zum Grübeln brachte, erinnerte ich mich wieder an Velikovsky. Der Mann hatte vielleicht doch recht. Und so langsam kam mir der Gedanke, dass die Pyramiden vielleicht erbaut worden waren, um eine kosmische Katastrophe mit der Entstehung des neuen Planeten Venus zu dokumentieren. Obwohl Velikovsky die Pyramiden mit keiner Silbe erwähnte, fügten sich mit einem Mal alle Teile zusammen. Eine weitere Bestätigung meiner These folgte eher zufällig, als im TV der wissenschaftliche Beitrag »Hölle unterm Wolkenschleier – das wahre Gesicht der Venus« gesendet wurde. Dass in diesem Bericht natürlich nicht von einem *neuen* Planeten Venus ausgegangen wurde, bedarf wohl keiner besonderen Erwähnung.

Betrachtet man unser Sonnensystem, fällt schon bei der Platzierung der Planeten auf, dass nahe der Sonne Merkur, Venus, Erde und Mars dichtgedrängt ihre Bahnen ziehen. Eigentlich befindet sich von der Anordnung her ein Planet zu viel in dieser sonnennahen Gruppe. Es gibt zwar eine Berechnung, dass diese Anordnung so okay ist (Titius-Bodesche Reihe), doch dann passt wiederum der Planet Neptun nicht ins System. Aber wer kann dies schon mit Bestimmtheit sagen, denn bis heute kann nicht einmal definitiv erklärt werden, warum einerseits Gesteinsplaneten und andererseits Gasplaneten entstanden. Man gerät ins Grübeln; wie ist es physikalisch überhaupt möglich, dass sich auf der astronomisch sehr kurzen Distanz zwischen 58 bis 228 Millionen Kilometern aus den Gas-, Materie- und Staubwolken vier Planeten und ein Mond (die beiden Marsmonde können wegen ihres geringen Volumens vernachlässigt werden) mit dieser Masse bilden konnten?

Asteroiden – Indizien für das Unmögliche

Noch stutziger macht einen die 550 Millionen Kilometer große Lücke zwischen Mars und Jupiter, in die eigentlich ein Planet hineingehörte. Aber exakt an dieser Stelle befindet sich der Asteroidengürtel mit Hunderttausenden von Gesteinsbrocken. Die Asteroidenbahnen bewegen sich überwiegend in einer Entfernung zwischen 300 und 500 Millionen Kilometern von der Sonne. Sogar wenn die Sonne mit der Rotation der Galaxie immer wieder Asteroiden eingefangen hat, bleibt es rätselhaft, wie es in dieser Peripherie des Sonnensystems zu einer derart komprimierten Anhäufung auf einer planetenähnlichen Laufbahn kommen konnte.

In jedem Bildband über das Weltall findet man eine Abbildung unseres Sonnensystems, auf der schön gleichmäßig – ähnlich wie die Saturn-Ringe – der Asteroidengürtel in einer dichten geschlossenen Orbitbahn zwischen Mars und Jupiter dargestellt ist. Somit entsteht der Eindruck, die Masse aller Asteroiden könnten problemlos das Volumen eines Planeten vom Format des Jupiters erreichen. In einem Vergleich offenbart sich ein anderes Bild: Legt man zum Beispiel eine Röhre mit 10 Meter Durchmesser um München und verteilt darin eine zerbröselte Walnuss, dann erhält man das reale Verhältnis zwischen Raumvolumen des Asteroidengürtels und tatsächlicher Asteroidenmasse. Weil alle Asteroiden nicht im geringsten auf einer im Schnitt drei Milliarden Kilometern langen Umlaufbahn eine geschlossene Formation bilden, stellt sich die Frage: Ist der Begriff »Gürtel« überhaupt noch angebracht?

Vielleicht entstanden dadurch einige irreführenden Vermutungen über die Entstehung des Asteroidengürtels. Somit ist es für die Wissenschaftler bis heute ein Problem geblieben, die Bildung des Asteroidengürtels unzweifelhaft zu beurteilen. Infolgedessen blieb es nicht aus, dass von dieser Seite die unterschiedlichsten Vermutungen geäußert wurden. Einige sollen hier kurz vorgestellt werden, und ohne spezielle Kenntnisse der Astrophysik lassen sich diese Denkmodelle aufgrund logischer Denkweise so einfach widerlegen, dass man sich unwillkürlich fragt, wie derartige Hypothesen überhaupt entstehen konnten:

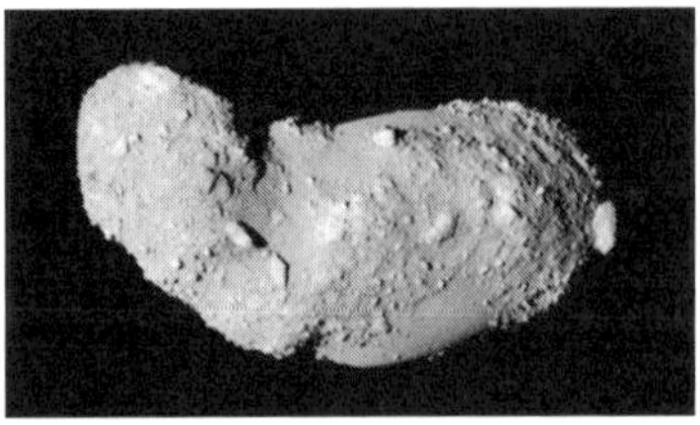

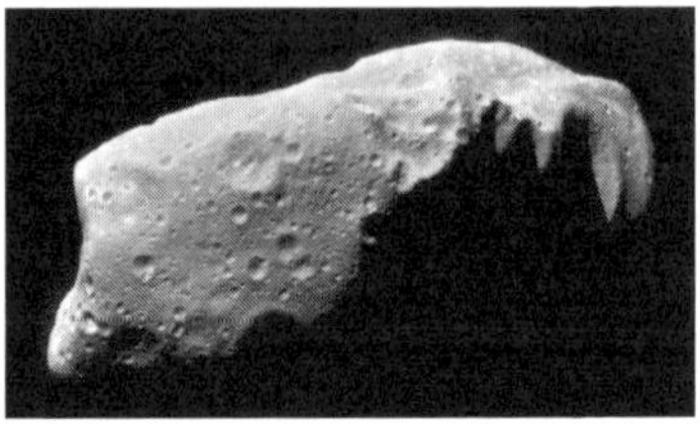

1. Die Asteroiden sind übrig gebliebene Relikte aus der Urzeit des Sonnensystems.

Das mag für einen Teil der Asteroiden zutreffen. So auch für den von der japanischen Hayabusa-Mission im September 2005 fotografierten Asteroiden Itokawa (links). Große Felsbrocken liegen auf seiner Oberfläche, aber man sieht keine Impactkrater. Die NASA-Aufnahme des Asteroiden Ida (rechts) zeigt hingegen nicht nur eine völlig andere Formgebung, sondern eine mit Einschlagskratern regelrecht übersäte Oberfläche. Nur ein Planet kann durch seine Gravitation umhervagabundierende Objekte zusätzlich anziehen und so beschleunigen, dass so heftige Einschläge Krater hinterlassen. Natürlich kollidieren Asteroiden auch mal miteinander, zweifelhaft aber, dass dieses so häufig vorgekommen sein soll.

2. Die Gravitationskräfte des Jupiters hätten eine Planetenbildung verhindert.

Dabei stellt sich jedoch die Frage, wie sich der Planet Merkur auf einer Entfernung von nur 58 Millionen Kilometern zur massigen Sonne bilden konnte, andererseits der sehr viel »schwächere« Jupiter (ca. nur ein Tausendstel Masse der Sonne) diese Planetenbildung auf einer drei- bis viermal so großen Distanz verhindern konnte?

3. Zwischen Mars und Jupiter sei ein Planet förmlich zerbröselt, der flüssige Kern habe sich aufgelöst, und aus der Planetenkruste sei der Asteroidengürtel entstanden.

Dieses Szenario dürfte physikalisch schwerlich nachvollziehbar sein. Trotz des luftleeren Raumes kann sich keine Materie in Luft auflösen. Zudem dürften die planeteneigenen Gravitationskräfte wohl kaum eine Zerbröselung zulassen.

4. Die Asteroiden sind das Produkt einer Kollision zweier Planeten, die sich einst zwischen Mars und Jupiter befanden.

Diese Vermutung ist aufgrund fehlender Masse ebenso abwegig, denn alle Asteroiden besitzen noch nicht Eintausendstel des Erdvolumens oder anders beschrieben, nur 3 bis 5 Prozent der Mondmasse. Die als Kirkwood-Lücken bezeichneten Zonen mit sehr niedriger Besetzungsdichte von Asteroiden und die als »Familien« bezeichneten größeren Ansammlungen wie Flora, Themis, Proserpine, Phocaea, Koronis, deuten eher darauf hin, dass durch gigantische Explosionen die Außenhülle des Planeten Stück für Stück abgesprengt wurde und nur so aus diesen Bruchstücken der Asteroidengürtel zwischen Mars und Jupiter entstand.

Welche Urgewalten der kosmische Crash freisetzte, lässt sich daran erkennen, dass einige Brocken der Planetenkruste bis zum über vier Milliarden Kilometer von der Sonne entfernten Neptun flogen, bis dieser Planet sie in eine stark geneigte Orbitbahn zwang. Nach Auskunft von US-Forschern umkreisen diese »Monde« den Neptun in weiten, elliptischen Bahnen, wobei sich zwei von ihnen in gegenläufiger Richtung bewegen. Aber in diesem Falle schließen die Forscher nicht aus, dass diese Objekte das Produkt einer früheren Kollision im All sein könnten.

Alle bisher von wissenschaftlicher Seite geäußerten Asteroiden-Hypothesen konnten keine physikalisch stichhaltigen Beweise erbringen. Obwohl die Strukturen der Asteroiden eindeutig auf eine Planetenkruste hinweisen, wurde dieser Gedanke nicht konsequent weiterverfolgt, denn unter anderem fehlte der dazugehörende Planet. Dabei präsentiert das Sonnensystem eine eindeutige und logisch nachvollziehbare Kette an Indizien, die ein anderes Protokoll der Planetenhistorie erstellen, angefangen mit dem Großen Roten Fleck auf dem Jupiter, die unerklärlichen riesigen Impactkrater auf den Asteroiden, bis hin zum Planeten Venus, die durch ihre mysteriösen Eigenschaften alle Charakteristiken aufzeigt, die sie als Projektil eines kosmischen Crashs prädestinieren. Dann aber bliebe nach physikalischen Gesetzen nur noch eine Option: Eine außerirdische Intelligenz wäre unweigerlich an diesem Geschehen beteiligt gewesen! Aber welcher Gelehrte wagt es schon, die allgemeine Lehrmeinung in Zweifel zu ziehen? Das Hohngelächter aus Kollegenkreisen und eine breite Phalanx einer unkritischen Medienfront, unterstützt durch religiöse Interessengruppen, würden sicherlich zum vorzeitigen Ende der beruflichen Karriere beitragen.

Der Stein, der alles zum Kippen bringt

Wenn eine NASA-Aufnahme wie in einem Mega-Dominospiel, ein anderes Weltbild offenbart, dann sei dieser Stein, der alles zum Kippen bringt, kurz beschrieben. Sein Format: 56 Kilometer Länge, sein Name: Asteroid Ida!

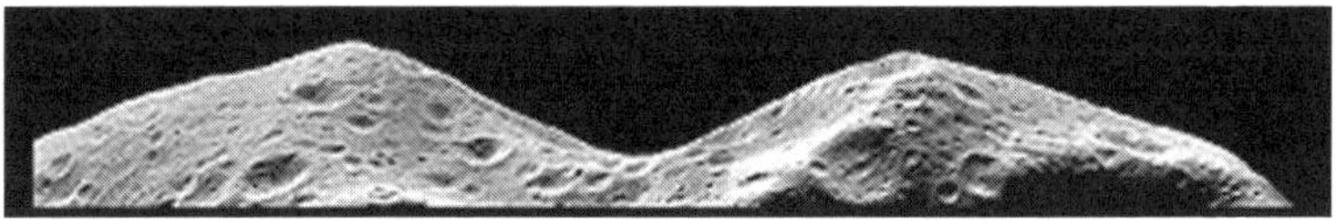

Beim ersten Blick könnte man vermuten, diese Aufnahme einer Hügellandschaft wäre auf dem Mond entstanden. Es ist aber eine hochauflösende Oberflächenaufnahme des Asteroiden Ida aus größerer Entfernung. Wer auch immer noch behaupten will, dieser Asteroid habe sich aus kosmischen Staub- und Materiepartikeln gebildet, dem muss schon eine gehörige Portion an Sturheit attestiert werden.

Die Raumsonde Galileo besuchte auf dem Weg zum Jupiter im Jahre 1991 den Asteroiden Gaspra (etwa 20 × 12 × 11 Kilometer) und zwei Jahre später den Asteroiden Ida, dessen Format mit 56 Kilometer Länge, einer Breite von 24 Kilometer und einer Dicke von 21 Kilometer wiederum ausgezeichnet zu einer Planetenkruste passen könnte. Die Aufnahme von Ida zeigt in etwa die gleiche Oberflächenbeschaffenheit, wie sie auch auf Gaspra vorhanden ist. Ida wurde erstmals im Jahre 1884 von einem Wiener Observatorium entdeckt. Sein Abstand zur Sonne beträgt im Perihel etwa 405 Millionen Kilometer und im Aphel knapp 450 Millionen Kilometer. Für einen Umlauf um die Sonne benötigt er vier Jahre und zehn Monate. Für eine Rotation um die eigene Achse vergehen etwa vier Stunden und 25 Minuten. Als Besonderheit gilt, dass dieser Asteroid von einem nur 1,4 Kilometer großen Mond namens Dactyl umkreist wird. Dieses wiederum lässt sich so erklären, dass bei der Absprengung der Planetenkruste sehr viele kleinere Bruchstücke mit davonflogen, wobei eben eines, Dactyl, so dicht bei dem Asteroiden Ida blieb, dass er von diesem eingefangen wurde.

Eros – wie entsteht ein 8 Kilometer großer Krater?

Eros ist einer der am besten beobachteten erdnahen Asteroiden. Er wurde erstmals im Jahre 1898 von dem deutschen Astronomen Witt und dem Franzosen Chalois entdeckt. Seine mittlere Distanz zur Sonne beträgt 218 Millionen Kilometer. Die größte Annäherung zur Erde erreichte der Asteroid im Jahre 1975 mit einem Abstand von nur 22 Millionen Kilometern. Diese geringe Distanz nahm die NASA zum Anlass, die Sonde NEAR-Shoemaker (Near Earth

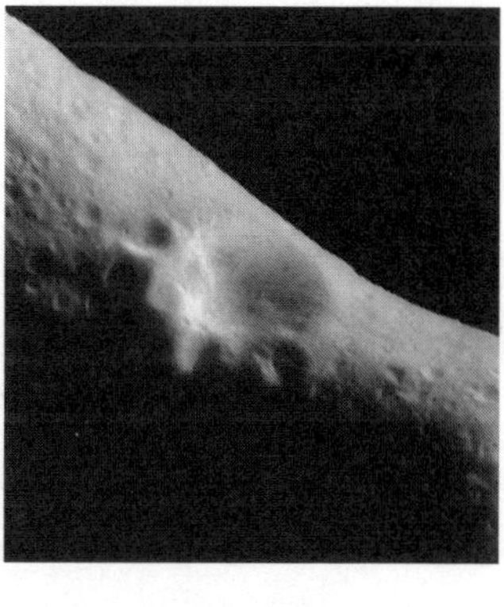

Aus 50 Kilometern Entfernung entstand diese Aufnahme des 8 Kilometer großen Kraters auf dem Asteroiden Eros.

Asteroid Rendezvous) auf die Reise zu schicken. Diese näherte sich Eros im Dezember 1998 auf etwa 4.000 Kilometer und landete im Februar 2001 auf ihm. Bei diesem Unternehmen wurden 200.000 Aufnahmen von dem nach neuesten Berechnungen 34 × 13 × 13 Kilometer großen Asteroiden zur Erde gesendet.

Bei einigen Erklärungen der Wissenschaftler über die Asteroiden wird man doch sehr nachdenklich; Eros soll wie auch andere Asteroiden periodisch seine Helligkeit ändern. Photometrische Untersuchungen zeigten, dass Eros augenscheinlich auf einer Seite viel heller ist als auf der anderen. Diese sich ändernde Helligkeit wird durch die Rotation des Körpers erklärt. Weil nun nicht davon auszugehen ist, dass die Wissenschaftler eine Tag- und Nachtseite des Asteroiden für dieses Phänomen vermuten, kann es nur eine simple Lösung dafür geben; trennt man zum Beispiel aus einem Felsen ein Stück heraus, ist die der Witterung ausgesetzte Oberfläche immer dunkler als die neu entstandenen Flächen.

Ein weiteres Problem sind aber wohl die vorhandenen und nicht vorhandenen Krater auf den Asteroiden. So hatte James E. Richardson jr. von der University of Arizona pro Quadratkilometer 400 kleinere Krater erwartet, es wurden aber nur 40 solcher Krater unter 20 Meter entdeckt. Eine Möglichkeit wäre, dass vor dem Jupiter-Crash der frühere Planet X dennoch eine, wenn auch sehr dünne Atmosphäre besaß, in der eben viele kleinere Gesteinsbrocken vor einem Aufprall verglühten.

Wenn ein »Beschuss« zum Beispiel durch ein aus dem Kuiper-Gürtel stammendes Projektil stattgefunden hätte, das einen 8 Kilometer großen und auch sehr tiefen Krater auf Eros (siehe Nahaufnahme im Farbteil) erzeugte, kann man sicher davon ausgehen, dass der Asteroid auseinandergeplatzt wäre. Nur wenn der Asteroid noch Teil einer Planetenoberfläche war, ist die Entstehung eines solch großen und tiefen Kraters zu erklären. Ein derart wuchtiger Einschlag kann eigentlich nur durch eine extreme Beschleunigung, die ein massiger Planet oder Mond durch seine Anziehungskraft zusätzlich ausübt, hervorgerufen werden. Die Schwerkraft von Eros ist so schwach, dass ein Sack Zement mit 50 Kilogramm auf ihm nur

60 Gramm wiegen würde. Wenn ein größerer Gesteinsbrocken aus dem Asteroidengürtel in die Nähe von Eros gelangte, würde es mangels Masse und Geschwindigkeit niemals zu einem solch gewaltigen Impact kommen. Die beiden Körper würden sich vielleicht leicht berühren und dann weiter ihre Bahn ziehen.

Im Gegensatz zu den Asteroiden, die seit der Entstehung des Sonnensystems vor fast fünf Milliarden Jahren relativ unverändert überdauert haben, vermutet man bei Eros Eisen-Stein-Gemische, die durch große Hitze schmolzen und sich in unterschiedlichen Schichten ablagerten. Überraschenderweise schließen Wissenschaftler in diesem Falle nicht aus, dass Eros aus einem größeren Himmelskörper entstanden sein könnte, der aus nicht bekannten Gründen zerfiel, womit wir wieder bei den zuvor angesprochenen Deutungsversuchen angelangt wären.

Die mysteriöse Mathilde

Im Juni 1997 flog die Raumsonde NEAR-Shoemaker auf dem Weg zu Eros in 1200 km Entfernung an dem Asteroiden Mathilde (etwa 53 Kilometer im Durchmesser) vorbei und sandte Aufnahmen zur Erde. Was aber ist nun so mysteriös an Mathilde? Ist der gewaltige, 8 Kilometer große Krater auf Eros nur zu erklären, dass er bei dem Impact noch Bestandteil eines Planeten war, gerieten bei dem 30 Kilometer breiten und 10 Kilometer tiefen Krater auf Mathilde sogar die Wissenschaftler ins Grübeln. Denn auch sie vermuteten, bei einem Impact in diesen Dimensionen wäre der Asteroid wohl völlig eliminiert worden. Zudem existieren noch fünf weitere Krater mit bis zu 20 Kilometer Durchmesser. Eigentlich wäre jetzt guter Rat teuer. Aber flugs hatten die Experten eine Lösung parat, indem sie verlauten ließen, dass der Asteroid kein kompakter Körper sei, sondern eine Ansammlung von Trümmerstücken, die trotz der schwachen Gravitation zusammengehalten würden. Zudem attestierte man Mathilde eine geringe Dichte von nur 1,3 g/cm^3, die damit der Dichte des Gasriesen Jupiter gleichkäme (Erde 5,3 g/cm^3). Deshalb wäre bei einem Einschlag der Asteroid nicht auseinandergestoben, sondern komprimiert worden. Nur beim Betrachten der Aufnahmen von Mathilde entsteht nun keineswegs der Eindruck, dass es sich hier um ein in seiner Konsistenz sehr labiles Gebilde handelt. Und weil die für Asteroidenkrater typischen Fransenringe aus Steinschutt am Rande fehlen, stellt sich die Frage: sind diese Gebilde überhaupt Krater?

Wäre es nicht möglich, dass die relativ glatten Flächen sich früher innerhalb der Planetenkruste befanden und dass sich bei einer Absprengung der Planetenkruste an der Unterseite Ausbuchtungen in diesen Dimensionen befanden? Die Litosphäre der Erde besteht aus dem Erdmantel und der Erdkruste, die zwischen 20 und 40 Kilometer stark ist. Bemerkenswert, dass die Dicke vieler Asteroiden sich im gleichen Bereich bewegt. Die Trennlinie zwischen Mantel und Kruste verläuft aber keineswegs gleichmäßig, und sicherlich auch nicht bei anderen Planeten.

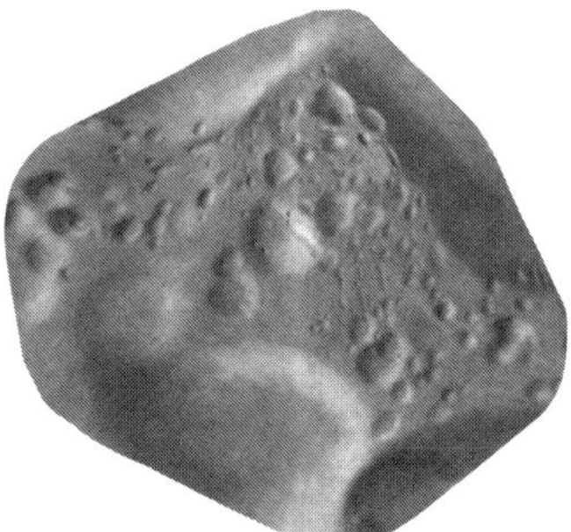

Nach Ansicht der Wissenschaftler haben die Asteroiden ein Alter von über vier Milliarden Jahren. Wie aber ist es dann möglich, dass die Oberflächen der Asteroiden mit Impactkratern übersät sind, andere Flächen hingegen, wie hier zu sehen, in Milliarden von Jahren nicht getroffen wurden?

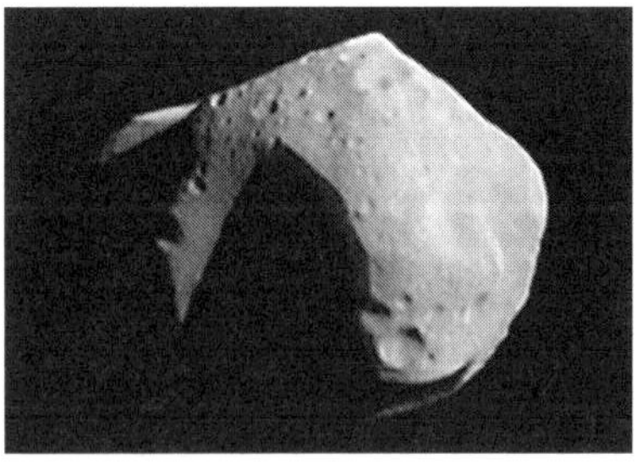

Im Weltall lassen Licht und Schatten mitunter bizarre Formen entstehen. Bei dieser Aufnahme von Mathilde sind wohl die »Krater« nicht ausgeleuchtet, weshalb der Eindruck entsteht, der Asteroid hätte eine andere Formgebung.

Dass Ceres, mit etwa 1000 Kilometer Durchmesser das größte Objekt im Asteroidengürtel, kein Bruchstück einer Planetenkruste ist, darauf lässt die erst kürzlich gemachte erste Aufnahme von Ceres aufgrund seiner kugelförmigen Gestalt schließen. Der Verdacht ist nicht unbegründet, dass es sich bei Ceres um einen ehemaligen kleinen Mond des früheren Planeten X handeln könnte. Weit über 100 Monde umkreisen Planeten in unserem Sonnensystem, neun davon haben in etwa das Format von Ceres. Etwa 80 Trabanten befinden sich unterhalb der 100-Kilometer-Marke und kämen somit als Reste einer Planetenkruste in Frage. Jupiter beispielsweise wird ebenfalls von seinen acht regulären Monden in nahezu kreisförmigen, engeren Bahnen umrundet. Aber etwa 60 nur einige Kilometer große »Monde« mit sehr unregelmäßiger Geometrie umkreisen ihn in weitläufigen, zum Teil gegenläufigen, elliptischen Bahnen. Mit großer Wahrscheinlichkeit handelt es sich hierbei um weitere Bruchstücke des ehemaligen Planeten X, die vom Jupiter direkt oder später eingefangen wurden.

Vieles deutet darauf hin, dass die beiden Mars-Monde Phobos (23 km lang) und Deimos (13 km), deren griechische Namen übersetzt sinnigerweise Furcht und Panik bedeuten, ebenfalls das Produkt eines kosmischen Crashs sind. Eine Analyse nach Aufnahmen der amerikanischen Viking-Sonde ergab, dass diese Monde aus dem gleichen Material bestehen wie die Asteroiden zwischen Mars und Jupiter. Phobos und Deimos wurden im Jahre 1877 von Asaph Hall entdeckt, der ihnen auch die Namen gab. Doch bereits um das Jahr 1600 berichteten der Wittenberger Astrologe Abraham Rockenbach und andere Gelehrte seiner Zeit, die wohl Zugang zu Schriften des Altertums hatten, von ebendiesen beiden Marsmonden. Höchst interessant aber, dass weder in dieser Zeit noch im Altertum optische Geräte existierten, mit denen diese Mars-Trabanten gesichtet werden konnten. Noch überraschender, die Gelehrten wussten sogar, wie weit die Monde in etwa vom Mars entfernt waren. Die Abstände betragen gegenwärtig etwa 9.380 km und 23.460 km. Dass »gegenwärtig« besonders betont wird, liegt darin begründet, dass der Abstand unter Umständen heute geringer ist als vor vielleicht 13.000 Jahren.

Deshalb ist nicht auszuschließen, dass Phobos irgendwann durch die Anziehungskraft des Mars beschleunigt wird und in Zukunft durch Phobos ein Impact auf dem Mars droht.

Unter dem Aspekt einer völlig anderen Entstehungsgeschichte des Asteroidengürtels bleibt zu hoffen, dass der gesamte Komplex in Zukunft zum Ziel eingehender Erkundigungen wird. Erst fünf näher erforschte Asteroiden von Hunderttausenden können nur erahnen lassen, welche Sensationen noch im Verborgenen ruhen. Und sollten irgendwann weitere Aufnahmen von anderen Asteroiden zur Erde gesendet werden, dürfte gesichert sein, dass weitere Überraschungen nicht ausbleiben und tatsächlich ein rundweg anderes Weltbild entstehen könnte.

Die Geburt des Planeten Venus

Welche Ereignisse fanden aber statt, die zur Bildung des Asteroidengürtels führten und gleichzeitig der neue Planet Venus erstmals für die Menschen in grauer Vorzeit erschien? Betrachtet man nun den unerklärlichen riesigen Roten Fleck auf dem Jupiter, kommt einem zuerst der Gedanke, dass hier der Planet mit dem Jupiter kollidiert sein könnte. Über die Entstehung des Großen Roten Flecks und warum diese Struktur so lange erhalten blieb, rätseln heute noch die Wissenschaftler. Was aber ist das Besondere an diesem schon seit 300 Jahren bekannten Gebilde? Als erstes seine gigantischen Dimensionen, in die heute noch die Erde zweimal hineinpasst. Unter der Annahme, dass vor über 13.000 Jahren ein Impact stattfand, ist davon auszugehen, dass die Einschlagstelle direkt nach der Kollision vielleicht vier- oder fünfmal so groß war. Alte Aufzeichnungen und neuere Messdaten deuten darauf hin, dass sich der Große Rote Fleck langsam weiter zurückbildet.

Bislang stützt man sich auf die Daten der atmosphärischer NASA-Sonde Galileo, die aber Messungen nur in eine Tiefe von lediglich 150 km erlaubte. Somit äußern sich Experten folgendermaßen: Unser Wissen über das Innere des Jupiters ist hochgradig indirekt und das wird wohl noch eine ganze Zeit so bleiben. Sollte eine Kollision der Grund für die Entstehung dieses Gebildes sein, bieten sich zwei Möglichkeiten an.

Wie schon zuvor erwähnt, vermuten amerikanische Wissenschaftler, dass der Asteroid Eros aus einem größeren Himmelskörper entstand, weil Eisen-Stein-Gemische durch große Hitze schmolzen und sich in unterschiedlichen Schichten ablagerten. Wäre der Planet X in die oberen Schichten eingedrungen, könnte eine höhere Reibungshitze dies bewirkt haben. Ebenso könnte es der Grund für die Annahme sein, dass der Große Rote Fleck auf einer Aufnahme der NASA (siehe Farbteil) eine starke Sogwirkung und eine kraterähnliche Einbuchtung oder Erhöhung vermuten lässt. Demnach müsste der ehemalige Planet X in einem spitzen Winkel in den Jupiter eingedrungen sein, sodass in den oberen gasförmigen Schichten eine Delle erhalten blieb, denn zonische Winde sollen bis zu Tausenden von Kilometern in das Innere reichen und könnten somit in den Schichten oberhalb des flüssigen metallischen Wasserstoffs ebenfalls für permanente Verwirbelungen sorgen. Flüssig metallischer Wasserstoff bildet den Hauptbestandteil von Jupiter und man weiß immer noch nicht, ab welcher Tiefe er eine andere Konsistenz erreicht. Bisher konnte er nur im Labor dargestellt werden, aber viele Eigenschaften sind immer noch unbekannt.

Für die zweite Version, dass der Große Rote Fleck sich nur in der atmosphärischen Schicht befindet und mit 600 km/h ständig um Jupiter rotiert, müsste der Planet X in einem noch flacheren Winkel den Gasriesen getroffen haben. Der in diesem Falle geringere Abbremsungseffekt hätte trotzdem genügt, dass die breiigen Kernmassen aufgrund ihrer höheren Winkelgeschwindigkeit gegenüber der Planetenkruste noch das Bestreben hatten, durch ihre Massenträgheit die gesteigerte Eigenrotation fortzusetzen, die Energien unvorstellbaren Ausmaßes freisetzten, sodass die äußere Kruste nicht durch die Kollision, sondern aufgrund interner mechanischer Vorgänge auseinandergerissen und abgesprengt wurde.

Ein Absprengen der Planetenkruste könnte eventuell auch ohne direkte Berührung, sondern durch die Gezeitenkräfte des Jupiters erfolgt sein. Wie stark diese wirken, zeigten die spektakulären Aufnahmen des Kometen Shoemaker-Levy-9, der vor dem Impact auf Jupiter in mehrere Stücke zerrissen wurde. Welches der drei Modelle für die Venus-Entstehung zutrifft, kann wohl erst durch weitere Erkenntnisse über Jupiter endgültig beantwortet werden. Es ist aber davon auszugehen, dass eine durch die Jupiter-Gravitation bedingte höhere Bahngeschwindigkeit genügte, dass der glühende Kern des Planeten danach in Richtung Sonne taumelte und eine neue, extrem elliptische Umlaufbahn einnahm. Aus dem Planeten X war der neue, gefürchtete Planet Venus entstanden.

Die »wilde« Venus-Bahn

Es ist sehr unwahrscheinlich, dass die Venus unmittelbar nach ihrer Kollision mit dem Jupiter der Erde nahe kam – wahrscheinlich geschah dies erst, nachdem sie in eine neue Orbitbahn um die Sonne eingeschwenkt war. Unweigerlich hätte diese »wilde« Bahn immer eine große Gefahr für die Erde bedeutet. Wie ein irrläufiger Komet hätte sie sich der Sonne periodisch immer wieder bis auf etwa 100 Millionen Kilometer genähert, um anschließend wieder bis in die Nähe des Jupiters beschleunigt zu werden. Dass die Umlaufbahn der Venus zur Zeit ihrer Entstehung eine andere war als heute, darüber existieren in den überlieferten Berichten aus allen Gebieten der Erde eindeutige Hinweise. Eine Kollision mit der Erde wäre auf lange Sicht kaum zu verhindern gewesen. So bleibt letztendlich nur eine Möglichkeit: Eine Macht muss in diesen Prozess eingegriffen haben, so dass durch eine Bändigung der Venus wenigstens die Erde vor der totalen Zerstörung bewahrt wurde.

Wenn die Venus von ihrer ehemaligen Position aus eine neue Orbitbahn um die Sonne gefunden hätte, wäre nach den Gesetzen der Physik ihre Bahn eine extrem elliptische. Aber genau das Gegenteil ist der Fall; ihre Exzentrizität ist mit 0,0068 die mit Abstand geringste von allen Planeten. Deshalb stellt sich die Frage, wie sie auf diese perfekte Kreisbahn gezwungen werden konnte …

Es ist nur zu verständlich, dass sich bei so manchem Astrophysiker oder Astronomen die Haare sträuben, wenn sie mit einer mani-

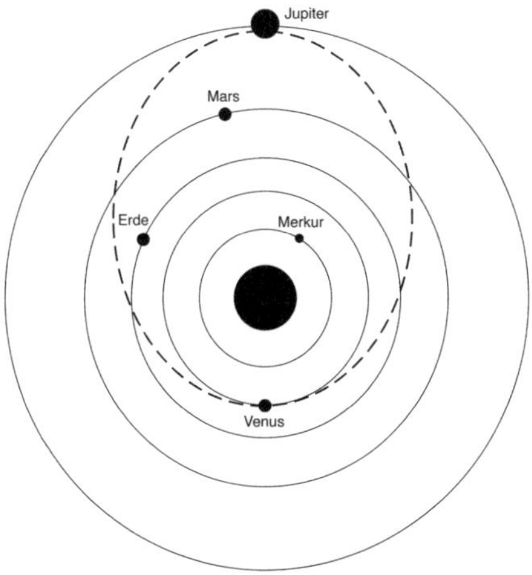

Die gestrichelte elliptische Linie zeigt, wie die Venus-Bahn nach dem Jupiter-Venus-Crash ohne einen Eingriff von außen unverändert bis heute verlaufen wäre. Ein Zusammenstoß mit dem Mars oder der Erde hätte sich im Verlauf der letzten 13.000 Jahre oder zukünftig kaum verhindern lassen.

pulierten Planetenlaufbahn konfrontiert werden. Denn die Möglichkeiten für etwas Derartiges sind nach unserem heutigen Kenntnisstand mehr als dürftig. Und wenn dieses publiziert wird, ist die Antwort der Fachleute vorauszusehen: »Das ist doch alles Spinnerei.« Aber die »Freisprechung« von aller Spinnerei lieferte im Januar 2004 zur Überraschung der TV-Sender Discovery Chanel in dem Bericht »Sternstunden«. Er zeigte die Gefahren auf, die der Erde durch kosmische Katastrophen drohen, was am Beispiel einer Sonnenausdehnung demonstriert wurde. Während ich immer noch überlegte, wie das Szenario einer Planetenlaufbahnveränderung glaubwürdig zu vermitteln sei, waren amerikanische Wissenschaftler schon dabei, Pläne auszuarbeiten, wie unter Zuhilfenahme eines Asteroiden die Gravitation der Erde zu beeinflussen sein könnte, um sie in eine erweiterte Orbitbahn zu steuern. Aus dem Land der unbegrenzten Möglichkeiten kommen doch noch, wenigstens für mich, positive Nachrichten.

Bei einem Eingriff in den Venus-Orbit dürften die Probleme um einiges größer sein. Aber sollten die Erdenbewohner eines Tages vor dem gleichen Problem stehen, werden unsere Astrophysiker sicherlich ebenso einen Weg finden, um eine Planetenlaufbahn zu manipulieren. Ob sie dann ein künstlich erzeugtes Magnetfeld, die Beeinflussung der Schwerkraft oder eine Begegnung mit einer ausreichend großen fremden Masse in Betracht ziehen? Besteht sogar die Möglichkeit, die unbekannte Materie, die etwa die sechsfache Masse aller Galaxien besitzt, zu nutzen, einen Planeten in der Art zu manipulieren, dass eine Massezunahme die Bewegungsenergie auf seiner Orbitbahn abbremst und er dadurch in eine andere Position zu seiner Sonne gebracht wird? Das derzeitige physikalische Wissen stellt nun keineswegs das Nonplusultra dar. Weil aber eine manipulierte Venus-Bahn die logischste aller Wahrscheinlichkeiten ist, darf diese nicht aufgrund eines gegenwärtig noch fehlenden physikalischen Verständnisses kategorisch ausgeschlossen werden!

Die Problematik der exakten Kreisbahn erkannte auch Velikovsky, der als Erklärung eine Kollision der Venus mit dem Mars vermutete. Diese wird aber niemals stattgefunden haben; selbst die Möglichkeit einer Nahbegegnung ist wegen der doppelt so langen Umlaufzeit des Mars gegenüber der Erde eher unwahrscheinlich. Die Vermutungen Velikovskys waren für seine Gegner ein gefundenes Fressen, denn auch eine Kollision mit dem Mars hätte eine elliptische Bahn nie in eine kreisrunde verwandelt. Dies wiederum war ein gefundenes Fressen für mich, denn eben durch die exakte Orbitbahn führt kein Weg daran vorbei, dass die Venusbahn das Produkt einer Manipulation durch außerirdische Intelligenzen ist.

Konträrer kann die Situation der ehemaligen Kontrahenten nicht sein: Der »rasende« Jupiter benötigt für eine Umdrehung keine 10 Stunden, die Venus hingegen unglaublich lange 243 Erdentage. Dieser »Stillstand« ist im Grunde ein eindeutiges Indiz, dass die Venus einst eingebremst wurde. Als Sahnehäubchen präsentiert sich noch der Fakt, dass die Eigenrotation der Venus als einzige von allen Planeten in entgegengesetzter Richtung erfolgt. Die Astrophysiker vertreten durchweg die Kantsche Nebularhypothese, nach der die ursprüngliche Drehbewegung der verdichteten Staub-, Gas- und Materiewolken nicht nur die gesamte Galaxie – an den Spiralarmen besonders gut zu erkennen –, sondern ebenso das gesamte Sonnensystem mit allen Planeten entstehen ließ. Ein Planet mit einer rückläufigen Rotation steht dazu im völligen Widerspruch und dürfte nach den Gesetzen der Physik eigentlich gar nicht existieren.

Umso verwunderlicher, dass dieser Tatbestand bei Astronomen und Astrophysikern bisher kein gesteigertes Interesse hervorruft. In jedem Bericht über die Venus wird zwar erwähnt, dass ihre Eigenrotation entgegengesetzt ist, aber eine überzeugende Antwort, warum dies so ist, erhält man nicht. So sehen einige Astrophysiker den Verursacher für den »Stillstand« in der dichten Atmosphäre der Venus. Dass diese Version bei logischer Betrachtungsweise nicht haltbar ist, verdeutlichen am besten die Erde und der Mond. Die Erde benötigt trotz ihrer Atmosphäre nur 24 Stunden für eine Rotation, der Mond ohne die Spur einer Atmosphäre träge 27 Tage. Ebenso eigenartig die Spekulation, ein ehemaliger Venus-Mond wäre mit dem Planeten kollidiert! Bleibt die Frage, wo ist dieser Mond geblieben? Und physikalisch auch nicht haltbar, dass ein Asteroidenimpact die Rotation der Venus zum Stillstand gebracht hätte.

Das wahre Gesicht der Venus

Natürlich besorgte ich mir ein Video der TV-Sendung »Hölle unterm Wolkenschleier – das wahre Gesicht der Venus«, um mehr über die geheimnisvolle, sich permanent verändernde Oberfläche des Planeten zu erfahren. Dieser TV-Bericht handelt von den Anfang der 90er Jahre übermittelten Daten der Magellan-Sonde. Eigentlich hatten die Amerikaner eine Supersonde in Planung, die in der Lage gewesen wäre, viele Mysterien der Venus zu entschlüsseln. VOIR nannte sich das Projekt, welches für den Besuch der Venus vorgesehen war. Zum Leidwesen der NASA-Mitarbeiter ließ die neu gewählte Reagan-Administration zwar viele Dollars in Weltraumprojekte fließen; diese waren jedoch leider für militärische Zwecke vorgesehen. So wurde dieses zivile Programm finanziell mehrmals derart rigoros zusammengestrichen, dass als Endprodukt nur noch die Magellan-Sonde übrig blieb, laut dessen Projektleiter Prof. Gertheide ein Produkt vom »Schrottplatz« der NASA.

Obwohl diese Sonde die bisher brauchbarsten Daten aller Venus-Sonden lieferte, bleiben gewisse Unklarheiten bestehen. Grund dafür sind die atmosphärischen Bedingungen der Venus, die eine exakte Erforschung der Oberfläche mehr als schwierig gestalten. Dem Betrachter werden zwar visuell phantastische Oberflächenaufnahmen (siehe Farbteil) geboten, aber diese sind genaugenommen nur Computer-Animationen, die aufgrund von Radarmessungen entstanden, die von der Magellan-Sonde zur Erde gefunkt wurden. Dennoch ist davon auszugehen, dass sie ein realistisches Bild der Venus-Oberflächenstruktur wiedergeben.

Wie werten nun die Fachleute in ihrem Bericht die Ergebnisse? Auf diese Frage könnte man salopp antworten: Vier Experten, fünf Meinungen! Wenn Prof. Turcotte die Katastrophentheorie vertritt, die gesamte Venus-Oberfläche sei mit einem Schlage abgesackt und habe sich vor 500 Millionen Jahren komplett erneuert, erwidert Prof. McKenzie nach einigem Hin und Her in einer schon als trotzig zu bezeichnenden Art: Es spricht zwar einiges für diese Theorie, aber ich mag nun mal aus Prinzip keine Katastrophentheorie. Basta! Er tendiert mehr zu tektonischen Plattenverschiebungen auf einem Mega-Magmasee. Dr. Sean Carlomon ist überzeugt, die Lithosphäre der Venus habe eine Stärke zwischen 50 und 100 Kilometern, Prof. Turcotte plädiert für 300 Kilometer. Dr. Ellen Stefan aus Arizona hält da noch die beste Alternative parat: Man solle eine Theorie nicht zur Religion machen! Recht hat sie. Denn alle Vermutungen und Berechnungen basieren immer noch auf den übermittelten Daten einer Sonde – woher stammte sie noch einmal? Richtig, vom »Schrottplatz«! Dies soll keineswegs eine Abwertung der NASA-Mitarbeiter sein; vor dem Hintergrund eines ständig enger werdenden finanziellen Budgets ist ihre Leistung nicht hoch genug einzustufen.

Die Situation ist nach den unterschiedlichen Aussagen der Wissenschaftler diffizil zu beurteilen. Wenden wir uns also verstärkt den Fakten zu, die als gesichert gelten, wie zum Beispiel die gewaltigen

Lavaströme, welche die Oberfläche der Venus regelrecht überfluten. Während auf der Erde ein Lavastrom höchstens einige Kilometer zurücklegt, ergießt sich der längste auf der Venus gemessene über eine Länge von 800 Kilometern. Eine neue, feste Venuskruste wird sich vielerorts wohl erst noch bilden müssen. Dass aber nicht die komplette Kruste abgesprengt wurde, darauf weisen einige topographische Gegebenheiten hin. Die besonders stark ausgeprägten Gravitationsunterschiede deuten auf eine außergewöhnlich konturierte Oberflächenstruktur hin. Dieses Phänomen tritt auch auf der Erde bei besonders schroffen Bergabhängen und tiefen Tälern auf. Doch auf der Venus sind die Gravitationsunterschiede um ein Vielfaches extremer als auf der Erde. Auf der Nordhalbkugel liegt das Hochland Ishtar Terra, dessen Berge über 11.000 Meter hoch sind. Alle Höhen- und Tiefenangaben beziehen sich aufgrund der sehr unterschiedlichen Geländeformen immer auf den mittleren Radius der Venus. Die große Ebene Atlanta Planitia (1400 Meter *unter* dem mittleren Radius) schließt wiederum ein Tal ein, das eine Ausdehnung zwischen 200 und 300 km in der Breite und etwa 4000 km in der Länge hat. Allein dieses Gebiet besitzt ein Volumen, aus dem Abertausende von Asteroiden ihren Ursprung haben könnten.

Kopfzerbrechen bereiteten den Wissenschaftlern auch die Aufnahmen der russischen Venera-Sonde, die ein von Furchen durchzogenes, basaltähnliches Gestein zeigen, das so gut wie nicht erodiert ist – wiederum ein Beleg für eine noch sehr junge Kruste. Es fällt den Wissenschaftlern offenbar sehr schwer, die sehr unterschiedlichen Gegebenheiten der Venus-Oberfläche richtig zu diagnostizieren. Ob nun Krater oder Vulkane, alles scheint noch sehr jung zu sein, es wird verhalten in Millionen von Jahren gerechnet. Zu akzeptieren, dass diese Phänomene erst einige Jahrtausende alt sind, dazu kann man sich – noch – nicht durchringen. Somit werden bewusst oder unbewusst Fakten nicht akzeptiert, auch wenn eindeutige Erkenntnisse auf eine andere Venus-Historie hindeuten.

Ebenso mysteriös ist die für Planeten unübliche chemische Zusammensetzung der Atmosphäre, bestehend aus dicken Wolken mit giftigem Kohlendioxyd und Schwefelsäure. Dazu gesellt sich ein unbeschreiblich hoher atmosphärischer Druck, der 90-mal höher als auf der Erde ist. Deshalb gaben auch alle gelandeten Venus-Sonden nach kurzer Zeit ihren Geist auf. Es ist schon erstaunlich, dass aus dieser Giftküche Aufnahmen zur Erde gesendet werden konnten, denn bei diesen atmosphärischen Bedingungen herrschen nun einmal sehr diffuse Lichtverhältnisse. Ein 90-mal höherer Druck als auf der Erde entspricht dem Druck in einer Wassertiefe von 900 Metern, und gelangt man in diese Tiefe, dann wird es eher duster. Somit bleibt die Frage zu klären: Sind die atmosphärischen Daten falsch, oder hatten die Sonden für die übermittelten Fotos Scheinwerfer an Bord? Die dichte Atmosphäre liefert so nebenbei einen Hinweis, der die Venus-Theorie zusätzlich bestätigen kann; Wissenschaftler gehen davon aus, dass die dichte Atmosphäre ein perfekter Schutz gegen Asteroideneinschläge ist. Objekte unter einem Kilometer Länge hätten kaum eine Chance, diese Atmosphäre zu durchdringen, und würden unweigerlich verglühen. Findet man dennoch einen kleineren Krater, dann kann es sich eigentlich nur um die Folge eines Impacts handeln, der vor der Venus-Katastrophe stattfand, als die Venus-Atmosphäre noch nicht derartig komprimiert war. Das wiederum könnte bedeuten, dass noch Reste der Originalkruste vorhanden sein müssten, die somit auch eine Erklärung für die Höhenunterschiede von über 11.000 Metern wären.

Gibt es an diesem Planeten eigentlich etwas, das nicht mysteriös ist? Nein, so ist auch die durchschnittliche Oberflächentemperatur von 465 °Celsius unerklärlich, denn der mittlere Sonnenabstand beträgt 108 Millionen Kilometer, also fast doppelt so viele Kilometer wie die des Merkurs, der es bei einer Distanz zur Sonne von nur 58 Millionen Kilometern gerade einmal auf tagesdurchschnittliche 350 °Celsius bringt. Jeder Planet, ob Erde, Mars, Merkur oder der Mond, kühlt sich auf der von der Sonne abgewandten Seite während der Nachtzeit, die in der Regel nur einige Stunden anhält, ab. Obwohl die Venus-Nacht 243 Erdentage andauert, findet so gut wie kein Abkühlungsprozess auf der Nachtseite statt. Die Venus hält ihre Temperatur auf der gesamten Oberfläche beinahe konstant, egal in welcher Position zur Sonne sich der Planet befindet. Im Vergleich dazu sei noch einmal der sonnennächste Planet Merkur erwähnt: Seine Nachttemperatur beträgt im Schnitt –170 °C.

Klimaforscher hoffen durch den »Venus-Express« dem gigantischen Treibhauseffekt der Venus auf die Spur zu kommen, um daraus Rückschlüsse auf die Erde zu ziehen. Wenn nur dieses ihr Ziel ist, hätten sie sich eigentlich die ganze Mission sparen können. Nach einer Modellrechnung hätte die Erde eine um höchstens 50° höhere Durchschnittstemperatur, wenn sie sich auf der Bahn der Venus befände. Bei den gegenwärtigen atmosphärischen Bedingungen auf der Venus könnte der Treibhauseffekt maximal eine Temperatur von 300°, jedoch niemals von 465° erreichen. Aus diesem Grund hat der Venus-Treibhauseffekt mit dem auf der Erde avisierten absolut nichts gemeinsam. Die Hitzeentwicklung der Venus stammt eindeutig aus dem Inneren des Planeten, weil die schützende Gesteinskruste nicht mehr vollständig vorhanden ist, wodurch auch die extrem hohen Nachttemperaturen eine Erklärung finden.

Dennoch besteht die Hoffnung, dass für die Theorie des neuen Planeten Venus weitere unterstützende Ergebnisse geliefert werden. Solche Ergebnisse könnten andere geplante Experimente liefern, so zum Beispiel die Untersuchung von Atmosphäre und Oberfläche der Venus mit dem Radiowellengerät »Vera«. Eventuell könnte dann bestätigt werden, dass die giftige und vor allem heiße Atmosphäre aus dem Inneren des Planeten stammt. Weil die Erde und die Venus sich strukturell sehr ähneln – man spricht ja auch vom Schwesterplaneten –, wäre ein Modellversuch höchst interessant, in dem die Erdatmosphäre ohne ihre Gesteinskruste simuliert würde. Hätten wir dann die gleichen atmosphärischen Bedingungen wie auf der Venus?

Noch ein Punkt sollte uns zu denken geben: Steht das ständige, wenn auch minimale Entfernen des Mondes von der Erde wie auch das minimale Abrücken der Erde von der Sonne im Zusammenhang mit einer Annäherung der Venus? Wirken diese Kräfte heute, wenn auch nur minimal messbar, immer noch nach? Dr. Deiters, Leiter von Astronews in Schottland, bestätigte in einer E-Mail diesen Verdacht; die Erde entfernt sich tatsächlich von der Sonne und der Mond noch stärker von der Erde, selbst wenn sich diese Distanzen heute nur noch im Makrometerbereich bewegen. Die Wissenschaftler vermuten für diesen Vorgang einen Masseverlust der Sonne. Weil die Erde aber keinen Masseverlust aufweist, bleibt die Frage: Warum entfernt sich dennoch der Mond von der Erde? Glaubhafter ist deshalb, dass die Venus auf dem Rückweg von der Sonne der Erde so nahe kam, dass sie diese zusammen mit dem Mond auf eine erweiterte Umlaufbahn zog. (Mehr darüber in dem Abschnitt »Als das Jahr nur 360 Tage zählte«.) Dass dieser Effekt nach gut 13.000 Jahren so gut wie zum Stillstand kommt, dürfte logisch nachvollziehbar sein. Betrachtet man unser Sonnensystem, den Jupiter, den Asteroidengürtel und die »weiche Venus«, dann passt das Szenario einer Planetenkollision wie die sprichwörtliche »Faust aufs Auge«. Wie wäre es mit einem Venus-Puzzle, in dem alle Asteroiden (viele sind noch gar nicht geortet) eingesammelt und auf die Oberfläche der Venus gelegt werden und dieser Planet anschließend wieder an seinen ursprünglichen Ort eingesetzt wird? Dann hätten wir zwar ein gänzlich anderes, wahrscheinlich aber wieder ein originales und harmonischeres Sonnensystem.

Das Motiv für das Jupiter-Experiment

Die folgenden Fragen bleiben: Wie kam es zu der Katastrophe, und welches Motiv steckte dahinter? Als Antwort stehen zwei Denkmodelle zur Auswahl:

Der kosmische Crash hatte einen natürlichen Entstehungsgrund, weil der Planet X eventuell durch die Nähe zum Jupiter bereits eine extrem exzentrische Bahn besaß, die eines Tages dazu führte, dass er immer mehr in dessen Gravitationsbereich gelangte und es zur Kollision kam. Des weiteren wäre es durchaus möglich gewesen, dass ein Bruchstück der Außenhülle des Planeten Jahre später auf die Erde zuraste in den Atlantik stürzte, die Erdkruste aufriss und der Mittelatlantische Rücken für immer versank. Mit dieser Theorie könnte man sich gewiss anfreunden, aber das größte Hindernis für die Annahme dieser Impact-Theorie ist und bleibt nun mal die exakt kreisförmige Umlaufbahn der Venus.

Die zweite Version deutet unweigerlich auf einen externen Eingriff hin. Die Mythologien berichten eindeutig, dass einige Götter versuchten, Jupiter als zweite Sonne zu »zünden« und es wegen dieses Vorhabens sogar zu Dissonanzen kam. Aber warum sollte der Jupiter gezündet werden? Hatten die Erdenbesucher Langeweile, wollten sie ein kosmisches Feuerwerk veranstalten oder, wenn der Jupiter in Konjunktion zur Erde stand, ein verlängertes Mittsommernachtsfest feiern? Wahrscheinlich nicht, denn nach gegenwärtigem Erkenntnisstand hat Jupiter zu wenig Masse, vermutlich auch dann noch, wenn es zur Verschmelzung mit einem Planeten käme. Verfügten Außerirdische über das gleiche Wissen oder ist davon auszugehen, dass außerirdische Intelligenzen andere physikalische Erkenntnisse besitzen bzw. besaßen, die unseren Experten gegenwärtig noch nicht zugänglich sind? Nach irdischem Wissensstand besteht Jupiters Hülle aus einer Gasatmosphäre, danach folgt eine Schicht aus flüssigem Wasserstoff, die nächste Schicht besteht aus metallischem, schwerem Wasserstoff. Der Kern soll, so wird zumindest angenommen, aus Gestein oder metallisch sein.

Dass die Masse eines Planeten genügen könnte, um den Jupiter zu einer neuen zusätzlichen Sonne werden zu lassen, wurde sogar in Wissenschaftskreisen gar nicht so abwegig betrachtet. Sowjetische Astrophysiker vermuteten vor einigen Jahren sogar, dass der Jupiter diesen Umwandlungsprozess auf ganz natürliche Weise vollziehen könnte. Durch das Einfangen von Meteoriten und Kometen sowie ungeheuren Mengen kosmischen Staubes könnte seine Masse so zunehmen, dass eine Kernfusion in Gang gesetzt würde. Auch in den USA hatte man die Möglichkeit eines natürlichen nuklearen Brennvorgangs diskutiert, war aber zurückhaltender, weil es noch Milliarden von Jahren dauern könnte, bis die notwendige Massezunahme erreicht sei.

Nach Modellen von Physikern des Max-Planck-Instituts in München sind die Temperaturen im Zentrum des Jupiters nur einige zehntausend Grad zu niedrig, um Kernfusionen ablaufen zu lassen. Deshalb kann nicht völlig ausgeschlossen werden, dass das Interesse Außerirdischer tatsächlich einer zweiten Sonne galt und aus diesem

Grunde der Planet X für immer in der Gashülle des Jupiter verschwinden sollte. Durch diese Verschmelzung wäre eine schnelle Massezunahme erreicht und der Druck im Kern eventuell groß genug, um einen nuklearen Brennvorgang einzuleiten.

Sogar wenn es als gesichert gilt, dass Jupiter nicht als Sonne gezündet werden kann, ist dennoch nicht auszuschließen, dass Außerirdische eventuell sogar durch wissenschaftliches Interesse motiviert, dieses Experiment als Testversuch durchführten. Was sich irdischen Wissenschaftlern auf der Suche nach Exoplaneten jetzt offenbart, dass viele Sonnensysteme einen Jupiter ähnlichen Gasriesen wahrscheinlich auch mit Monden aufweisen, war ihnen sicher längst bekannt und sie werden von Anfang ins Kalkül gezogen und verinnerlicht haben, einen solchen Gasriesen eventuell zu zünden. Konnte man deswegen dem Reiz eines Testversuchs nicht widerstehen? Was lag näher, die sich durch den Planeten X bietende Chance zu nutzen, ein derartiges Experiment durchzuführen.

Die Wahrscheinlichkeit, dass die Außerirdischen aus einem Doppelsternsystem kamen, ist aufgrund dieser sehr häufig anzutreffenden Konstellation in den Galaxien größer als vermutet. Auch der Gasriese Jupiter, doppelt so massig wie die übrigen Planeten zusammen, könnte fast als eine verhinderte Sonne bezeichnet werden. Mit seinen vier größeren Trabanten stellt Jupiter sogar ein kleines autarkes Planetensystem im Sonnensystem dar.

Jupiter ist aber nicht der einzige interessante Aspekt. Nicht minder interessant dürfte sein Mond Europa sein. Was für die Menschen in ferner Zukunft eine Überlebenschance sein könnte, das konnte für Außerirdische erst recht eine Alternative sein. Denn Astrobiologen vermuten unter dem einige Hundert Meter dicken Eispanzer von Europa einen Kilometer tiefen Ozean mit einem eigenen, funktionierenden Öko-System, das durch warmes, schwefelhaltiges Wasser von der inneren Wärme des Mondes gespeist wird. In dieser Umgebung können sich nach Meinung der Experten sehr vielfältige und unterschiedliche Lebewesen entwickeln. Diese maritimen Bedingungen könnten somit ein ideales Terrain für amphibische Lebensformen sein. In einem Punkt herrscht unter allen Astrobiologen Einigkeit:

Wenn ein Himmelskörper in unserem Sonnensystem Lebensformen beheimatet, dann kommt hierfür primär nur der Jupiter-Mond Europa in Frage. Die NASA hat bereits eine Sonde in Planung, die in einigen Jahren auf Europa landen soll. Es ist vorgesehen, dass ein Roboter den Eispanzer durchbohrt und ein Mini-U-Boot durch diese Kanüle in den unterseeischen Ozean gelangt. Die ermittelten Daten sollen anschließend zur Erde gesendet und analysiert werden.

Nun könnte man ja antworten, mit der Erde hatten die Außerirdischen einen Volltreffer gelandet. Aber vielleicht handelten sie nach der alten Weisheit: Drum suchet, wer sich ewig bindet, ob sich nicht noch etwas Besseres findet. Die Erde präsentierte sich vielleicht als gute, wenn auch nicht optimale Option. Neben dem Jupiter-Mond Europa konnten aufgrund ihres Volumens und der damit verbundenen geringeren Gravitation gegenüber der Erde sowie ihres reichhaltig vorhandenen gefrorenen Wasservorkommens eventuell auch die Trabanten Ganymed oder Io für die Außerirdischen attraktiv sein. Dabei darf nicht unberücksichtigt bleiben, dass wegen ihrer sicherlich etwas anderen Anatomie ein kleinerer Planet für die Außerirdischen unter Umständen einfach angenehmere Bedingungen bot.

Nun mag man einwenden, dass aufgrund der Nähe zum Jupiter auf seinen Trabanten extreme Temperaturen herrschten und unter diesen Bedingungen auf den Oberflächen kaum Leben möglich sei. Wenn aber die Technik vorhanden ist, Planetenlaufbahnen zu verändern, dürfte es auch keine Probleme bereiten, zum Beispiel den Mond Europa in optimaler Entfernung zum Jupiter zu positionieren.

Die Asteroiden Eros, Ida und Mathilde sind, wie schon erwähnt, das Prunkstück einer eindeutigen und langen Beweiskette. Dass sie Bruchstücke einer Planetenkruste sind und nicht das Geringste mit den seit der Entstehung des Sonnensystems umherirrenden, aus der kosmischen Urmaterie bestehenden Asteroiden und Kometen gemeinsam haben, dürfte unzweifelhaft feststehen. Und wenn die Frage beantwortet werden soll, wo der Kern des Planeten geblieben ist, kommt genauso eindeutig nur die Venus in Frage! Weil sich eine extrem elliptische Orbitbahn eines

Planeten nie von selbst in eine absolut kreisrunde verwandelt, steht das Wirken Außerirdischer in unserem Sonnensystem wie auch auf der Erde außer Frage.

Mit Sicherheit kann davon ausgegangen werden, dass alle Zivilisationen im Universum, deren Existenz durch kosmische Katastrophen bedroht ist, sich auf die Suche nach lebensfreundlichen Planeten begeben werden, sobald sie über eine entsprechende Technik verfügen. Und alle werden versuchen, die Fähigkeit zu erlangen, Planetenlaufbahnen zu verändern – wenn nicht, sind ihre Überlebenschancen als um einiges geringer einzustufen. Wahrscheinlich sind seit Beginn des Universums schon Abertausende bewohnter Planeten kosmischen Katastrophen zum Opfer gefallen und ihre Bewohner haben nicht überlebt. Andere wiederum hatten das Glück, diesen apokalyptischen Katastrophen zu entgehen, indem sie zu anderen Planeten gelangten, die ihrer Zivilisation neuen Lebensraum boten.

Ich hoffe sehr, durch meine Argumentation die Wissenschaftsgilde davon zu überzeugen, dass die Venus-Katastrophe die Folge einer geplanten Planetenkollision und gleichzeitig die Ursache für das Ende des Quartärs und den Beginn des fünften Weltzeitalters, des Quintärs, war. Dabei möchte ich meine Beweisführung auf folgende Punkte konzentrieren:

1. Der Große Rote Fleck auf dem Jupiter ist mit großer Wahrscheinlichkeit der Ort, wo es vor über 13.000 Jahren zu einer Kollision mit dem Planeten X kam.
2. Nicht nur einige markante Strukturen der Asteroiden Eros, Ida und Mathilde, vielmehr noch die unerklärlich häufigen und großen Impactkrater weisen eindeutig darauf hin, dass es sich um abgesprengte Bruchstücke einer ehemaligen Planetenkruste handelt und nicht um Relikte aus der Urzeit des Sonnensystems.
3. Die Venus-Oberfläche, auf der eben diese Kruste fehlt sowie die entgegengesetzte, aber kaum wahrnehmbare Eigenrotation. Des weiteren die auffallend geringe Exzentrizität der Venus-Orbitbahn, die nur durch Manipulation entstanden sein kann, wenn die Venus ursprünglich zwischen Mars und Jupiter positioniert war.

4. Die ägyptischen Pyramiden von Giseh dokumentieren die Planetenveränderungen und deuten auf den Zeitraum zwischen 11.000 und 11.500 v. Chr. hin.
5. Tausende von glaubwürdigen Zeugenaussagen aus allen früheren Kulturkreisen, die das geschilderte prähistorische Geschehen übereinstimmend bezeugen.

Wie bei derartigen Prozessen üblich, wird es einige Zeit dauern, bis sich die Theorie der Venus-Katastrophe durchsetzt. Bis zu diesem Zeitpunkt erwartet uns eine aufregende und spannungsgeladene, aber zugleich auch eine äußerst interessante Zeit des Wartens, verbunden mit der Hoffnung, dass nicht erst eine neue Generation von Astronomen und Astrophysikern heranwachsen muss, die ohne Scheuklappen den gesamten Venus-Komplex unvoreingenommen betrachtet. So bewundernswert deren Leistungen bei der Erforschung des Universums sind – bei der Beurteilung unseres Sonnensystems ist man eher dem aristotelischen Weltbild zugeneigt, das keine Veränderungen am Sternenhimmel duldete. Vielleicht fehlt es auch nur ein wenig an Mut, aufgrund eindeutiger Fakten eine konsequente Schlussfolgerung zu ziehen.

Daten und Fakten der fünf sonnennächsten Planeten

	Merkur	Venus	Erde	Mars	Jupiter
Mittlerer Sonnenabstand	58 Mill. km	108 Mill. km	150 Mill. km	228 Mill. km	778 Mill. km
Siderische Umlaufzeit	88 Tage	225 Tage	365,25 Tage	687 Tage	11,9 Jahre
Rotationsperiode	58,6 Tage	243 Tage	23 Std. 56 Min.	24 Std. 37 Min.	9 Std. 50 Min.
Äquatordurchmesser	4.878 km	12.104 km	12.756 km	6.794 km	142.796 km
Numerische Exzentrizität	0,2056	**0,0068**	0,0167	0,0933	0,048

Menschheitserinnerungen zur Venus-Katastrophe

Nach den unbestreitbaren Fakten zum neuen Planten Venus werden als flankierende Maßnahmen die Menschheitserinnerungen eine nicht unbedeutende Rolle spielen. Und es wäre mehr als wünschenswert, dass ihnen endlich die Beachtung geschenkt wird, die sie verdient haben. Weltweit wurde die Entstehung der Venus schlechthin als eine der Megakatastrophen der Menschheitsgeschichte beobachtet, registriert und interpretiert, und dennoch wird heute trotz eines imposanten Wissensstandards nicht mehr zustande gebracht, als diese Überlieferungen größtenteils der Mythologie oder anderen mystischen Bereichen zuzuordnen. Dass die beschriebenen Abläufe zur Venus-Entstehung in den Menschheitserinnerungen eine Bekräftigung finden, kann nicht mehr ignoriert werden. Diese Symbiose aus Fakten und Erinnerungen dokumentiert das Geschehen eindeutig, plausibel und nachvollziehbar.

Die Fülle an Berichten über die Entstehung der Venus richtig einzuordnen und zu analysieren wäre eine Aufgabe, die sich über Jahre hinziehen kann. Als zu umfangreich präsentiert sich dieses archaische Archiv. Und es kann davon ausgegangen werden, dass noch weiteres Material auf seine Entdeckung wartet. Viele Völker, die über die Venus berichteten, existierten vor über 13.000 Jahren nicht einmal als Volk. Auf welchen Wegen auch immer – die Nachrichten über dieses kosmische Geschehen gelangten bis in die Neuzeit. Eine Auflistung der Völker, bei denen die Entstehung der Venus die Weltenkatastrophe schlechthin war, kann man sich getrost sparen. Es ist einfacher, die Völker aufzuzählen, welche nicht von diesem Weltendrama berichten – oder auch schwieriger –, denn man findet so gut wie keine. Weder den Eskimos noch den Kirgisen in Sibirien oder den Bewohnern der Südsee, um einige geographisch außergewöhnliche Gegenden zu nennen, waren diese Ereignisse verborgen geblieben. Interessant kann es ebenso sein, wenn nichts über die Venus berichtet wird. Aus der »Prä-Venus-Zeit« müssen die uralten chaldäischen und indischen Astronomieberichte und Sternentabellen stammen, in deren Planetensystem seltsamerweise die Venus an ihrem jetzigen Platz fehlt, obwohl sie doch unübersehbar neben Jupiter der hellste Planet am Firmament ist.

In den alten Kulturen war es selbstverständlich, dass die Planeten bestimmten Gottheiten zugeordnet waren. So identifizierten die Ägypter die Göttin Isis mit der Venus. Isis, die Herrin der Pyramiden, wurde von Cheops dermaßen verehrt, dass er ihr neben dem Sphinx einen Tempel widmete. So steht es auf einer im Isis-Tempel gefundenen Stele, die man kurzerhand zur Fälschung erklärte, weil ja nach Meinung der Archäologen der gesamte Komplex zu Cheops' Zeiten noch nicht existierte. Bei den Assyrern und Babyloniern wurde Ishtar mit Venus gleichgesetzt, bei den Griechen war es die Göttin Pallas-Athene, die laut Ilias als ein glühender Stern, von Jupiter gesandt, auf die Erde herunterstürzte.

Die alten Griechen hatten aber noch mehr zu berichten. Auch wenn man es kaum glauben mag; sie schildern tatsächlich die Geburt der Venus nach einer Kollision mit dem Jupiter. Dass die Venus dem Haupte des Jupiters entsprungen sei und diese Geburt war von großen Umwälzungen an Himmel und Erde begleitet. Der Planet raste auf die Erde zu, und es war nicht gut zu unterscheiden, ob Jupiter oder sein Abkömmling herannahte. Aufgrund der Eindeutigkeit dieser Aussage lässt sich schwerlich noch eine mythologische Deutung vermitteln. Aristokles berichtet, dass Jupiter-Zeus die ungeborene Pallas-Athene in einer Wolke verhüllte und diese dann mit einem Blitzschlag aufriss. Ist es zu gewagt, zu vermuten, dass der Planet X in die Wolkenstürme des Jupiters eintauchte, diese bei dem folgenden Impact aufriss und dadurch der Große Rote Fleck entstand?

Wenn noch die Phaeton-Sage hinzugerechnet wird, auf die im Atlantis-Kapitel noch ausführlich eingegangen wird, ließe sich die Liste der eindeutigen Indizien dafür, dass die Planeten ihre ursprüngliche Bahn verlassen hatten und die Venus als neuer Planet erschien, fast endlos fortsetzen. So lassen sich die »göttlichen« Zuordnungen zur Venus über die Ozeane bis nach Mittelamerika verfolgen, wo den Göttern die Namen Chac-Ek (Großer roter Stern = Venus), Kukulcan, Chaska (Die Wellhaarige) oder Quetzal-coatl (Gefiederte Schlange, weil die Venus ohne feste Hülle einen feurigen Schweif hinter sich herzog) zugewiesen wurden.

Das Kalevala-Epos und die misslungene »Zündung«

Das finnische Kalevala-Epos zählt zu den großen Epen der Menschheitsgeschichte und wird gerne mit der germanischen Edda verglichen. Der Handlungsbogen des Kalevala ist weit gespannt: Er reicht vom verheerenden Weltenbrand, vom letzten großen Kampf, der Sintflut bis zur großen Finsternis. Viele der prähistorischen Ereignisse werden in Liedversen wiedergegeben. Ukko ist der höchste Gott des Kalevala, mitunter auch mit Jupiter personifiziert. Im 47. Gesang erfährt man ein prägnantes Beispiel für die These, dass Jupiter als zweite Sonne erstrahlen sollte: Ukko, der Herr der Höhe, wundert sich über die Dunkelheit am Himmel und schlägt Feuer zu einem neuen Mond und Sonne. Als er das Feuer geschlagen hatte, verbarg er den Funken in einer silbernen Dose. Er gab ihn der Jungfrau zu wiegen, der Töchter der Lüfte, dass ein neuer Mond und eine neue Sonne daraus entstehen sollte.

Obschon es als gesichert gilt, dass das Kalevala-Epos ohne Beeinflussung antiker oder christlicher Überlieferungen entstand, findet man gleichwohl Parallelen zu den griechischen Katastrophenberichten: Löcher kamen in den Himmel. Dort sprang der Feuerfunken... flammte durch den Himmel, sprühte durch die Wolken, durch 9 Himmel hindurch. Ilmarinen: lass uns ausziehen, wir müssen herausfinden, was das für ein Feuer war, was für ein flammendes Licht, das flammend vom höchsten Himmel zur untersten Erde kam.

An anderer Stelle erfährt man wiederum den Wechsel vom Quartär zum Quintär: Dann entzündete Ukko-Jupiter an der Sonne ein Feuer, um damit eine neue Sonne und einen neuen Mond anzu-

zünden, und damit hob ein neues Weltalter an. Dieser Satz schildert mit wenigen Worten ein kosmisches Drama, in dem das vermutete Geschehen erwähnt wird. Eine neue Sonne und ein neuer Trabant sollten entstehen, und anschließend begann ein neues Weltzeitalter. Konnte mit dem »an der Sonne ein Feuer entzünden« vielleicht gemeint sein, dass der solare atomare Umwandlungsprozess auf den Jupiter übertragen werden sollte? Im 49. Gesang kommt der große Knüller. Die schon im Vorwort geäußerte Vermutung, dass das Unternehmen der Außerirdischen von Pleiten, Pech und Pannen geprägt war, findet hier eine prägnante Bestätigung: **Ilmar schmiedete einen neuen Mond und eine neue Sonne, bringt sie aber nicht zum Leuchten.**

Aberhunderte von gescheiten Leuten haben versucht, das Kalevala zu interpretieren. Das Bemühen, dieses Epos mit noch so feinsinnigen mythologischen Deutungen zu erklären, muss endgültig als gescheitert angesehen werden, wenn der Jupiter-Venus-Crash seine Bestätigung findet. Dann bleibt auch diesen mit viel Arbeit verbundenen Deutungen nur der letzte Weg ins Museum für falsch gedeutete Göttersagen.

»Ich will einen neuen Himmel und eine neue Erde schaffen ...«

Das Thema einer Planetenveränderung im Sonnensystem war in den alten Kulturen so allgegenwärtig wie für uns heute beispielsweise die Klimakatastrophe. Von diesen ehemaligen Gefahren für die Erde profitierte Jahrtausende später immer noch eine Heerschar von Propheten, Katastrophenverkündern und Himmelsdeutern, die durch die Lande zog und den Menschen eine bald eintretende Katastrophe prophezeite. Es ist an der Zeit, diesen Propheten die Aura eines Vermittlers zwischen Gott und den Menschen zu nehmen. Die alttestamentarischen Propheten besaßen wohl niemals einen Gottesauftrag – weder hat sich zu ihrer Zeit zwischen dem 8. und 5. Jahrhundert v. Chr. die Venus der Erde genähert, noch ereigneten sich irgendwelche außergewöhnlichen kosmischen Katastrophen.

Es ist zugegebenermaßen schwierig, die Aussagen der Propheten richtig zu interpretieren. Zuweilen ist man geneigt, sie wörtlich zu nehmen, weil sie sehr gut zu bestimmten Ereignissen passen. Ob nun Jesaja, Joel, Hosea, Micha oder Hesekiel, sie hatten zu ihrer Zeit wohl Gelegenheit, durch ihre, wenn auch mitunter unfreiwilligen Aufenthalte im ägyptischen oder assyrischen Kulturraum aus deren umfangreichen Fundus prähistorischen Überlieferungen zitieren zu können. Nicht nur bei den Propheten, sondern auch in den Büchern 2. Könige finden sich interessante Passagen, die in Bezug zu prähistorischen Ereignissen stehen. Im 23. Kapitel, Vers 4 und 5, werden Geräte erwähnt, mit denen vom Bamot – gleichzusetzen mit hohen Plätzen – die Planeten genauestens überwacht wurden. Aufgrund permanent angedrohter und befürchteter Katastrophen erlebte die Planetenbeobachtung in dieser Epoche einen unerwarteten Boom.

Bevor Palästina unter die reaktionäre christliche Fuchtel geriet, existierten dort auch noch Religionen, die mehr als nur einem einzigen Gott huldigten. Dennoch muss man der »neuen« christlichen Lehre was die Venus-Entstehung betraf, fast schon fortschrittliches Gedankengut attestieren. Kein Wunder, dass die Propheten diejenigen als »Götzenpfaffen« geißelten, weil sie immer noch dem Baal (= Venus) primitive Brandopfer darbrachten.

Besonders gut präsentierte sich Jesaja, denn er galt in Judäa als anerkannter, bestens informierter Astronom mit Kenntnissen über die Planeten und Gestirne. Je nach Stimmungslage im Volk waren seine düsteren Apokalypsen mal mehr, mal weniger zerstörerisch ausgelegt. Er ließ sich sogar einen Beobachtungsstand errichten, auf dem er nachts nach kosmischen Gefahren Ausschau hielt, die zu seinem Pech und zum Glück für die Bevölkerung nie eintrafen. Sein propagiertes Katastrophenszenario hatte in der Regel immer den gleichen Inhalt, deshalb soll ein Beispiel genügen: Der Herr Zebaoth rüstet ein Heer zum Streit, die aus fernen Landen kommen vom Ende des Himmels… zu verderben das ganze Land. Mit seinen penetranten Androhungen, die permanent die Zerstörung des Landes und die Vernichtung der Menschen ankündigten, wurden diese langsam, aber sicher seiner Geschichten überdrüssig.

Dass Jesaja doch mehr zu bieten hatte, als nur Katastrophenszenarien zu verkünden, darauf deuten einige seiner Aussagen hin, die unzweifelhaft mit dem Venus-Jupiter-Crash in Verbindung stehen: Darum will ich den Himmel bewegen, dass die Erde beben soll von ihrer Stätte ... – Wie bist du vom Himmel gefallen, du strahlender Morgenstern! Wie bist du zur Erde gefällt, der du die Völker heimsuchtest! – Denn siehe, ich will einen neuen Himmel und eine neue Erde schaffen, dass man der vorigen nicht mehr gedenken wird. Dieser Jesaja-Spruch könnte, in moderne Sprache übersetzt, in etwa so lauten: »Im Himmel gab es so dramatische Veränderungen, dass sogar die Erde betroffen wurde. Der Morgenstern (die Venus) kam aus einer fernen Himmelsgegend der Erde bedrohlich nahe, und ihre Strahlkraft wurde so stark, dass die Völker darunter litten. Es sollte eine neue Erde geschaffen werden, von der aus natürlich auch ein anderer Himmel wahrgenommen wurde.« Aufgrund der letzten Aussage könnte man fast annehmen, hier sei von einem bewohnbaren Jupiter-Mond Europa die Rede. Doch dass diese neue Erde die alte in Vergessenheit geraten lassen sollte, weckt den Verdacht, dass dieses neue Reiseziel, wie heutzutage bei einigen Reiseveranstaltern üblich, etwas zu übertrieben angepriesen wurde.

Als die Venus eine Gefahr für die Erde war

Es existieren Berichte von unterschiedlichsten Standorten auf der Erde, dass die Sonne dort vier Tage lang nicht unterging, während an anderen Orten vier Tage lang Dunkelheit herrschte. So wird zum Beispiel in der »Histoire des nations civilisées du Mexique« (Mexiko) berichtet, dass die Sonne von Quetzal-coatl (= Venus) angegriffen wurde. Daraufhin wollte sich die Sonne nicht zeigen, und vier Tage lang war die Welt ihres Lichtes beraubt. Danach erschien ein großer Stern, der zum ersten Male im Osten aufging. Die Aufeinanderfolge der Jahreszeiten und die Dauer von Tag und Nacht gerieten durcheinander. Damals war es, dass das Volk die Berechnung der Tage, Nächte und Stunden entsprechend dem entstandenen Zeitunterschied neu ordnete. In den Schriften von Molina und Avila dauerte die Finsternis bei den Indianervölkern fünf statt vier Tage: **Ein Zusammenstoß von Himmelskörpern ging der Weltenkatastrophe voraus, der verheerende Flutkatastrophen folgten.**

Sollten diese Berichte der Wahrheit entsprechen, bliebe nur die Möglichkeit, dass bei einer Annäherung der Venus an die Erde die gegenseitigen Gravitationskräfte der beiden Planeten bewirkten, dass die Erdachse kippte und für einige Zeit auf einer Ebene mit der Ekliptik lag oder sich sogar um 180° drehte. Dass **das Land sich umdrehte wie eine Töpferscheibe und die Erde vornüberstürzte,** davon berichtet das Papyrus Ipuwer. Aber auch in hebräischen Quellen finden sich Hinweise, dass die Sonne für einige Zeit stillstand. Dieser Eindruck könnte durch ein Kippen der Erdachse entstanden sein. Die Aussage, dass dieses Phänomen nur zweimal vorkam, erinnert daran, dass im Orient die Annäherung der Venus an die Erde ebenfalls zweimal, und zwar alle 50 Jahre, beobachtet wurde. Dass die »wilde« Venus-Bahn nach den Gesetzen der Physik nicht ewig existierte, sondern nur ein kurzes Zwischenspiel von vielleicht 150 Jahren war, erfährt man wiederum aus der Civitas Dei (der Gottesstaat), in der Castor berichtet, **dass die Venus ihre Form und Bahn änderte, was weder vorher noch nachher je wieder geschah.**

Ein anderer Papyrus sagt aus, dass die Sonne Harakhte im Westen aufgeht. Solche Aussagen, ob sie nun aus dem hebräischen Talmud oder aus Platons Politicus stammen, schildern ebendieses Phänomen: Zu gewissen Zeiten ging die Sonne angeblich im Westen auf und im Osten unter. Dem wohl berühmtesten Geschichtsschreiber des Altertums, Herodot aus Halikarnassos, versicherten die Tempelpriester, dass zu dieser Zeit die Sonne zweimal dort aufging, wo sie jetzt untergeht, und zweimal dort unterging, wo sie jetzt aufgeht. Zu diesem Eindruck könnte die zunehmende Helligkeit der Venus geführt haben, je mehr sie sich der Erde annäherte und deshalb von den Beobachtern für die Sonne gehalten wurde. Astronomische Texte aus China berichten jedenfalls von Zeiten, **in denen die Venus am helllichten Tage am Himmel sichtbar war und mit der Sonne um Helligkeit wetteiferte.** An anderer Stelle heißt es, **dass ein neuer**

glänzender Stern erschien. Die Samaritische Chronik schildert gleiches: **Ein neuer Stern erhob sich über den Osten.**

Dass diese Wirren im Sonnensystem eine geographische Polverlagerung zur Folge gehabt haben können, ist durchaus nachvollziehbar. Auch darüber existieren Berichte, wenn auch mit unterschiedlichen Zahlenangaben. In indischen Berichten wird von einer Polverlagerung von bis zu 1400 km ausgegangen; dies deckte sich mit den Vermutungen, dass der Nordpol zur damaligen Zeit auf dem nördlich von Kanada gelegenen Baffinland lag. Andere wiederum platzierten den Pol über 2000 km entfernt im südlichen Grönland. Wo der quartäre Nordpol tatsächlich lag, ließ sich bisher nicht exakt bestimmen. In dem Nazca-Kapitel wird aber eine Lösung angeboten, durch die der ehemalige Nordpol eventuell bis auf den Kilometer genau bestimmt werden kann.

Es geschah vor . . .

Die Erde ist in prähistorischer Zeit durch zwei apokalyptische Katastrophen in Mitleidenschaft gezogen worden, die auf das Wirken von Außerirdischen zurückzuführen sind. Die erste betrifft die Entstehung der Venus um 11300 v. Chr. Dieses ist ebenfalls der Zeitraum, dem von wissenschaftlicher Seite die weltweit auftretenden Flutwellen zugeordnet werden. Bei der zweiten Katastrophe handelt es sich um die verheerende Sintflut, die nach dem Wissenschaftler Otto Heinrich Muck um 8500 v. Chr., nach Platon ca. 9500 v. Chr. stattfand, und die den Untergang von Atlantis mit wahrscheinlich Millionen von Opfern zur Folge hatte. In der griechischen Historie wird von beiden Flutkatastrophen berichtet. Es sind einerseits die Fluten des Ogyges und andererseits die des Deukalion. Unter Experten ist man sich nicht sicher, welche Flut zuerst stattfand. Für die hier präsentierte Theorie gibt es keinerlei Zweifel an der Reihenfolge, denn Ogyges soll ein König gewesen sein, unter dessen Ägide vor über 11000 Jahren v. Chr. Theben gegründet wurde. Augustinus, der große Kirchenlehrer, berichtet in der Civitas Dei ebenfalls, dass der Planet Venus zur Zeit des Ogyges nicht nur seine Größe,

Farbe, Form, sondern auch seine Bahn veränderte. Die spätere Flut, die verheerendste, die das ganze Land und die Bevölkerung vernichtete, kann Deukalion zugeschrieben werden, denn hier überlebten nur er und sein Weib. Dies sind eindeutige Charakteristiken, wie sie in fast allen Sintflutberichten vorkommen.

Es soll nun der Versuch unternommen werden, diese Geschehnisse zeitlich einzuordnen. Nach den Berechnungen von Dr. Hans Jelitto zeigen die Positionen der drei Pyramiden von Giseh die Planetenkonstellationen zyklisch mit einer Periode von 3800 Jahren und zwei Monaten an. Bei dieser Modellrechnung ist noch zu berücksichtigen, dass die Konstellationen aufgrund der minimalen Schwankungen der Planetenlaufbahnen nicht hundertprozentig genau bestimmt werden können. Auch die Sonne befindet sich aufgrund der Gravitationskräfte der Planeten nicht immer genau im Zentrum des Systems. Aber das sind Schwankungen, die innerhalb von Jahrtausenden nur Stunden oder Minuten ausmachen. Die Daten basieren auf drei Berechnungsgrundlagen, die auf die Jahre 11172, 11332 und 11412 v. Chr. hindeuten. Wir entscheiden uns für das Jahr 11332 v. Chr., nicht weil es in der Mitte zwischen den beiden anderen Daten liegt, sondern es auf einer dreidimensionalen Berechnung beruht, deren Genauigkeit nur um 0,008 % schwankt. Die drei genannten Jahreszahlen deuten unweigerlich auf den Zeitraum hin, in dem durch die Entstehung der Venus Umwälzungen auf der Erde und im gesamten Sonnensystem bevorstanden. Dass diese Daten in einem relativ engen zeitlichen Zusammenhang zu den Überlieferungen stehen, kann wiederum ein Beleg für den Wahrheitsgehalt der Menschheitserinnerungen sein.

Die Menschen neigen nun mal dazu, dass sich einmal zugetragene, vor allem schreckliche Ereignisse periodisch wiederholen. Dieses sind zwar keine Beweise, dennoch geben sie einen Fingerzeig auf ehemalige Geschehnisse. Während der griechischen Blütezeit tat man sich nicht so schwer, von Katastrophen zu berichten, die über 10.000 Jahre zurücklagen. So lehrte um das Jahr 500 v. Chr. der griechische Naturphilosoph aus Ephesus, Heraklit (550–480 v. Chr.), dass die Erde jeweils nach einer Periode von 10.800 Jahren vernichtet würde. 10.800 Jahre plus die 500 Jahre v. Chr. zu Heraklits Zeiten, schon wären wir bei 11300 v. Chr. angelangt. Fast ein Volltreffer! Herodot berichtet in seinem zweiten Buch der Historien, wie ihm die Priester in Theben 341 Statuen präsentierten, die 11.340 Jahre alt sein sollten. Vor diesen Männern hätten allerdings die Götter in Ägypten geherrscht und bei den Menschen gewohnt. Der folgende Auszug aus einem Amun-Hymnus lässt diesen weit zurückliegenden Zeitpunkt glaubhaft erscheinen: **Theben war eher vorhanden als jeder Ort. Wasser und Land waren in ihm am Uranfang, und die Schöpfung der Welt und der Götter geschah in Theben...** Aber seit diesem Zeitpunkt sollen die Götter nicht mehr gesehen worden sein. Wenn sich Herodot aufgrund der hohen Anzahl der Statuen nicht verrechnet hat und man zu den 11.340 Jahren noch 440 Jahre v. Chr. hinzuzählt – zu dieser Zeit weilte Herodot in Ägypten –, gelangt man in die Zeit um 11780 Jahre v. Chr. All dies sind, bezogen auf den gesamten Zeitraum, immer noch vertretbare Differenzen.

Eine neuzeitliche astronomische Berechnung deutet wiederum auf das Jahr 11542 v. Chr. hin, in dem der Zodialkreis mit dem Mondkreis zusammentrifft. Eigentlich hat diese Berechnung keinerlei Bedeutung. Das Interessante daran ist aber, dass Ignatius Donelly, der 1882 mit seiner Veröffentlichung »Atlantis – the antediluvian World« die Thematik Atlantis wiederaufleben ließ, auf diese Datierung durch die Ägypter und Assyrer aufmerksam wurde, weil diese kosmische Konstellation aus irgendeinem Grund eine Bedeutung für sie hatte. Donelly, einer der ersten Atlantis-Forscher der Neuzeit, vermutete um diese Zeit eine atlantische Hochkultur.

Aristarch von Samos berichtet, dass die Erde in einem Zeitraum von 2484 Jahren zwei Zerstörungen durch Fluten und Feuer erlebt habe. Und wieder ist der Ausgangspunkt für die erste Katastrophe das Jahr 11332 v. Chr., minus die von Aristarch geschilderten 2484 Jahre sind wir für die zweite Katastrophe fast zielgenau zwischen den Daten von Otto Heinrich Muck (8492 v. Chr.) und Plato (9500 v. Chr.) bei 8848 v. Chr. angekommen.

Wenn sich die Menschheitserinnerungen so offensichtlich mit

astronomischen Berechnungen decken, bleibt als Resümee nur, dass sich die Venus-Katastrophe und der nachfolgende Pyramidenbau eindeutig auf diesen Zeitraum fokussieren. Es ist bei einer heutigen Distanz von etwa 13.500 Jahren mehr als überraschend, in welch engem Zeitfenster sich die Überlieferungen bewegen. Jedenfalls dürfte die Chance bestehen, durch die Kombination von Fakten und den Menschheitserinnerungen den genauen Zeitpunkt dieser Ereignisse zu bestimmen. Es muss ja als Ergebnis nicht die genaue Tageszeit festgelegt werden nach dem Motto: Am 25. November 11343 v. Chr. begann die Frühschicht um 8 Uhr morgens mit dem Bau der Pyramiden.

Die Venus-Tafeln von Ninive und die Dresdener Maya-Codices

Ninive, die vorgeschichtliche assyrische Hauptstadt am oberen Tigris gegenüber dem heutigen irakischen Mossul, scheint ein für die Aufklärung der Frühgeschichte der Menschheit überaus ergiebiger Ort zu sein. Hier fand man nicht nur die Tafeln, auf denen die ältesten Berichte über die Sintflut eingeritzt waren, sondern auch die Venus-Tafeln, die völlig andere Venus-Positionen beschreiben, als sie uns heute geläufig sind. Dem Engländer Henry Layard gelang der bedeutende Fund in den Trümmern der Assurbanipals-Bibliothek.

Die aktuellen Daten der Venus sehen folgendermaßen aus: Das siderische Jahr beträgt 225 Erdentage. Gegenwärtig sehen wir die Venus 71 Tage lang morgens vor der Sonne aufgehen, nach 221 Tagen tritt sie in die obere Konjunktion zur Sonne, einen Monat vor dem Ende dieser Periode wird sie von der Sonne überstrahlt, so dass sie 60 Tage nicht sichtbar ist. Dann ist die Zeit des Morgensterns vorbei, und die Venus erscheint für kurze Zeit östlich von der untergehenden Sonne als Abendstern. Für 221 Tage entfernt sie sich von dem oberen Punkt der Konjunktion, danach nähert sie sich für 71 Nächte wieder der Sonne, bis die untere Konjunktion erreicht ist und sie von diesem Zeitpunkt an wieder ihren Dienst als Morgenstern antritt.

Dagegen beschreiben folgende Textauszüge dieser Tafeln, mit den für uns etwas seltsam klingenden Monatsnamen Positionen, die nur unter der Annahme einer »wilden Venus-Bahn« einen Sinn ergeben:

Am 11. Tage des Sivan verschwand Venus im Westen, blieb neun Monate und vier Tage vom Himmel fort und wurde am 15. Tage des Adar im Osten sichtbar. – Im nächsten Jahre, am 10. des Arashsamna verschwand Venus im Osten, blieb zwei Monate und sechs Tage vom Himmel fort und wurde am 16. Tebit im Westen sichtbar. – Im folgenden Jahre verschwand Venus am 26. Ulul im Westen, blieb elf Tage lang vom Himmel fort und wurde am 7. des eingeschalteten Monats Ulul im Osten sichtbar. – Im Jahr darauf verschwand Venus am 9. Nisan im Osten, blieb fünf Monate und 16 Tage abwesend und wurde am 25. Ulul im Westen sichtbar. – Im fünften Jahr der Beobachtung verschwand Venus am 5. Ayar im Westen, blieb sieben Tage lang fort und erschien wieder am 12. Ayar; im selben Jahr verschwand sie am 20. Tebit im Osten, blieb einen Monat abwesend und erschien am 21. Sabat im Westen.

Diese Daten sind völlig konträr zum gegenwärtigen Erscheinen der Venus am Morgen- und Abendhimmel. Allein schon die Aussage, dass die Venus über 9 Monate lang aus dem Blickfeld der Erde verschwand, lässt nur den Schluss zu, dass ihre Route extrem anders verlief. Diese pragmatischen Berichte über die Venus sind ganz nüchterne Beobachtungen ohne jedes schmückende mystische Beiwerk. Archäologen und Astronomen, die sich mit den genannten Daten auseinandersetzten, standen vor einem Rätsel und zweifelten zum Teil an deren Richtigkeit. Doch mit Verlaub, meine Herren Gelehrten, einen Fehler von einem oder zwei Tagen kann man einem unbedarften Beobachter vielleicht zubilligen, nicht aber die Differenz von einigen Monaten. So rückständig können unsere Vorfahren eigentlich nicht gewesen sein, wenn man ihnen andererseits astronomische Kenntnisse zubilligt, die mitunter weitaus exakter als unsere neuzeitlichen waren.

Deshalb einige kommentierte Auszüge von Abhandlungen, die einem Forscher bei der Rekonstruktion dieser Venusbahn eventuell eine Hilfe sein könnten: Langdon-Fotheringfam, *The Venus Tablets:* Die Unsichtbarkeit der Venus in ihrer oberen Konjunktion wird mit fünf Monaten und 16 Tagen anstatt der genauen Spanne von zwei Monaten sechs Tagen angegeben. – M. Jastrow, *Religions Beliefs in Babylonia and Assyria:* Die Zeit zwischen dem heliakischen Untergang und ihrem Aufgang beträgt 72 Tage. In den assyrischen Texten schwankt diese Zeitdauer jedoch zwischen einem und fünf Monaten. – M. Ungnad, *Die Venustafeln und das neunte Jahr Samsuilunas:* Das unmögliche Intervall zeigt, dass die Angaben unzuverlässig sind. Man hat wohl die Monatszahlen und auch die Tage vertauscht. Summa summarum: »Alle Handschriften sind höchst korrumpiert.«

Eigentlich müsste jeder Astronom aufgrund des überlieferten Materials mit einem entsprechenden Computerprogramm in der Lage sein, den Ablauf der Venus-Entstehung mit ihrer anfangs elliptischen Sturzbahn bis zur korrigierten Umlaufbahn exakt zu rekonstruieren. Ein weiteres Kriterium für einen derartigen Versuch präsentierten in der gleichen komplizierten Art die indischen Venustafeln von Thibaut unter dem Titel »Astronomie, Astrologie und Mathematik« im »Grundriss der indo-arischen Philologie und Altertumskunde«.

Die interessantesten Hinweise auf einen anderen Orbit der Venus dürften sich in den Dresdener Maya-Codices befinden. Diese enthalten sehr umfangreiche astronomische Berechnungen der Venus-Bahnen sowie die des Mondes. Bis heute sind diese Daten noch nicht entschlüsselt, was auch nicht verwundert, weil eine andere Venus-Historie bisher nicht in Betracht gezogen wurde. Bisher weiß man nur, dass darin korrigierte Venus-Bahnen vorkommen. Aufgrund der exakten astronomischen Kenntnisse der Mayas bestehen vielleicht hier die größten Chancen, dass diese Codices unter dem Aspekt des neuen Planeten Venus aufs Neue recherchiert werden und so einen Beitrag zur Entschlüsselung der ehemaligen Venus-Bahn leisten können.

Als das Jahr nur 360 Tage zählte

Weltweit existieren viele Berichte über andere Umlaufbahnen und dadurch bedingte andere Umlaufzeiten der Planeten um die Sonne. Diese sollten im Zusammenhang mit der Venus-Katastrophe nicht unerwähnt bleiben. Dass unsere Vorfahren mathematisch keineswegs Steinzeitniveau besaßen, wird in den folgenden Zeilen nachdrücklich dargelegt. Und wenn die Berichte über ein früheres 360-Tage-Jahr den Tatsachen entsprechen, bleibt nur der Schluss, dass der Erdorbit früher tatsächlich näher zur Sonne verlief.

Es ist meine feste Überzeugung, dass dieses Buch nie und nimmer geschrieben worden wäre und das heutige Weltbild mit Sicherheit ganz anders aussehen würde, wenn nicht aus religiösen und ideologischen Gründen der größte Teil der schriftlichen Hinterlassenschaften des Altertums verbrannt worden wäre. Auch der Neubau der Bibliothek in Alexandria kann nicht darüber hinwegtrösten, dass hier über 700.000 schriftliche Dokumente für immer vernichtet wurden. Dies geschah wechselweise durch Römer, Muslime und vor allem Christen im Jahre 391 durch den römischen Kaiser Theodosius I. mit dem Ziel, Ägypten vom heidnischen Kult zu befreien. Das Gleiche geschah in Pergamon durch Alexander den Großen, der ein ganz Großer bei der Vernichtung schriftlicher Hinterlassenschaften war, so dass heute nur noch auf einen Bruchteil der Aufzeichnungen zurückgegriffen werden kann. Doch obwohl etwa 90 Prozent der alten Überlieferungen vernichtet worden sind, existiert glücklicherweise immer noch ein ausreichender Fundus, um das prähistorische Geschehen zu dokumentieren.

Keinen Deut besser waren die pyromanisch veranlagten Spanier, die auf ihren Eroberungszügen in Amerika alles vernichteten, was ihnen an indianischem Schriftgut in die Finger geriet. Zum Glück für die Nachwelt gab es doch eine erfreuliche Ausnahme. Einem jungen Padre namens Francisco Ximinez ist es zu verdanken, dass die Maya-Bibel Popol Vuh überliefert ist. Die Indios hatten Vertrauen zu ihm und legten ihm ihre heiligsten Texte vor. Zur eigenen Überraschung stellte er fest, dass die Quiché-Texte in auffallend vielen Punkten mit der christlichen Bibel übereinstimmten. Es gab eine Weltschöpfung, die Sintflut, den leuchtenden Morgenstern usw. Sogar das Beispiel vom brennenden Busch wird, wenn auch in etwas anderer Version, im Popol Vuh wiedergegeben.

Geht man davon aus, dass vor der Venus-Katastrophe die Umlaufzeit der Erde aufgrund einer kürzeren Orbitbahn nur 360 Tage betrug, findet man in den Maya-Hinterlassenschaften überzeugende Hinweise. Das Maya-Jahr hatte 360 Tage, unterteilt in 18 Monate mit je 20 Tagen. Jeder Tag hatte einen Namen, mit Imix beginnend und mit Ahau endend, plus fünf Tage ohne Namen, die später angehängt wurden. Diese waren der Göttin Mam geweiht. Auffällig noch, dass diese fünf Tage laut Popul Vuh deswegen namenlos blieben, weil die Mayas sie für schlecht und unheilvoll hielten. Eigentlich ein Indiz mehr für eine neue Orbitbahn der Erde, weil diese fünf Tage plus sechs Stunden einen neuen Kalender erforderlich machten. Sollte nun jemand der Meinung sein, die Mayas hätten Schwierigkeiten mit der Mathematik gehabt, so unterliegt er einem großen Irrtum. Ihr Kalender ist nicht nur der älteste, sondern auch der exakteste. Er übertrifft unseren gregorianischen Kalender noch um das Fünffache an Genauigkeit. Die Mayas rechneten nicht nur in Jahrtausenden, sondern in Millionen von Jahren.

Zum Glück haben sie all ihr kalendarisches Wissen in Stein gemeißelt für die Nachwelt festgehalten. Ihr Großperiodenkalender, bezogen auf 14.000 Jahre, hatte einen Restfehler von nur einem Tag. Sie berechneten ein Erdenjahr mit 365,240 Tagen. Unsere heutigen Berechnungen gehen von 365,242 Tagen aus. Und wieder muss man sich darüber Gedanken machen, ob dieser kaum messbare Unterschied mit dem minimalen Entfernen der Erde von der Sonne in Verbindung gebracht werden kann. Ihre astronomischen Inschriften im Sonnentempel zu Palenque haben einen Zyklus von 3001 siderischen Jahren. Warum nicht die runde Zahl von 3000 Jahren, fragt man sich? Aber das Überraschende ist: 3001 Erdenjahre sind exakt 2748 synodische Jupiter-Umläufe. Dass dies kein Zufall ist, beweist der nächste Zyklus, der in Palenque im »Tempel des Kreuzes« eingemeißelt ist: 1.380.070 Tage = 3803 siderische Jahre = 1781 synodische Mars-Umläufe.

Dazu äußert sich Prof. Dr. Hans Ludendorff, in den 20er Jahren Direktor des Astrophysikalischen Observatoriums in Potsdam: Die Chance, dass diese Berechnungen auf Zufall beruhen, liegen bei 1:50.000. Mehr noch, dass die Mayas das siderische Jahr und die Umlaufzeiten der Planeten mit einer geradezu unheimlichen Genauigkeit kannten, obwohl sie über keinerlei astronomische Messapparate verfügten, lässt keinen anderen Schluss zu, als dass sie ihre Beobachtungen über einen jahrtausendelangen Zeitzyklus hinweg gemacht haben müssten. Aber wie ist es möglich, dass die Mayas über Jahrtausende die Planeten beobachteten und dabei zu unfassbar exakten Ergebnissen kamen? Die Historiker billigen der Blütezeit der Maya-Kultur nur einen Zeitraum von knapp 600 Jahren zu. Deshalb bleibt nur eine Schlussfolgerung: Nur eine höher stehende Kultur, ob nun Außerirdische oder Atlanter, konnte ihnen dieses phänomenale astronomische Wissen überliefert haben.

Im hebräischen Midrasch Rabba wird berichtet, dass die Planeten für ihren Umlauf mehr Zeit benötigten, andererseits aber auch, dass Gott den Lauf der Planeten beschleunigte. Allem Anschein nach war der Allmächtige mit seiner Planetenkonstellation nicht mehr zufrieden und wollte ein bisschen mehr Speed einbringen. Der Midrasch (=Forschung) wie auch arabische und chinesische Quellen schildern, dass es viele Jahre nach der Katastrophe nicht möglich war, einen neuen Kalender zu erstellen da sich ständig alle Monate verschoben. Dass die alten Ägypter zwischenzeitlich wieder einen Kalender mit 360 Tagen einführten, hatte sicherlich andere Gründe als eine kürzere Umlaufbahn der Erde, denn das 360-Tage-Jahr lag ja schon Jahrtausende zurück. Nicht auszuschließen, dass ganz profane Gründe, wie zum Beispiel schlechte Ernten über einige Jahre, genügten, das alte System in der Hoffnung auf bessere Erträge wiedereinzuführen. Die vedischen Texte aus Indien kennen ebenfalls nur ein Jahr von 360 Tagen; ebenso gibt es übereinstimmende Berichte aus Persien, Assyrien, Babylonien und China. Aufgrund dieser Überlieferungen dürften kaum noch Zweifel bestehen, dass sich die Erde früher in einer anderen Orbitbahn befand.

Das Sirius-Doppelsternsystem

Es gibt einen Fall, der nur indirekt in Bezug zur Venus steht, Ethnologen jedoch vor ein noch größeres Rätsel stellt. Es handelt sich um ein Volk, welches wir eher einer primitiveren Kultur zuordnen würden und das über ein schier unbegreifliches astronomisches Wissen nicht nur über unser Planetensystem, sondern auch über andere Sonnensysteme in der Galaxie verfügte. Waren die frühzeitlichen Berichte über die beiden kleinen Marsmonde schon phänomenal, fanden sie dennoch eine Steigerung, als der französische Anthropologe Dr. Marcel Griaule einer verblüfften Öffentlichkeit 1951 eine Abhandlung unter dem Titel »Ein sudanesisches Sirius-System« präsentierte. Dazu muss noch angemerkt werden, dass man in jüngerer Zeit versuchte, die Abhandlungen von Dr. Griaule im Nachhinein zu diskreditieren. Enthielt sein Bericht etwa so viel Brisanz, dass er nicht in das vorgeprägte Weltbild passte?

Dieser Bericht handelt von dem Stamm der Dogon im afrikanischen Mali, der ein bis heute nicht erklärbares Wissen über den Sirius besaß. 1931 und 1946 besuchte Dr. Griaule die Dogon. Woher sie ihr Wissen hatten, interessierte Griaule nicht im Geringsten, und so verkniff er sich dazu jegliche Hypothese. Dies blieb dem gebürtigen Amerikaner und heute in England sesshaften Robert Templer vorbehalten. Templer recherchierte weiter, und im Jahre 1976 publizierte er sein sensationelles Buch »Das Sirius-Rätsel«. Aber was war nun so sensationell an diesem in unseren Augen doch sehr primitiven Volk der Dogon? Alle 50 Jahre feierten die Dogon ihr Sigui-Fest, und für jedes Fest wurden Masken angefertigt. Diese Masken sammelten die Dogon und bewahrten sie auf, so dass ihre Feste bis ins 14. Jahrhundert zurückverfolgt werden konnten. Alles noch normal. Aber jetzt kommt der Hammer: Dieses Fest feierten sie nicht, weil sie nur bis 50 zählen konnten, sondern weil in dieser Zeitspanne der Stern Digitaria einmal den Sirius umkreist. Immer noch im grünen Bereich. Die Sache hatte nur einen Haken: Digitaria ist von der Erde aus nicht sichtbar!

Die Astronomen waren begeistert und zugleich auch sprachlos. Wie konnten die Dogon ohne astronomische Geräte dies alles wissen? Erst im Jahre 1970 lieferte das US Naval Observatory die ersten Aufnahmen von Digitaria. Um die Angelegenheit verständlicher zu machen, zuvor ein kleines Glossar: Sirius, auch als Hundsstern bekannt, ist der hellste Fixstern am nächtlichen Himmel. Er ist »nur«

8,7 Lichtjahre (ein Lichtjahr = 9,5 Billionen Kilometer) von uns entfernt. Sirius A, etwa zweieinhalbmal so groß wie unsere Sonne, bezeichnet man seit der Entdeckung von Digitaria (= Sirius B) als den Hauptstern. Sirius A strahlt etwa 10.000 Mal heller als Sirius B. Kein Wunder, dass man ihn erst so spät entdeckte, denn Sirius B hat zudem nur den dreifachen Erddurchmesser, besitzt aber trotzdem die gleiche Masse wie unsere Sonne. Aufgrund dieser Erkenntnisse wurde zum ersten Mal für diese sehr kleinen Sonnen mit einer ungeheuren dichten Materie der Begriff »Weiße Zwerge« angewendet.

Die Gravitationskräfte des kleinen Sirius B sind so stark, dass Sirius A unregelmäßige Eigenbewegungen durchführt. Diese »Pendelbewegungen« wurden erstmals im Jahre 1844 von dem Königsberger Astronomen Bessel erkannt. Deshalb vermutete er einen unsichtbaren Begleiter von Sirius A. Sirius B umrundet Sirius A auf einer elliptischen Bahn. Selbst davon hatten die Dogon Kenntnis. Auf ihren Zeichnungen ist sogar der Perihel (sonnennächster Abstand) und Aphel (sonnenfernster Abstand) angegeben. Die Dogon erwähnten auch noch einen dritten Begleiter mit einem Satelliten im Sirius-System. Nur konnte dieser nicht nachgewiesen werden. Das war der Stand im Jahre 1976, als das Buch von Robert Templer publiziert wurde. Aber nur 13 Jahre später gab es eine kleine Sensation: 1989 wurde von zwei Radioastronomen der den Dogon längst als »Emme ya« bekannte Sirius C als Roter Zwerg geortet, was im Jahre 1995 durch andere Astronomen belegt wurde. Diese Bestätigung müsste eigentlich genügen, die Kritiker von Dr. Griaule endgültig zum Schweigen zu bringen.

Dass den Dogon so nebenbei auch noch das Venus-Kalendarium sowie verschiedene Venus-Positionen bekannt waren, soll nicht unerwähnt bleiben, wie auch der Sachverhalt, dass sie Kenntnisse über die Saturn-Ringe sowie über die Jupiter-Monde besaßen. Dennoch ist von besonderem Interesse, welche Beziehung die Dogon zum Planeten Venus hatten. Für sie war die Venus am Anfang ihres Daseins blutrot, verlor ihre ursprüngliche Farbe aber nach und nach. Und die bereits zuvor erwähnten seltsamen Venus-Positionen waren auch für die Dogon Grund genug, sie durch Altäre und Steinsetzungen in ihrem Gebiet zu dokumentieren. Ein Venus-Kalender, beruhend auf den verschiedenen Venus-Positionen, war ihnen ebenfalls geläufig.

Es steht wohl außer Zweifel, dass die Dogon nicht über die Fähigkeiten verfügten, Sirius B und Sirius C zu orten. Unbestritten ist hingegen ein alter astronomischer Wissensstand, für den jegliche Erklärungsversuche fehlen. Deshalb bleibt noch immer die Frage unbeantwortet: Woher stammte das Wissen der Dogon? Eine Möglichkeit wäre die nur einige hundert Kilometer vom Dogon-Gebiet entfernt liegende sagenumwobene, auch als »Königin der Wüste« titulierte Stadt Timbuktu, die schon im Mittelalter eine Universität besaß, in der auch alte ägyptische und akkadische Schriften aufbewahrt wurden. Somit liegt die Vermutung nahe, dass die Dogon ihr Wissen aus dieser Stadt erhielten. Denn es gibt Anhaltspunkte, dass die Ägypter schon in prädynastischer Zeit (ca. 3200 v. Chr.) Kenntnisse über das Sirius-System besaßen. Eine andere Möglichkeit kann die Einwanderung von Volksgruppen aus dem östlichen Mittelmeerraum sein, denen das Wissen über den Sirius und die Venus geläufig war.

Für Robert Temple war bei einer emotionslosen realistischen Betrachtung die ganze Angelegenheit sonnenklar: Nur Außerirdische konnten dieses Wissen zu den Menschen gebracht haben! Er vermutete sogar, dass diese extraterrestrischen Wesen direkt aus dem Sirius-System kamen. Vielleicht drohte durch Sirius B auch eine Supernova, obwohl dieses gegenwärtig sehr unwahrscheinlich erscheint. Ebenso unwahrscheinlich – obwohl nichts ausgeschlossen werden kann –, dass in unmittelbarer Nachbarschaft der Erde eine hochentwickelte Zivilisation existiert. Wie aber kam nun das Wissen über das Sirius-System zu den Menschen? Weil kein Zweifel besteht, dass Außerirdische aus den zuvor geäußerten Gründen auf der Erde weilten und es auch zu einer Kommunikation mit den Menschen kam, werden ebendiese wissbegierig nachgefragt haben: »Was ist dieses für ein heller, großer Stern?« Und die Außerirdischen werden geantwortet haben: »Tja, daran sind wir eben erst vorbeigekommen, es gibt in diesem System noch eine zweite Sonne … und so weiter und so fort.«

Pyramiden und Planeten

von Dr. Hans Jelitto

Einleitung von Martin Heinrich

Als Dr. Hans Jelitto seine Publikation »Pyramiden und Planeten« veröffentlichte, war es für mich nicht nur selbstverständlich, sondern dringend geboten, umgehend den Kontakt zu Jelitto aufzunehmen. Weil Jelitto das konnte, was ich nicht konnte, nämlich einen Zusammenhang zwischen Cheops-Pyramide und Erde sowie Chefren/Venus und Mykerinos/Merkur (bei Mykerinos hatte ich anfangs mehr auf den Mars getippt) mathematisch zu belegen, war er für mich der kongeniale Partner. Das von mir dargelegte Motiv für den Pyramidenbau fand in Dr. Jelittos Arbeit eine ideale Ergänzung und Bestätigung. Seit dieser Zeit haben wir uns in den letzten Jahren mehrmals getroffen und stehen ständig in Kontakt. Auch wenn es mitunter Meinungsunterschiede gibt, die sich überwiegend auf weltanschauliche Gesichtspunkte und nicht auf physikalische Aspekte beziehen, war es mehr als vorteilhaft, auf das Wissen wie auch auf den Rat eines Fachmannes zurückgreifen zu können. Zugegeben, anfangs stand ich den auf den ersten Blick kompliziert erscheinenden Berechnungen Jelittos über einen Zusammenhang zwischen Pyramiden und Planeten etwas hilflos gegenüber. Umso überraschender entdeckte ich Berechnungen zur Planeten-Pyramiden-Konstellation, die völlig unerwartet mit dem von mir vermuteten Zeitpunkt 11300 v. Chr. übereinstimmten. Um die Zusammenhänge zu ermitteln, stehen drei Berechnungsgrundlagen zur Verfügung, und bei allen dreien befindet man sich im anvisierten Zeitraum. Ob sie nun 11.172 Jahre, bei einer Spiegelung der Planeten 11.412 Jahre oder bei einer dreidimensionalen Raumberücksichtigung 11.332 Jahre anzeigen, dieses enge Zeitfenster von nur 240 Jahren eröffnet die Möglichkeit, den Entstehungstermin der drei Pyramiden konkreter zu benennen. Ein anderer Zeitpunkt mit einem Sprung von 3800 Jahren ließ sich allein aufgrund der wissenschaftlichen Erkenntnisse über die Flutwellen und klimatischen Umwälzungen auf der Erde nicht in Übereinstimmung bringen.

Pyramiden und Planeten*

Der im Folgenden wiedergegebene Aufsatz wurde erstmals im Jahre 2000 im »Magazin 2000plus« veröffentlicht [1]. Darin wird unter anderem ein astronomischer Zusammenhang zwischen den drei großen Pyramiden von Giseh beschrieben, der auf drei einfachen Gleichungen basiert. Auch wenn dieser Zusammenhang von der von Martin Heinrich beschriebenen »Planetenkollision« völlig unabhängig besteht, so gibt es dennoch eine Konsequenz. Falls die wesentlichen Thesen von Martin Heinrich und mir korrekt sind, dann müssen die Pyramiden zeitlich *nach* der schweren Kollision errichtet worden sein, da der astronomische Zusammenhang unter anderem auf die Pyramidenanordnung und die heutige Umlaufbahn der Venus Bezug nimmt.

Seit mehreren tausend Jahren beflügeln die Pyramiden von Giseh die Fantasie der Menschen und sind ständig Gegenstand umfangreicher Forschungsbemühungen. Mindestens einmal wurde behauptet, das Rätsel sei endlich gelöst, wobei sich die angebliche Lösung später als nicht haltbar erwies. In den Fachpublikationen der Ägyptologie hat man manchmal den Eindruck, dass doch im Wesentlichen alles klar ist. Es wird zugegeben, dass nicht genau feststeht, ob die Baumeister eine Rampe zum Bau der Pyramide verwendet haben oder eventuell irgendwelche Holz- und Seilkonstruktionen, um die Steinblöcke hochzuhieven. Falls wiederum eine Rampe benutzt wurde, besteht die Frage, ob die Rampe gerade, spiralförmig, zickzackförmig oder anders aussah. All diese Theorien

* Literaturverweise siehe Seite 251.

haben Vorzüge und auch gravierende Nachteile, wie zum Beispiel das große notwendige Volumen der hypothetischen Rampe, das dem der Pyramide nahe kam oder sogar größer war. Falls eine spiralförmige Rampe um die Pyramide herum existierte, bleibt die Frage, wie die vielen Arbeiter, die die mehrere Tonnen schweren Steinblöcke an langen Seilen gezogen haben sollen, mit diesen Seilen auf der Rampe um die Ecken der Pyramide herumkamen. Obwohl es bisher immer stichhaltige Gegenargumente zu jedem theoretischen Ansatz gab, erhält man in vielen Publikationen den Eindruck, dass der Bau wohl doch »irgendwie so« stattgefunden hat, möglicherweise mit einer Kombination der einzelnen Methoden.

Auf der anderen Seite gab es Kontroversen, und zwar oft dann, wenn sich unterschiedliche Erklärungsversuche nicht auf einen

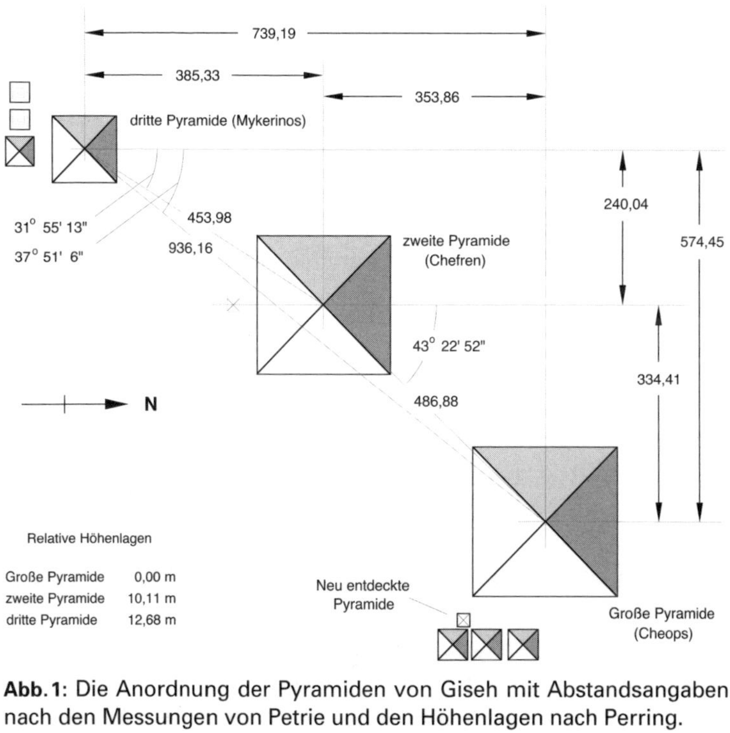

Abb. 1: Die Anordnung der Pyramiden von Giseh mit Abstandsangaben nach den Messungen von Petrie und den Höhenlagen nach Perring.

gemeinsamen Nenner bringen ließen. Von den vielen offenen Fragen, z. B. bezüglich der geometrischen Formen, der enormen Größen, des merkwürdigen Innenaufbaus, der Bautechnik usw., konzentriert sich dieser Aufsatz hauptsächlich auf eine einzige Frage: Gibt es bei den Pyramiden von Giseh einen astronomischen Zusammenhang?

Zu den Pyramiden von Giseh gehören die Cheops-Pyramide, auch Große Pyramide genannt, die Chefren-Pyramide, welche der Cheops-Pyramide von der Größe her fast ebenbürtig ist, und die etwas kleinere Mykerinos-Pyramide. Die Bezeichnungen deuten auf die Pharaonen aus der vierten Dynastie, denen die Pyramiden nach bisherigem ägyptologischem Wissen zugeordnet werden. Diese Bezeichnungen sollen hier jedoch nicht unterstreichen, dass jene Pharaonen tatsächlich die jeweiligen Pyramiden bauen ließen, sondern werden verwendet, weil sie sich eingebürgert haben. Die Frage, wer die Baumeister tatsächlich waren, ist aus meiner Sicht noch nicht eindeutig geklärt.

Doch wie sollte ein astronomischer Zusammenhang aussehen? Schon der britische Astronom und Pyramidenforscher Piazzi Smyth vermutete im vorletzten Jahrhundert, dass der absteigende Gang in der Cheops-Pyramide, welcher nach Norden weist, beim Bau der Pyramide zu bestimmten Tageszeiten genau auf den damaligen Polarstern Alpha-Draconis ausgerichtet war [2]. Astronomische Berechnungen ergeben, dass dies möglich ist. Allerdings hängt es davon ab, wann genau die Pyramide gebaut wurde. Darüber sind sich die Fachleute heute noch nicht einig. Speziell gibt es eine Diskrepanz zwischen dem derzeitigen Stand der Ägyptologie und der Physik. Während die Ägyptologen den Bauzeitpunkt anhand der überlieferten Königslisten auf etwa 2600 bis 2500 v. Chr. festlegen, ergaben vor einigen Jahren Messungen mit einer verfeinerten Radiokarbon-Methode (Beschleuniger-Massen-Spektroskopie) den Zeitraum 3030 bis 2905 v. Chr. für den Bau der Cheops-Pyramide [3, 4]. Das ist eine Diskrepanz von immerhin ca. 400 Jahren.

Zur Auflösung gibt es im Wesentlichen drei Möglichkeiten. Erstens: Die physikalischen Messungen beinhalten einen Fehler, und die Pyramiden sind gar nicht so alt. Dies halte ich selbst für unwahrscheinlich, da die Messungen sorgfältig an ca. einem Dutzend Bauwerken des Alten Reiches durchgeführt wurden. Zweitens: Die Datierung anhand der Königslisten ist um ca. 400 Jahre falsch, und die Pharaonen hätten etwa 400 Jahre früher regiert. Dies ist nach den ägyptischen Erkenntnissen kaum möglich, da die Chronologie der Regierungszeiten anhand überlieferter astronomischer Ereignisse relativ genau festliegt. Und drittens: Die physikalischen und die ägyptologischen Zeitangaben sind gleichzeitig korrekt, woraus allerdings zwangsläufig folgen würde, dass die angegebenen Pharaonen die Pyramiden gar nicht bauen ließen, sondern jemand anderes. Dieses Thema soll nicht weiter vertieft werden, sondern nur zeigen, dass es auch in der heutigen Wissenschaft noch jede Menge offener Fragen gibt.

Doch zurück zum astronomischen Zusammenhang: Im Jahre 1964 veröffentlichten Alexander Badawy und Virginia Trimble in zwei Forschungsberichten [5, 6] erstmals die Idee, dass die Luftschächte in der Cheops-Pyramide zu bestimmten Tages- oder Nachtzeiten genau auf bestimmte Sterne ausgerichtet waren. Die ägyptologische Forschung legt nun den Bauzeitpunkt der Pyramiden etwa auf die Jahre 2600 bis 2500 v. Chr. Für diesen Zeitraum liegen die Abweichungen zwischen der Ausrichtung der Luftschächte und den Sternpositionen bei ca. 0,5º. Sollte allerdings die Bestimmung der Bauzeiten mit Hilfe der Beschleuniger-Massen-Spektroskopie annähernd korrekt sein, so wären die Pyramiden eher um 3000 bis 2800 v. Chr. errichtet worden. Die Winkelabweichungen der Sterne würden bei ca. 2º liegen und wären damit eindeutig zu groß.

Später wurde die grundsätzliche Idee von Robert Bauval und Adrian Gilbert übernommen und 1994 in dem Buch »Geheimnis des Orion« veröffentlicht [7]. Erstmals brachten die Autoren jedoch eine ganz neue Idee vor, die sich auf die Pyramidenpositionen selbst bezog. Warum stehen die drei Pyramiden nicht genau in einer Reihe nebeneinander, sondern wurden etwas unregelmäßig seitlich und nach hinten versetzt platziert? Die Grundidee ist die, dass die drei großen Pyramiden gemäß einer Luftansicht, das heißt von oben gesehen, die Anordnung dreier Sterne aus dem Sternbild des Orion repräsentieren sollen. Aus der Luft würde die Anordnung also genau so aussehen, wie wir die entsprechenden Sterne von der Erde aus sehen. Die drei Sterne wären Alnitak (Große Pyramide), Alnilam (zweite Pyramide) und Mintaka (dritte Pyramide). Zusätzlich ordneten Gilbert und Bauval noch vier weitere Pyramiden außerhalb von Giseh entsprechenden anderen Sternen zu.

Eine genaue Analyse der Sternpositionen unter Berücksichtigung der Eigenbewegung der Sterne über die letzten Jahrtausende ergab jedoch, dass die Abweichungen zwischen Pyramiden- und Sternanordnung zum Teil sehr groß sind. Diese Abweichungen konnten genau berechnet werden und betragen für die drei Giseh-Pyramiden ca. 4,1 % und für die Pyramiden außerhalb von Giseh zwischen 25 und 200 %. Davon abgesehen, dass solch riesige Abweichungen nicht mehr als kleine Ungenauigkeiten durchgehen können, ist die Abweichung von 4 % bei den Pyramiden von Giseh ebenfalls noch zu groß. Zu diesem Ergebnis kommt man, wenn man die Präzision in Betracht zieht, mit der die drei Pyramiden von Giseh gebaut wurden. Die Ausrichtung der Großen Pyramide nach Norden stimmt auf ca. 3 Bogenminuten genau. Außerdem erstreckt sich das Orion-Sternbild am Himmel insgesamt über einen Winkel von ca. 17° und ist mit bloßem Auge bestens zu erkennen. Gibt es also einen astronomischen Zusammenhang oder nicht?

Im Jahre 1999 wurde ein völlig neuer Ansatz zur astronomischen Deutung der Pyramiden veröffentlicht [8], der im vorliegenden Aufsatz erläutert wird. Sollte sich diese neue Deutung als wahr herausstellen, so war der grundsätzliche Ansatz von Gilbert und Bauval in dem Sinne korrekt, dass den Pyramiden Himmelskörper zuzuordnen sind. Nur die konkrete Verbindung der Pyramiden zu den drei Sternen des Orion-Gürtels wäre nicht richtig. Doch worin besteht der neue astronomische Zusammenhang?

Um das zu erklären, muss ich ein wenig ausholen. Nachdem ich mich ausführlich mit den unterschiedlichen Theorien zur Form der Cheops-Pyramide beschäftigt hatte, tauchte irgendwann die Frage auf: Warum wurden die Pyramiden so gigantisch groß gebaut? Wären sie alle nur halb so groß, so wären sie immer noch riesig, und das

Volumen würde bei halber Höhe nur noch ein Achtel des tatsächlich realisierten Volumens betragen. Das hätte doch eine Menge Arbeit gespart.

Anpassungsfaktoren

In der Literatur fand ich bisher zwei Zusammenhänge, die angeblich die Größe der Cheops-Pyramide festlegen. Zum einen soll der Abstand von der Erde zur Sonne genau das Einmilliardenfache der Höhe der Cheops-Pyramide betragen. Zum anderen soll der Abstand zweier Breitenkreise genau 600-mal so groß sein wie die Dreieckshöhe der Seitenflächen der Cheops-Pyramide. Beim ersten Zusammenhang schwankt der Fehler zwischen 0,3 und 3,6 %. Das liegt daran, dass die Erdbahn kein konzentrischer Kreis um die Sonne ist, sondern eine Ellipse, in deren einem Brennpunkt die Sonne steht. Dadurch schwankt der Abstand von der Erde zur Sonne. Beim zweiten Zusammenhang liegt der Fehler bei ca. 0,5 %, was relativ wenig ist.

Beide Zusammenhänge mögen zunächst interessant klingen, haben jedoch einen gravierenden Nachteil. Beide enthalten einen willkürlichen Faktor, sozusagen einen Anpassungsfaktor. Im ersten Zusammenhang beträgt der Faktor 1 Milliarde (= 1 000 000 000) und im zweiten Zusammenhang 600. Es lässt sich mathematisch relativ leicht zeigen, dass mit solchen Faktoren so ziemlich alles gezeigt werden kann, wie zum Beispiel ein Zusammenhang zwischen der Höhe einer Saturn-V-Rakete und der durchschnittlichen Größe einer Spitzmaus.

Mit zwei beliebigen Größen und einem solchen Faktor erhält man eine Genauigkeit von ungefähr 10 %. Das lässt sich veranschaulichen, wenn der geforderte Anpassungsfaktor z. B. genau zwischen den Faktoren 500 und 600 angenommen wird. Die Abweichung wäre 50 und damit 10 % von 500. Wenn man jedoch berücksichtigt, dass innerhalb einer Pyramide fünf Längen zur Auswahl stehen (Grundkantenlänge, Diagonale, Höhe, Abstand Spitze – Grundkante und Länge der schrägen Kanten, die zur Spitze verlaufen), und wenn man fünf Vergleichslängen hinzunimmt (Abstand Erde – Sonne, Erdumfang usw.), so gibt es schon 25 Kombinationsmöglichkeiten. Das bedeutet, dass die Genauigkeit von ca. 10 % auf ein Fünfundzwanzigstel abnimmt. Das wären ca. 0,4 %. Das heißt, mit solchen Anpassungsfaktoren wie z. B. 1 Milliarde oder 600 kann leicht eine Genauigkeit von unter 1 % erreicht werden. Damit ließe sich wirklich alles zeigen, und die Zusammenhänge wären nicht signifikant.

Die klassische Erklärung aus der ägyptologischen Forschung besagt, dass die Höhe der Cheops-Pyramide 280 königliche Ellen beträgt und ihre Grundkantenlänge 440 Ellen. Damit wäre die Größe ebenfalls festgelegt. Doch dies wäre im Grunde keine ausreichende Erklärung für die Größe, sondern die Frage würde sich nur wie folgt ändern: Warum wurde die Cheops-Pyramide 280 Ellen hoch gebaut? 140 Ellen hätten es doch auch getan. Eine weitere Frage wäre, ob nicht eventuell das altägyptische Längenmaß anhand der Grundkanten der schon bestehenden Pyramide nachträglich definiert wurde.

Diese Überlegungen sollten verstanden werden, damit das Folgende nachvollzogen werden kann. Der wesentliche Aspekt ist, dass willkürliche Anpassungsfaktoren, wie z. B. 600, zu Ergebnissen führen, die nicht signifikant sind, d. h. im Grunde sinnlos. Zum einen dürfen keine Anpassungsfaktoren verwendet werden, zum anderen sollte ein möglicher Zusammenhang aber auch *naheliegend* sein. Das heißt, die verwendeten Größen sollten sinnvoll sein und die Gleichung (wenn es eine gibt) eine einfache Form besitzen. Das ist der Ausgangspunkt.

Die Größen der Pyramiden

Durch das Prüfen von Massen, Durchmessern, Bahnradien und Volumina von Sonne, Planeten und Mond sowie anderen physikalischen Größen wurde ein Zusammenhang gefunden, wobei eine physikalische Konstante ins Spiel kam, die bisher gar nicht vermutet worden war. Die Sonne ist vom Volumen etwa 1,3 Millionen

Mal größer als die Erde. Das genaue Verhältnis der Volumina von Sonne und Erde wird in vielen Astronomiebüchern als Zahl angegeben. Aus dem dtv-Atlas zur Astronomie erhalten wir [9]:

$$\frac{V_{Sonne}}{V_{Erde}} = 1301000$$

(Sehr genaue Messdaten zur Großen Pyramide, die wir hier benötigen, wurden bereits 1925 von Borchardt und Cole veröffentlicht [10, 11].) Multiplizieren wir nun den Mittelwert der Kantenlängen $S = 230{,}364$ m mit dem oben angegebenen Verhältnis der Volumina der beiden Himmelskörper, so ergibt sich:

$$230{,}364\,\text{m} \cdot 1301000 = 2{,}9970 \cdot 10^8\,\text{m}$$

Die Lichtgeschwindigkeit beträgt: $c = 2{,}9979 \cdot 10^8$ m/s

Das ist alles. Wer sich ein wenig mit der Physik befasst, wird auch ohne Angabe der Lichtgeschwindigkeit erkennen, dass die berechnete Strecke die Entfernung ist, die das Licht in einer Sekunde zurücklegt. Man nennt diese Strecke auch eine *Lichtsekunde*. Die relative Abweichung beträgt nur 0,03 %. Die Astronomie-Literatur liefert nun nicht immer denselben Wert für obiges Volumenverhältnis, wobei die Abweichungen im Mittel 0,2 % betragen. Dies ändert jedoch grundlegend nichts. Etwas umgestellt, erhalten wir den Zusammenhang:

$$\frac{S_{Cheops}}{1\ \text{Lichtsekunde}} = \frac{V_{Erde}}{V_{Sonne}} \qquad (1)$$

Das Volumenverhältnis Erde zu Sonne ist also gleich dem Verhältnis der Grundkantenlänge S zur Strecke einer Lichtsekunde. Die Gleichung entspricht dem klassischen Dreisatz aus der Mathematik und enthält keinen Anpassungsfaktor. Sie ist also denkbar einfach. Bei den beiden Himmelskörpern handelt es sich nicht um den Saturn oder den Pluto, die nicht besonders naheliegend wären, sondern um die Erde und die Sonne. Beide Himmelskörper ergeben Sinn, da die Sonne unser Zentralstern ist und sich auf der Erde die Pyramiden befinden. Ebenfalls gibt es eine interessante Analogie: Im oberen Teil der Brüche (den Zählern) steht die Erde (V_{Erde}), auf der die Grundkante der Pyramide (S) ruht. Im unteren Teil, den Nennern, steht die Sonne (V_{Sonne}) und das Licht (Lichtsekunde). Es erscheint mir natürlich, die Sonne mit dem Licht in Verbindung zu bringen.

Gibt es nun eine ähnliche Gleichung für die zweite große Pyramide, die Chefren-Pyramide? Die Antwort ist ja. Der Zusammenhang lautet: *Die Volumina der beiden großen Pyramiden stehen im selben Verhältnis zueinander wie die Volumina der Planeten Erde und Venus.* Bei dem folgenden Vergleich der Verhältnisse kann die Venus als ideale Kugel, d. h. ohne Abplattung, angesehen werden, da sie nur sehr langsam rotiert. Wir erhalten für die Pyramiden ($V = 1/3 \cdot S^2 h$, S = Grundkantenlänge und h = Pyramidenhöhe) ein Volumenverhältnis von:

$$\frac{V_{Cheops}}{V_{Chefren}} = \frac{\frac{1}{3} \cdot 230{,}364^2 \cdot 146{,}59\,\text{m}^3}{\frac{1}{3} \cdot 215{,}262^2 \cdot 143{,}70\,\text{m}^3} = \mathbf{1{,}1683}$$

und für die Planeten:

$$\frac{V_{Erde}}{V_{Venus}} = \frac{1{,}0832122 \cdot 10^{12}\,\text{km}^3}{\frac{4\pi}{3} \cdot (6051\,\text{km})^3} = \mathbf{1{,}1672}$$

Die Größen zur Bestimmung der Planetenvolumina stammen aus der Datensammlung von K. R. Lang, was ein Erdvolumen von: $(4/3)\,\pi \cdot (6378{,}140\,\text{km})^2 \cdot 6356{,}775\,\text{km} = 1{,}0832122 \cdot 10^{12}\,\text{km}^3$ ergibt [12]. Die relative Abweichung der Volumenverhältnisse beträgt etwa 0,1 %. Der Zusammenhang lässt sich darstellen als:

$$\frac{V_{Cheops}}{V_{Chefren}} = \frac{V_{Erde}}{V_{Sonne}} \qquad (2)$$

Wie auch in Gleichung 1 sind die Größen, d. h. die Volumina V, eindeutig definiert, und es wird kein Anpassungsfaktor verwendet. Wir haben die Zuordnung: Cheops-Pyramide ↔ Erde und Chefren-Pyramide ↔ Venus vor uns. Die Venus ist nicht irgendeiner der übrigen acht Planeten unseres Sonnensystems, sondern liegt auf der benachbarten Planetenbahn zur Sonne hin. Der nächste Nachbar in entgegengesetzter Richtung ist der Mars, welcher jedoch im Durchschnitt um einiges weiter entfernt seine Bahn zieht als die Venus. Es fehlt uns jetzt nur noch eine Beziehung für die dritte Pyramide. Das Interessante ist, dass die Erde der dritte Planet und die Venus der zweite Planet im Sonnensystem ist. Der erste und innerste Planet ist der Merkur, welcher deutlich kleiner als die beiden anderen Planeten ist. Ist die Mykerinos-Pyramide, welche ebenfalls deutlich kleiner als die anderen beiden Pyramiden ist, dem Merkur zuzuordnen? Dann würden die drei großen Pyramiden in ihrer Reihenfolge genau den ersten drei Planeten unseres Sonnensystems entsprechen.

Ersetzt man nun in der Gleichung 2 die Volumina von Chefren-Pyramide und Venus mit den Volumina von Mykerinos-Pyramide und Merkur, so müsste die Grundkante der dritten Pyramide 89,1 m lang sein. Tatsächlich beträgt die Länge ca. 105,5 m und wäre damit um 18 % zu groß. Es hat einige Zeit gedauert, bis der dritte Zusammenhang gefunden wurde.

Dazu müssen wir uns vorweg die Planetenbahnen etwas genauer ansehen. Die Planeten bewegen sich um die Sonne nicht genau auf Kreis-, sondern auf Ellipsenbahnen, wobei sich der Zentralkörper nicht exakt in der Mitte der Ellipse befindet, sondern in einem der beiden Brennpunkte. Diese Tatsache hat erstmals Johannes Kepler in seinem ersten »Kepler'schen Gesetz« formuliert. Es bedeutet, dass die Planeten sich manchmal näher zur Sonne bewegen und manchmal weiter wegstehen. Den nahesten Punkt der Planetenbahn zum zentralen Himmelskörper nennt man *Perihel* und den entferntesten *Aphel*. Die Entfernung zum Aphel, d. h. die Apheldistanz, wird mit Q bezeichnet.

Der astronomische Zusammenhang, der die Größe der Mykerinos-Pyramide festlegt, lautet wie folgt:

$$\frac{S_{Cheops}}{S_{Mykerinos}} = \frac{Q_{Erde}}{Q_{Merkur}} \qquad (3)$$

Das heißt, die Grundkantenlängen S von Cheops- und Mykerinos-Pyramide stehen im gleichen Verhältnis zueinander wie die Apheldistanzen Q bei Erde und Merkur, und wir erhalten erneut die Zuordnung Cheops-Pyramide zu Erde und diesmal Mykerinos-Pyramide zu Merkur. Der Fehler ist mit ca. 0,2 % etwas größer als bei den anderen beiden Gleichungen. Er ist jedoch dadurch erklärbar, dass die Grundkanten der Mykerinos-Pyramide ursprünglich gar nicht endgültig bearbeitet worden waren, so dass deshalb für die Grundkantenlänge eine gewisse Unsicherheit besteht. Diese Beziehung würde genau in das Bild der anderen beiden Gleichungen passen.

Aber wenn dem so ist – warum wurden ausgerechnet die Aphelentfernungen gewählt und nicht die Volumina wie bei Erde und Venus? Auch wenn die Wahl der Planeten sinnvoll wäre und die Genauigkeit der Gleichung (ohne Anpassungsfaktor) weit über einen Zufall hinausreicht, möchte ich an dieser Stelle nicht behaupten, dass die Aphelentfernungen besonders naheliegend sind. Wenn die drei großen Pyramiden von Giza die drei ersten bzw. inneren Planeten Merkur, Venus und Erde repräsentieren sollen, wäre es nicht naheliegender gewesen, alle drei Volumina der Pyramiden proportional zu den Planetenvolumina abzustimmen? Dann wäre die Zuordnung eindeutig gewesen. Was ist so besonders an der Aphelentfernung?

Bevor dies beantwortet wird, schauen wir uns noch einmal die drei Gleichungen 1 bis 3 an. Allen drei Gleichungen liegt der mathematische Dreisatz zugrunde. In allen drei Gleichungen wird die Cheops-Pyramide der Erde zugeordnet. Des Weiteren haben wir die Zuordnungen: Chefren-Pyramide zur Venus, Mykerinos-Pyramide zum Merkur und Sonne zum Licht. Keine der drei Gleichungen enthält einen willkürlichen Anpassungsfaktor, was es enorm schwierig macht, einen solchen Zusammenhang zwischen beliebigen Größen herzustellen.

Die Frage, ob diese Zusammenhänge überhaupt korrekt sind, stellt sich gar nicht. Die Gleichungen sind mit der angegebenen Toleranz von ca. 0,1 % bis 0,2 % natürlich korrekt. Die Frage, die sich vielmehr ergibt, ist die nach dem Zufall: Handelt es sich bei diesen Zusammenhängen um Zufall oder nicht? Hierzu müsste man die Wahrscheinlichkeiten dafür abschätzen, dass es sich bei den Feststellungen um Zufall handelt oder nicht, was in der Physik z.B. in der Quantenmechanik eine alltägliche Sache ist. Die Darstellung der Überlegungen, die in dem Buch »Pyramiden und Planeten« mit weiteren (hier nicht näher aufgeführten) Besonderheiten ausführlicher dargestellt sind [8, S. 87 bis 92], würde hier jedoch zu weit führen. Das Ergebnis lautet: Die Wahrscheinlichkeit, dass die Zusammenhänge gleichzeitig alle zufällig passen, ist vergleichbar mit der Wahrscheinlichkeit für einen Hauptgewinn im Lotto – also sehr gering.

Das wesentliche Ergebnis, dass wir im Folgenden benötigen werden, ist, dass die drei großen Pyramiden in Giseh in der Reihenfolge Mykerinos-, Chefren- und Cheops-Pyramide, den ersten drei Planeten unseres Sonnensystems zuzuordnen sind, nämlich Merkur, Venus und Erde.

Pyramiden- und Planetenpositionen

Und jetzt ergibt sich die nächste Frage: Ist es aufgrund der Planetenbahnen eigentlich möglich, dass die drei Planeten Merkur, Venus und Erde eine Konstellation einnehmen, die genau der Anordnung der drei Pyramiden in Gizeh entspricht? Dazu sehen wir uns die Anordnung der Planetenbahnen genauer an (Abb. 2). Die Zeichnung zeigt in der Mitte die Sonne und von innen nach außen die Umlaufbahnen von Merkur, Venus und Erde. Die Bahnen von Venus und Erde sind nahezu konzentrische Kreise um die Sonne, d.h., die Sonne befindet sich etwa im Zentrum der Bahnen. (Tatsächlich haben sie schwach Ellipsenform, doch die Abweichung von einem Kreis ist so gering, dass es optisch nicht zu erkennen ist.) Die Merkurbahn ist jedoch relativ stark exzentrisch, so dass die Sonnenposition deutlich von der Mitte der Ellipse abweicht.

Dies hat eine interessante Konsequenz: Der Abstand zwischen den Bahnen von Merkur und Venus variiert. Auf der linken Seite

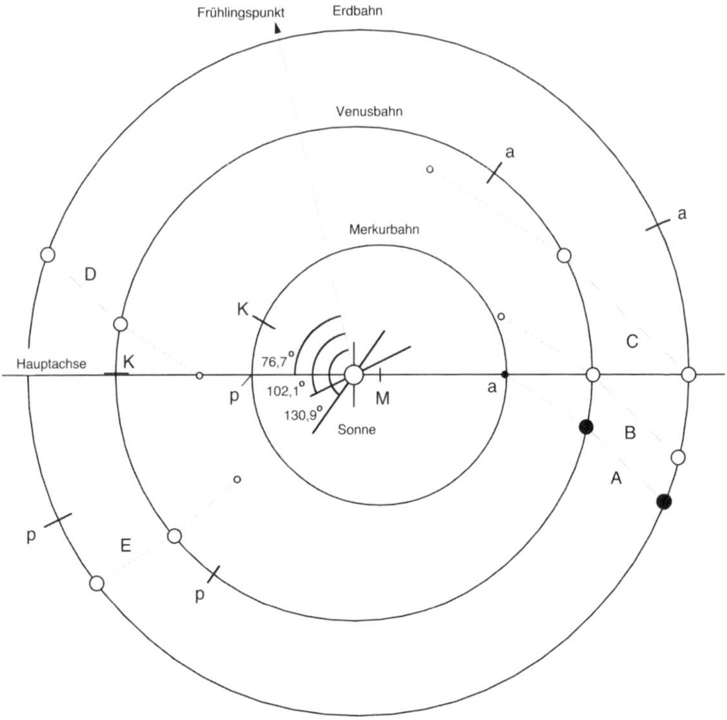

Abb. 2: Maßstäbliche Darstellung der Umlaufbahnen von Merkur, Venus und Erde um die Sonne mit eingetragenen Planetenpositionen gemäß der Pyramidenanordnung. »M« kennzeichnet den Mittelpunkt der Merkurbahn, »p« und »a« bedeuten Perihel und Aphel und »K« aufsteigender Knoten.

des Bildes ist der Abstand relativ groß, während er auf der rechten Seite gering ist. Versucht man, die Anordnung der Pyramiden so auf die Planetenbahnen zu platzieren, dass alle drei Pyramiden auf ihrer entsprechenden Bahn liegen, so stellt man fest, dass dies praktisch nur auf der rechten Seite des Bildes möglich ist. Wenn wir auf der Perihelseite (links) die Planeten Erde und Venus auf ihre Bahnen setzen, so ist erkennbar, dass gemäß der Anordnung der Pyramiden der Merkur seine Bahn nicht erreichen kann. Er wäre zu weit entfernt (Anordnungen D und E). Auf der rechten Seite dagegen, der

Aphelseite, gelingt es, alle drei Planeten gemäß den Pyramidenpositionen auf ihre Bahnen zu setzen. Es folgt, dass der Merkur im Aphel seiner Bahn stehen muss oder ganz in dessen Nähe. In der Anordnung A (Abb. 2) würde sich die Sonne gemäß der Pyramidenanordnung genau südlich der Mykerinos-Pyramide befinden. In der Anordnung B wäre sie südliche der Chefren-Pyramide und in der Anordnung C südlich der Cheops-Pyramide.

Und damit erhalten wir eine interessante Konsequenz. Sollten sich die drei Planeten entsprechend den Pyramidenpositionen auf ihren Bahnen platzieren lassen, so ist die Sonnenposition relativ genau festgelegt. Es bedeutet, dass wir diese Position auf das Pyramidengelände übertragen können und somit eine Sonnenposition auf dem Pyramidenplateau erhalten. Schauen wir uns daraufhin die Abbildung 2 an, so bleibt als einzige Positionierung anscheinend nur die Konstellation A übrig. Das bedeutet, die Sonne würde sich im Pyramidengelände genau südlich der dritten Pyramide befinden. Die genaue Entfernung lässt sich bestimmen und ergibt sich mit etwa 726 m südlich vom Zentrum der Mykerinos-Pyramide. Die Platzierungen A, B und C in der Abbildung entstanden dadurch, dass es sinnvoll erschien, die Position der Sonne im Pyramidengelände irgendwie mit der tatsächlichen Himmelsrichtung Süden zu verbinden. Die Sonne befindet sich in Ägypten ja die meiste Zeit des Tages südlich der Pyramiden.

Wenn wir die Position der drei großen Pyramiden von Giseh mit den ersten drei Planeten des Sonnensystems gemäß den Gleichungen (1) bis (3) in Verbindung bringen, so ergibt sich:

1. Der Merkur muss sich im Aphel oder ganz in dessen Nähe aufhalten.
2. Die Sonnenposition im Pyramidengelände wäre ca. 726 m südlich der Mykerinos-Pyramide.
3. Es gibt nur genau eine Lösung für die Sonnenposition. Würde man andere Planeten zugrunde legen, wie z. B. Merkur, Venus und Jupiter, so würde in den meisten Fällen überhaupt keine Möglichkeit bestehen, die Planeten entsprechend zu platzieren. Würde die

Mykerinos-Pyramide nur 100 m weiter nördlich stehen, so würde ebenfalls für Merkur, Venus und Erde keine Lösung existieren.
4. Der Ort für die Sonnenposition auf dem Pyramidenplateau ist relativ stark eingegrenzt, d. h., es gibt keine große Auswahl für die Positionen.

In der Abbildung 3 ist die Korrelation von Pyramiden und Planeten noch einmal deutlicher gezeigt. Die Abbildungen oben und unten sind jeweils maßstabsgetreu. Nur die Planetendurchmesser wurden um den Faktor 500 vergrößert. Bei der Sonne ist es ungefähr ein Faktor 6.

Welche Distanz springt in den Abbildungen 2 und 3 geradezu ins Auge? Aus meiner Sicht ist es die Strecke Sonne – Merkur. Da die Bahnen von Erde und Venus nahezu Kreise sind, können wir deren Exzentrizitäten vernachlässigen. Durch die vergleichsweise starke Exzentrizität der Merkurbahn liegt die Verbindungslinie Sonne – Merkur auf der Symmetrieachse, der Hauptachse des gemeinsamen Systems der drei Planetenbahnen. Außerdem befindet sich Merkur in der gegebenen Konstellation als einziger Planet an einem markanten Punkt (Aphel). Genau diese Strecke, die unseren Zentralstern mit dem innersten Planeten an einem markanten Punkt verbindet, wurde in der Gleichung (3) zur Festlegung der Größe der Mykerinos-Pyramide verwendet. Angesichts der möglichen Übereinstimmung zwischen Pyramidenanordnung und Planetenkonstellation scheint mir die Wahl der Gleichung (3) eine ausgezeichnete Idee der Baumeister zu sein. Wir erhalten somit eine zusätzliche Bestätigung dafür, dass erstens der Merkur der gesuchte dritte Planet ist (und nicht z. B. der Mars) und zweitens das Aphel des Merkurs eine besondere Bedeutung hat! Es bedeutet, dass die in der dritten Gleichung verwendete Apheldistanz, die zunächst nicht naheliegend erschien, möglicherweise doch sehr sinnvoll gewählt wurde. Wären alle drei Volumina der Pyramiden gemäß den Planetengrößen aufeinander abgestimmt worden, so wäre ersterer Punkt zwar gegeben, der zweite Punkt dagegen nicht.

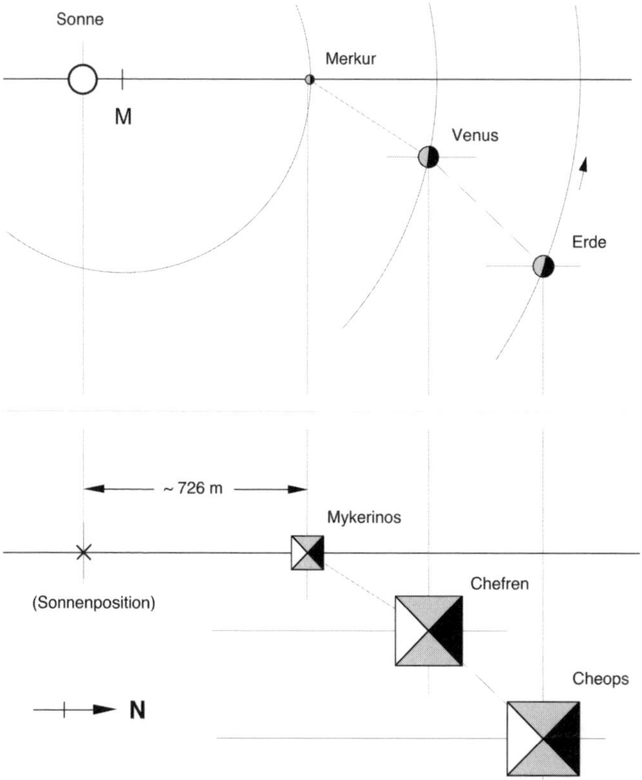

Abb. 3: Korrelation zwischen der Anordnung der drei großen Pyramiden von Giseh (unten) und einer möglichen Konstellation der ersten drei Planeten unseres Sonnensystems (oben)

Ein Zeitpunkt

Es gibt eine weitere Konsequenz: *Die Konstellation definiert einen oder mehrere Zeitpunkte!* Da die Planeten ständig um die Sonne kreisen, und zwar mit unterschiedlichen Umlaufzeiten, ändern sich fortwährend ihre Positionen zueinander. Die Frage ist, ob die durch die Pyramiden gegebene Stellung zu einem bestimmten Zeitpunkt durch eine Konstellation der Planeten Merkur, Venus und Erde tatsächlich wiedergegeben wird beziehungsweise wurde.

Durch ihre gegenseitige Anziehung stören sich die Planeten in ihrer Bewegung gegenseitig, so dass die genauen Parameter der Planetenbahnen (Form der Ellipse, Lage der Bahn im Raum und anderes) sich über längere Zeiträume, wie Tausende von Jahren, merklich ändern. Das macht eine Berechnung enorm schwierig. Ursprünglich hielt ich das Problem für kaum lösbar, doch dann wurde ich auf das Buch »Astronomical Algorithms« von J. Meeus [13] aufmerksam gemacht, worin genau das zu finden war, was zur Berechnung gebraucht wurde. Meeus beschreibt die von P. Bretagnon und G. Francou entwickelte Theorie VSOP87 (›Variations Seculaires des Orbites Planetaires‹, Bureau des Longitudes, Paris, erschienen 1987) [14, 15], mit der sich die Planetenbewegung unter Berücksichtigung sämtlicher Störungen genau berechnen lässt.

Auf der anderen Seite müssen auch die Positionen der Pyramiden bekannt sein. Die exakteste Vermessung der Pyramidenpositionen stammt von Sir William Flinders Petrie [16], so dass sowohl die Planetenpositionen für verschiedene Zeitpunkte als auch die der Pyramiden bekannt sind. Die Apheldurchgangszeiten des Merkurs können übrigens sehr genau berechnet werden. Dadurch lässt sich der Zeitpunkt der Konstellation über Jahrtausende auf die Minute genau angeben.

Die Charakteristik der Planetenbewegung der drei Planeten bewirkt, dass sich über einen Zeitraum von ca. 3800 Jahren und 2 Monaten jede Anordnung von Merkur, Venus und Erde in etwa wiederholt. Es gibt jedoch im Wesentlichen nur einen Zeitpunkt, bei dem die Planetenpositionen innerhalb der entsprechenden Toleranzen und beim gegebenen Ansatz relativ genau passen. Mit der Annahme, dass der Merkur im entferntesten Punkt von der Sonne steht (Aphel), ist dies der Zeitpunkt: 19. April 228 n. Chr. um etwa 5:40 Uhr Greenwich-Zeit. Die Genauigkeit beträgt etwa 1,4 %.

Es gibt nun in Verbindung mit diesem genannten Datum einen zweiten signifikanten Zeitpunkt. Die vier Himmelskörper Sonne, Merkur, Venus und Erde befanden sich nämlich kurz vor der gege-

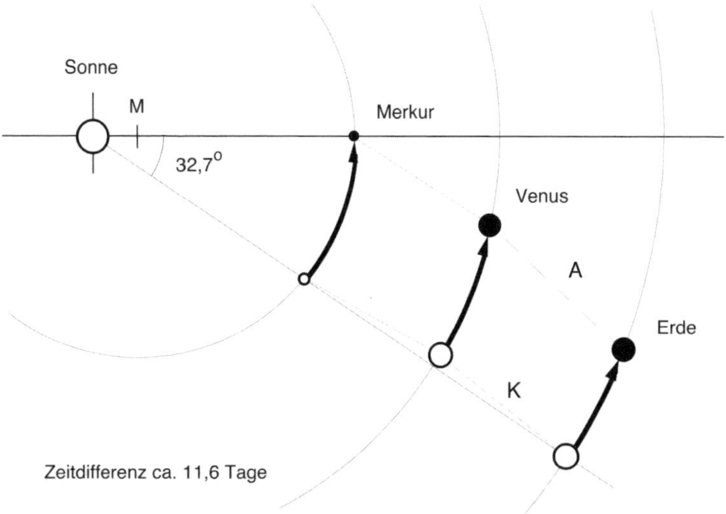

Abb. 4: Eine Besonderheit der Planetenkonstellation A ist, dass sich die vier Himmelskörper etwa 11,6 Tage vorher annähernd auf einer Linie befanden (K). Von der Erde aus gesehen bedeutet dies eine Dreierkonjunktion von Sonne, Merkur und Venus.

benen Stellung annähernd in einer Reihe. Von der Erde aus sah man also Sonne, Merkur und Venus in einer Konjunktion. Konjunktion bedeutet zum einen, dass Himmelskörper am Himmel sehr nahe zusammenstehen bzw. sich decken, wie es näherungsweise bei Sonne, Merkur und Venus in der Konstellation K der Fall ist. Andererseits bedeutet es auch, dass zwei oder mehr Himmelskörper dieselbe ekliptikale Länge besitzen, was in diesem Fall für Merkur, Venus (angenähert) und Erde gilt. »Ekliptikale Länge« ist eine astronomische Winkelangabe und bezieht sich auf die Position eines Himmelskörpers im Sonnensystem. Der Zeitpunkt, an dem diese Konjunktion von Sonne, Merkur und Venus stattfand (Konstellation K), lag ca. 11,6 Tage vor dem Moment der Stellung A, die durch die Pyramidenanordnung bestimmt wird. Die Verhältnisse sind in Abbildung 4 mit etwa maßstabsgetreuen Abständen reproduziert.

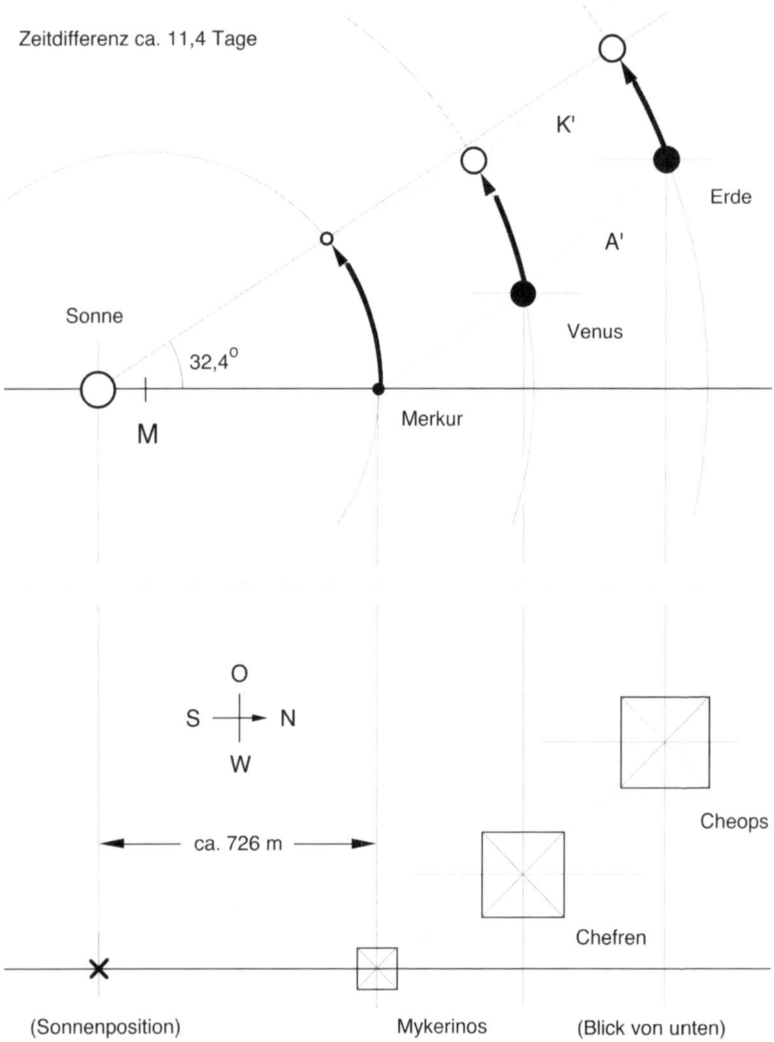

Abb. 5: Anordnung von Planeten und Pyramiden mit Gleichsetzen der Pyramidenpositionen »von unten gesehen« und der Planetenpositionen. Wir sehen quasi auf die »Unterseiten« der Pyramiden, was sich auch in der Angabe der gespiegelten Himmelsrichtungen bemerkbar macht.

Spiegelung der Planetenbahnen

Beim bisherigen Ansatz zur Berechnung des Zeitpunktes wurde gewissermaßen von oben auf die Planetenbahnen geschaut, das heißt vom ekliptikalen Nordpol. Das wäre die Seite des Sonnensystems, wohin auch der geographische Nordpol zeigt (auch wenn die Erdachse geneigt ist). Das erscheint sinnvoll, da sich die Pyramiden von Giseh ja ebenfalls auf der nördlichen Erdhalbkugel befinden. Sie sind also hauptsächlich vom ekliptikalen Nordpol aus zu sehen. Doch dies ist nur einer der möglichen Ansätze. Genauso gut können wir auch von der »Unterseite« des Sonnensystems, vom ekliptikalen Südpol, schauen. Damit erhalten wir ein ganz anderes Datum. Die Situation wird in der Abbildung 5 wiedergegeben. Der Zeitpunkt ist diesmal der 24. September 7588 n. Chr. um etwa 13 : 28 Uhr Greenwich-Zeit.

Sonnenposition frei in drei Raumdimensionen

Bei den beiden bisherigen Konstellationen haben die Pyramiden- und Planetenpositionen eine Abweichung von jeweils 1,4 %. Das ist zunächst einmal nicht sehr viel, auf der anderen Seite ist es aber auch nicht wenig, wenn man bedenkt, dass die Verkleidungsblöcke der Cheops-Pyramide und die sogenannten Pflastersteine, auf denen die Pyramide steht, auf Bruchteile von Millimetern genau passen. Gibt es also noch andere Ansätze?

Die Planeten des Sonnensystems bewegen sich zwar ungefähr in einer Ebene, doch befinden sie sich oft über oder unter dieser Hauptebene. Die Höhendifferenzen wurden bisher nicht beachtet. Auf der anderen Seite wurden auch die geringfügig unterschiedlichen Höhenlagen der Pyramiden vernachlässigt. Mathematisch ausgedrückt, haben wir bei den Pyramiden und den Planeten bisher nur die senkrechte Projektion der Positionen auf die jeweilige Hauptebene berücksichtigt.

Ein etwas anderer Ansatz wäre also, die Positionen im dreidimensionalen Raum zu berücksichtigen. Bei den Planeten ist die Sache eindeutig. Als genaue Positionen verwendet man die Mit-

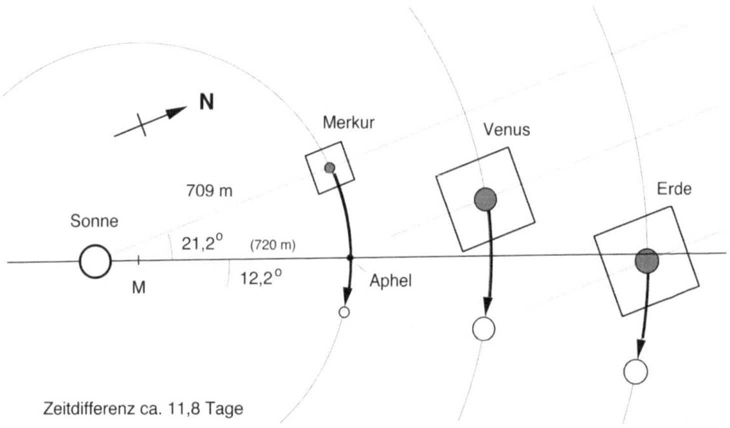

Abb. 6: Anordnung von Planeten und Pyramiden mit Merkurposition außerhalb des Aphels und Blickrichtung senkrecht auf die Erdoberfläche

telpunkte der Planeten zum gegebenen Zeitpunkt. Bei den Pyramiden ist das etwas anders. Wenn die Höhenlage auch berücksichtigt werden soll, welche Höhenlage sollten wir angeben? Zunächst ist die Höhe der Pyramidengrundfläche sicher naheliegend. Zusätzlich könnte man jedoch auch den geometrischen Schwerpunkt der Pyramide verwenden oder auch die Spitze, denn immerhin ist die Pyramidenspitze ja ein signifikanter Punkt. Um jetzt auch noch alle nur möglichen Fälle zu erfassen, habe ich auch noch den Zeitpunkt freigegeben. Das bedeutet, dass sich der Merkur nicht mehr genau im Aphel befinden muss, sondern auch in dessen Nähe.

Es ergaben sich im Wesentlichen zwei neue Zeitpunkte: Das ist erstens der 1. November 11468 n. Chr., 4:02 Uhr (Abb. 6) und zweitens der 12. März 2876 v. Chr., 3:36 Uhr Greenwich-Zeit. Beim ersten Zeitpunkt wurden als Höhenlagen der Pyramiden die Schwerpunkte verwendet, wobei sich zeigen lässt, dass der Schwerpunkt einer Pyramide in einem Viertel der Pyramidenhöhe liegt. Die Genauigkeit, oder besser gesagt die Abweichung, beträgt jetzt 0,06 %. Beim zweiten Zeitpunkt wurden die Spitzen der Pyramiden

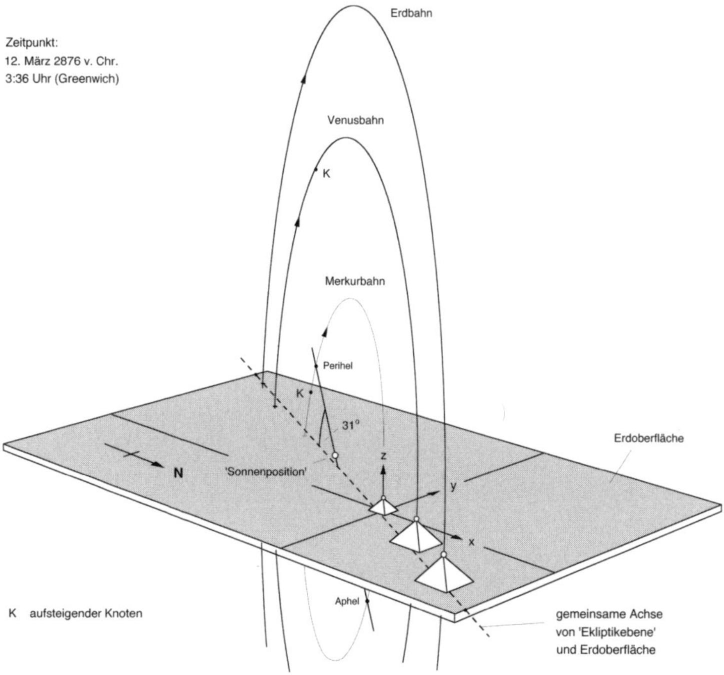

Abb. 7: Skizze der Bahnverhältnisse der genauesten Konstellation. Die Pyramidenspitzen und die transformierten Planetenpositionen decken sich mit einer relativen Genauigkeit von 0,008 %.

als Höhenlagen zugrunde gelegt, wobei die Abweichung hierbei sogar nur noch 0,008 % beträgt. Diese Konstellation hat noch zwei weitere Eigenschaften: Da wir in diesem Fall die Höhenlagen berücksichtigen, liegen die Hauptebene der Planeten und die waagerechte Ebene der Erdoberfläche nicht mehr aufeinander. Genauer gesagt, sind sie um 89,6° gegeneinander geneigt. Das heißt, die transformierten Planetenbahnen stehen praktisch senkrecht auf der Erdoberfläche, und die Pyramiden würden gewissermaßen wie breite Pfeilspitzen genau in Richtung der Planetenbahnen zeigen (Abb. 7). Die Bewegung der Planeten wäre allerdings zur Richtung der »Pfeilspitzen« entgegengesetzt.

Zusammenfassung

Bei der Untersuchung der Pyramidengrößen wurden drei Gleichungen entdeckt, die die Größe der Pyramiden von Giseh eindeutig festlegen. Das Besondere ist, dass erstens die verwendeten Größen naheliegend sind und dass zweitens in keiner der Gleichungen ein willkürlicher Anpassungsfaktor verwendet wurde. Das macht es enorm schwierig, wenn nicht unmöglich, einen solchen Zusammenhang zwischen zwei willkürlich gewählten Größen zu finden.

Aus den Gleichungen folgt, dass die drei Pyramiden von Giseh in der Reihenfolge Mykerinos, Chefren und Cheops den inneren drei Planeten des Sonnensystems Merkur, Venus und Erde zuzuordnen sind. Des Weiteren gibt es in der ersten Gleichung die Analogie »Sonne und Licht« (Lichtgeschwindigkeit). Ein Problem ist jetzt allerdings, dass man sich wohl kaum vorstellen kann, dass die alten Ägypter schon die Parameter der Planetenbahnen und sogar die Lichtgeschwindigkeit kannten. Es könnte bedeuten, dass es nicht die alten Ägypter waren, die die Pyramiden bauen ließen. Ich möchte hier nicht spekulieren, doch eines kann man folgern: Die Baumeister waren möglicherweise im Besitz von physikalischem und astronomischem Wissen, das nicht mehr in das bisherige Bild des alten Ägypten passt.

Die Pyramiden – Wahrzeichen einer kosmischen Katastrophe

Ägypten ist alles, ohne Ägypten ist alles nichts

... sagt eine alte Weisheit, der man eigentlich nur zustimmen kann. Dass das frühgeschichtliche Ägypten auf seine Nachbarn und darüber hinaus auf viele Völker des angrenzenden Mittelmeerraums eine außergewöhnliche Anziehungskraft ausübte, verdeutlicht nur die Vorrangstellung, die das Land der Pharaonen einst besaß. Kein anderes Land hält eine solche Vielzahl an Rätseln aus seiner Vergangenheit bereit, und kein anderes Land bietet ein derart breites Spektrum an historischen Hinterlassenschaften. Der im 2. Jahrhundert lebende Römer Lucius Apuleius ahnte wohl schon, wie die Nachwelt diesen reichen Fundus deuten würde, als er bekümmert formulierte: O Ägypten, Ägypten, von deinem Wissen werden nur Fabeln übrig bleiben...! Neben der geistigen Hinterlassenschaft offenbart das Land am Nil noch eine andere, sehr publikumswirksame Seite seiner Vergangenheit: Es sind die zahllosen steinernen Monumente, die zum Teil auch heute noch die Fachwelt vor ungelöste Rätsel stellen und deren Faszination nochmals von den alles überragenden Pyramiden übertroffen wird. Über kein anderes Bauwerk auf der Erde sind so viele Bücher und Berichte publiziert worden, und kein anderes Bauwerk polarisiert die Meinungen über seine Entstehung und seinen Sinn unter Fachleuten ebenso wie unter Laien.

Weil ich nun einmal zu der letzten Gruppierung zähle, dient mein Besuch bei den Pyramiden keinesfalls der Wahrheitsfindung über diese Monumentalbauten. Dessen ungeachtet üben sie eine magische Anziehungskraft aus, vor allem, wenn man der Überzeugung ist, dass diese Bauwerke nicht nur ein Weltwunder sind, sondern schlechthin die größte »Weltveränderung« in der Mensch-

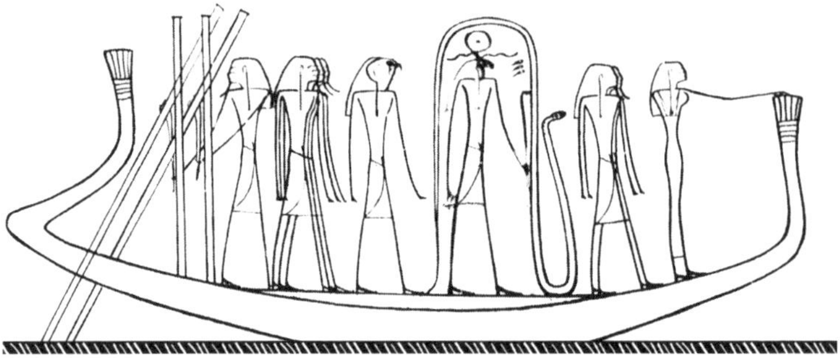

Die surrealistisch anmutende Grabgestaltung Tutmosis III.

heitsgeschichte symbolisieren. Und wenn der Mensch ein Kulturwesen ist, dann ist es für mich der kulturelle Höhepunkt, mit den musikalischen Klängen aus »Delicate Sound of Thunder« von Pink Floyd im Kopfhörer in der Cheops-Pyramide oder abends im Karnak-Tempel zu verweilen – auch wenn ich dabei schon mal in Konflikt mit meinen christlichen Brüdern gerate, wenn sie betend vor dem millionenjährigen Tempel von Tutmosis III. knien. Dieser ließ den Tempel mit der Vorgabe errichten, dass er eine Million Jahre überdauern müsse. Tutmosis III., für viele einer der herausragendsten und talentiertesten Staatsmänner der bekannten Weltgeschichte, bescherte Ägypten unter seiner Ägide eine nie wieder erreichte Machtfülle und führte das Land zur absoluten Weltmacht, die auch unter den Rammessiden nie mehr erreicht wurde.

Eine völlig andere, faszinierend Seite offenbart sich an diesem wegen seiner strategischen Fähigkeiten gerühmten Pharao: Es sind seine Visionen, die seiner Zeit weit voraus waren, wie sich unter anderem an seiner Grabgestaltung ersehen lässt, die nicht wie üblich nur natureller Gestalt war, sondern von einer surrealistischen Abstraktheit geprägt ist, so dass der Eindruck entsteht, Salvador Dalí wäre höchstpersönlich an diesem Werk beteiligt gewesen. Um nicht der Versuchung zu erliegen, von einer Dynastie zur nächsten zu schweifen, kommen wir zurück zu den Pyramiden:

Bei meinem letzten Besuch der drei Pyramiden von Giseh war es wieder einmal ein überwältigender Anblick, als während der Fahrt vom Kairoer Flughafen nach Giseh aus einer noch beträchtlichen Entfernung plötzlich die kolossalen Monumentalbauten sichtbar wurden. Zur stimmungsvollen Untermalung versank die glühende Sonne langsam im westlichen Abenddunst. Um diesen phantastischen Anblick noch länger genießen zu können, hätte man eigentlich gewünscht, dass der Taxifahrer sich mit den Worten »arabijiti itattálit« (ich habe eine Panne) meldete, was ja bei dem 30-jährigen klapprigen Taxi auch nicht auszuschließen war. Aber der Fahrer drückte unbeirrt auf die Tube. Es war Ramadan – schnell den Gast im Hotel in Giseh abliefern, um dann endlich den langersehnten Happy Snack vertilgen zu können.

Als am nächsten Morgen die Cheops-Pyramide zur Besichtigung anstand, wirkte sie zwar immer noch gewaltig, aber nicht mehr so, wie man es zuvor aus der größeren Entfernung erwartet hätte. Dies liegt wohl an den wegfallenden Seitenflächen. Es entsteht der Eindruck, als ob man das Bauwerk durch ein Weitwinkelobjektiv betrachtet. Trotzdem, keinen Deut geringer als die Monumentalität der Bauwerke erscheinen die Probleme, die bei der Erklärung oder auch Deutung ihrer Entstehung auftauchen. Rennt man bei den Religionen gegen eine 2000-jährige dogmatisierte – man gestatte den Ausdruck – »Irrlehre« an, reduziert sich dieselbe bei der Pyramidenproblematik zeitlich gesehen zwar nur auf ein Zehntel der Zeitspanne; dennoch verhindern die überwiegend aus dem 19. Jahrhundert stammenden ersten wissenschaftlichen Begründungen den freien Blick auf eine längst überfällige andere Definition über den Sinn des gesamten Pyramidenkomplexes. Dass die Pyramiden kein Denkmal zur Verherrlichung eines ruhmbesessenen Pharaos waren, darüber herrscht heute – Osiris sei Dank – unter vielen Ingenieuren, Mathematikern, Baufachleuten, Geologen usw. kaum noch ein Zweifel!

Meine interessantesten Ägypten-Besuche standen leider immer in Zusammenhang mit negativen Ereignissen in diesem Land. So war es auch im Jahre 1994, kurz nach dem Massaker vor dem Hat-

Wie lange werden die Giseh-Pyramiden wohl noch als Grabanlagen gepriesen?

schepsut-Tempel. Es herrschte gegenüber früheren Besuchen absolute Ruhe und es bestand die Möglichkeit, ohne die sonst üblichen Touristenströme in aller Ruhe, mit dem Fahrrad alles Sehenswerte in Luxor und Umgebung zu erkunden. Es wäre noch angenehmer gewesen, wenn einen nicht ständig Taxifahrer bis ins Tal der Könige bedrängt hätten, bei ihnen einzusteigen. Aber man hat ja für ihre Situation Verständnis. Nicht ganz so drastisch war die Situation wegen des drohenden Irak-Konfliktes im November 2002. Dennoch waren nur wenige Touristen in Giseh, und man hatte bei den Pyramiden sozusagen »freie Bahn«. Jeden Tag ein Schwätzchen mit den Wärtern am Pyramideneingang – man kannte sich ja inzwischen. Aber der Wunsch, eine Nacht in der Königskammer zu verbringen, ließ sich weder durch Geld noch durch gute Worte realisieren. Napoleon verweilte wie einst auch Alexander der Große alleine in der Königskammer. Dort muss Petit-Bonaparte Seltsames erlebt haben. Ungehalten reagierte er, wenn er darauf angesprochen wurde. Kurz vor seinem Tode war er im Begriff, einem Vertrauten sein Geheimnis anzuvertrauen, aber im letzten Augenblick sagte er, dass ihm sowieso niemand glauben würde.

Also, hinauf in die Königskammer, hinein in den Sarkophag. Fast zwei Stunden allein in der berühmtesten Kammer der Erde –

jede Minute war ihr Eintrittsgeld wert. Aber nichts Außergewöhnliches passierte, kein Geist, kein Außerirdischer, kein vorsintflutlicher Urahn. Verdammt noch mal, was hatte Napoleon, was ich nicht hatte!? Aber ganz ehrlich, etwas Außergewöhnliches war auch nicht zu erwarten. Da ich in keinerlei Beziehung zu Esoterik, PSI oder sonstigem übersinnlichem Zeug stehe, bin ich wohl auch kein geeignetes Medium für solche Versuche. Es blieb auch keine Zeit mehr, sich weitere Gedanken zu machen, denn ich wurde von den Wärtern höflich grinsend aus der Cheops-Pyramide hinauskomplimentiert.

Da stand ich nun wieder außen vor mit der Erkenntnis, welche Kapazitäten doch Leute wie Caviglia, Howard Vyse, John Taylor, Smyth, Sir William Petrie, David Davidson, J. H. Cole oder Ludwig Borchardt waren, die trotz der vielen Zerstörungen an den Pyramiden diese dennoch mathematisch exakt erforschten und dabei auch auf so manche Ungereimtheiten stießen. Zwanzig weitere Pyramidenbesuche meinerseits würden nicht das Geringste zu deren Erforschung beitragen, darum wird es auch kein Foto geben, auf dem ich mit einem Zollstock einen Steinblock nachmesse, um eine Authentizität als Experte zu dokumentieren. Vielmehr sollen Denkanstöße zu einigen der hier präsentierten Merkwürdigkeiten Mathematiker und Astronomen animieren, neue Recherchen anzustellen. So gut wie alle meine Versuche, mit Hilfe eines Taschenrechners irgendwelche Maße der Pyramiden in Einklang mit den Planetenveränderungen zu bringen, sind letztendlich kläglich gescheitert. Nichtsdestoweniger vermute ich immer noch, dass die Höhendifferenz der Chefren-Pyramidenspitze gegenüber der Cheopsspitze irgendwie mit dem geringsten Abstand der Venus zur Erde in Verbindung steht. Die Chefren-Pyramide ist zwar 3 Meter niedriger als die Cheops-Pyramide, aber ihre Höhenlage liegt um 10,1 Meter darüber. Irgendeinen Sinn wird diese Position wohl haben, ebenso wie die bewussten, wenn auch geringen Böschungswinkelunterschiede von 51° 50' an der Cheops-Pyramide gegenüber 53° 10' an der Chefren-Pyramide, wodurch diese etwas spitzer zuläuft. Deshalb erhebt sich die Frage: Könnte bei einem angenommenen Böschungswinkel der Chefren-Pyramide von ebenfalls von 51° 50' der daraus resultierende Volumenzuwachs der Pyramide die Venus noch mit ihrer Planetenkruste darstellen? Wenn dem so wäre, hätte die äußerste Venuskruste eine Dicke von etwa 40 oder 50 Kilometern gehabt.

Falls die Cheops-Pyramide wirklich die Erde symbolisiert, kann eigentlich nur ihre Höhe auf die frühere Distanz zur Sonne hindeuten. Es wird des Öfteren vermerkt, dass die Höhe der Cheops-Pyramide der milliardste Teil des Abstandes zur Sonne ist. Das ist aber nicht korrekt, denn die ursprüngliche Pyramidenhöhe betrug 146,59 Meter. Der mittlere Sonnenabstand beträgt aber etwa 149,6 Mill. Kilometer. Der mittlere Abstand ist keine kosmische Konstante. Diese ist eher im Perihel zu suchen. Die Exzentrik der Erde auf ihrer Umlaufbahn beträgt 1,7 %. Also zieht man 1,7 % von 149,6 Mill. Kilometer ab und erhält einen erdnächsten Abstand von etwa 147,06 Mill. Kilometern. Jetzt fehlen aber über 400.000 Kilometer zum früheren Perihel von 146,59 Mill. Kilometern. Damit taucht die Frage auf, ob diese Differenz den Unterschied zwischen dem derzeitigen und dem früheren Erdabstand dokumentiert? Eines meiner nicht hundertprozentig geglückten Rechenbeispiele möchte ich dennoch präsentieren, das einen eventuellen Bezug zwischen Höhe der Cheops-Pyramide und dem früheren 360-Tage-Jahr vermutet:

	Heutiger Sonnenabstand:	Früherer Sonnenabstand:
Im Perihel:	147,06 Mill. km	146,59 Mill. km
x 2 = Durchmesser:	294,11 Mill. km	293,18 Mill. km
x Pi = Umlaufbahn:	925,24 Mill. km	921,05 Mill. km
Dividiert durch	365,25 Tage:	360 Tage:
	= 2,533 Mill. km/Tag	= 2,558 Mill. km/Tag

Bei dieser Gleichung fehlen ca. 25.000 km/Tag, was eine Differenz von etwa einem Prozent bedeutet. Ohne dieses eine Prozent schönreden zu wollen, können dennoch einige Faktoren, wie zum Beispiel eine minimal geringere Bahngeschwindigkeit der Erde in ihrem neuen Orbit oder auch eine um einige Zentimeter andere Pyramidenhöhe für diese geringe Differenz verantwortlich sein. Sicherlich wird das frühere Jahr nicht auf die Stunde genau 360 Tage betragen haben, so dass auch hier eine minimale Verschiebung möglich wäre.

Ein anderes Beispiel ist die Präzession. Aufgrund des von Taylor entdeckten Pyramidenzolls ließ sich der Präzessionszyklus von 25.826 Jahren errechnen. Die zwei Diagonalen der Pyramidenbasis in Zoll ausgedrückt ergeben diese Zahl. Die Präzession ist nach Davidson beim Bau der Cheops-Pyramide berücksichtigt worden. Newton erklärt die Präzession folgendermaßen: Die verlängerte Erdachse bildet durch die Taumelbewegung der Erde nochmals einen Kreis um den Pol. Bis eine volle Umdrehung beendet ist, vergehen 25.826 Jahre – dieser Zeitraum wird auch als Platonisches Jahr bezeichnet. Die Ägyptologen lehnten dieses Phänomen strikt ab mit der Begründung, das hätten die Ägypter nicht wissen können. Doch wenn dem so ist, warum wurde die Präzession in der Pyramide berücksichtigt? Eigentlich gibt es dafür nur eine Schlussfolgerung: Dieses Phänomen war neu, denn die Taumelbewegung der Erde wurde erst durch die Annäherung der Venus an die Erde verstärkt hervorgerufen. Das hätte ein Grund sein können, diesen Effekt in der Pyramide zu verewigen. Jetzt wäre wieder ein Mathematik-Genie gefragt, das die Präzession bis zu ihrem Anfang zurückverfolgen kann. Jeder kennt ja den Ablauf eines Kinderkreisels, der kurz vor Schluss scheinbar noch einmal beschleunigt. Fakt ist, dass die Taumelbewegung der Erde sich gegenwärtig ebenfalls beschleunigt. Das wiederum könnte zur Folge haben, dass in einigen Jahrtausenden das Platonische Jahr nicht einmal seinen ersten Geburtstag erlebte.

Was Taylor weiter herausfand: Wenn der Umfang des Grundquadrates der Pyramide durch die doppelte Höhe geteilt wird, erhält man den Quotienten 3,144 (Pi = 3,142). Andere Berechnungen, die den Böschungswinkel der Pyramide heranziehen, stimmen mit der Pi-Zahl bis auf sechs Stellen hinter dem Komma überein. Demnach waren die Ägypter anscheinend in der Lage, den Kreis genauestens zu berechnen, obwohl man ihnen diese Fähigkeit erst 800 Jahre später im 17. Jahrhundert v. Chr. zubilligte.

Wann, wie und von wem wurden die Pyramiden erbaut?

Natürlich will man sich bei den Pyramiden bestimmte Details ansehen, wie zum Beispiel die von den beiden »Hollywood-Stars« Zahi Hawass (der bekannteste ägyptische Ägyptologe, Erkennungszeichen Cowboyhut), und Marc Lehner (Ägyptologe aus Chicago) als Sensation gepriesene Entdeckung der Schlafsäle und Verköstigungsstationen für die Pyramidenarbeiter direkt an den Pyramiden. Doch welch eine Enttäuschung. Hier soll die Unterkunft für Abertausende von Arbeitern gewesen sein? Besuchen Sie einmal ein touristisches Highlight irgendwo auf der Welt. Sie werden in der Peripherie dieses Objektes genau das vorfinden, was wohl auch bei den Pyramiden für die Touristen im Altertum aktuell war: Kebab-Buden und Fladenbrot-Stationen. Sicherlich wird auch der Grieche Herodot, der »Vater der Geschichte«, hier seinen Hunger gestillt haben, als er die Pyramiden 440 Jahre vor der Zeitrechnung besuchte und

Wenn die Pyramiden tatsächlich nach der allgemeinen Lehrmeinung erbaut wurden, müsste eine Unmenge von Material und Geräten direkt an der größten Baustelle der Erde gelagert worden sein. Da war kein Platz mehr für Tausende von Schlafzimmern.

Nicht mehr als diese 5 cm hohe Statue existiert von Cheops, dem angeblich größten Bauherren aller Zeiten.

danach in seinem Buch der Historien die ihm übermittelte Geschichte über die Pyramiden niederschrieb, die heute noch als Grundlage für den gesamten Pyramiden-Unsinn herhalten muss. Andere Aussagen von ihm, zum Beispiel, dass vor über 11.000 Jahren die Götter in Ägypten lebten, nahm man eher süß-sauer lächelnd zur Kenntnis.

Seltsamerweise schweigen sich die von den Experten auserkorenen Erbauer, die alten Ägypter, zu diesem Thema völlig aus. Vielleicht hatten sie zur damaligen Zeit so viel Charakter, dass es ihnen unangenehm gewesen wäre, sich mit fremden Federn zu schmücken. Vom posthum zum Erbauer des größten Bauwerks der Geschichte erklärten Pharao Cheops existiert lediglich eine 5 cm hohe Statue im Museum zu Kairo. Aber stopp, es gibt doch einen Hinweis auf Cheops. Auf einer Kalksteinstele, die Auguste Mariette Mitte des 19. Jahrhunderts im Allerheiligsten des Isis-Tempels bei der Pyramide der Henutsen ausgrub, wird berichtet, das Cheops zu Ehren der Göttin Isis, der Wächterin der Pyramiden, einen Tempel errichten oder restaurieren ließ. Somit tauchte zur damaligen Zeit die Frage auf, ob Cheops die Große Pyramide tatsächlich gebaut hatte, denn die Stele war ein eindeutiger Hinweis darauf, dass die Große Pyramide in Giseh zu Lebzeiten des Pharaos bereits stand. Einige der Ägyptologen erklärten diese Inschrift ganz einfach zur Fälschung – nicht, weil sie Belege für eine Fälschung vorlegen können, sondern weil sie nicht in ihr mühsam errichtetes Schema der ägyptischen Historie passt.

Fälschungen sind in der Ägyptologie ein Kapitel für sich. So behaupten einige, der britische Oberst Howard Vyse wollte, nachdem er jahrelang bei und in den Pyramiden herumgestochert hatte, vor seiner Abreise doch noch den »großen Coup landen« und berühmt werden. In einer über der Königskammer gelegenen Kammer »entdeckte« er nach einer Sprengung eine Kartusche mit dem Namen Ch-u-f-u = Cheops neben anderen Kritzeleien über Arbeitsgruppen. Weltweiter großer Jubel unter den etablierten Ägyptologen: Endlich der Beweis für Cheops als Erbauer. Es gab aber auch Stimmen, die der Ansicht waren, dass die Kartusche in einer Hieroglyphen-Schrift hingepinselt worden war, die zu Zeiten des Pharaos Cheops noch gar nicht existierte. Überaus merkwürdig außerdem, dass ausgerechnet erst nach einer Sprengung der Name Cheops auftauchte, während im gesamten Pyramideninneren keinerlei Schriftzeichen oder Malereien zu finden sind. Ob aber damals getrickst wurde, bleibt offen, denn unter notarieller Aufsicht wurde die Kammer jedenfalls nicht geöffnet. Wenn man aber sieht, mit welchen Mitteln ein Rudolf Gantenbrink, dem mit seinem UPUAUT-Projekt die letzte große Entdeckung in der Pyramide gelang, durch das achso angesehene Deutsche Archäologische Institut in Kairo durch bewusste Falschmeldungen und Intrigen diskreditiert wurde, dann kann man den Glauben an eine seriöse Ägyptologie schnell verlieren.

Meine Theorie zu Cheops ist, dass er ein ganz cleveres Bürschchen war: Während seine Vorgänger und Nachfolger sich damit abmühten, um den Pyramidenkomplex herum die Wüste mit neuen, wenn auch kleineren Pyramiden zu pflastern, dachte er vielleicht: Nimm doch einfach die große, die schon lange unbenutzt dasteht. Möglich, dass er als Erster nach Jahrtausenden durch den vorhandenen Original-Eingang in die Pyramide gelangte. Der Aufgang zur Großen Galerie war ja durch die Verschlusssteine blockiert. Darum ließ er von seinen Leuten aus dem Absteigenden Gang den Brunnen- oder auch Grabräuberschacht anlegen. Durch ihn gelangte man wieder in den Aufsteigenden Gang und die Große Galerie mit der abschließenden Königskammer. Nicht auszuschließen, das Cheops, der Okkupant, danach gefeiert wurde und man ihm die Pyramide zusprach. Um aber nicht ganz als Faulpelz dazustehen, ließ er vor den Pyramiden den Tempel der Isis, der Wächterin der Pyramiden, nach eigenen Aussagen instand setzen und restaurieren. Und zu seinem Sohn und Nachfolger Chefren wird er wohl gesagt haben: »Junge, sei nicht dumm, nimm du die nächste Pyramide!«

Ob Howard Vyse ein Fälscher war, mag dahingestellt sein – unbestritten hat er bei der anfänglichen Erforschung der Pyramiden viele Verdienste erworben, und er bemerkte als Erster, **dass die Terrassenplatten und die Verkleidungsblöcke sowie die Kunstfertigkeit der Königskammer in ihrer Herstellung in der Welt absolut unerreicht sind.** Howard Carter, der 1922 das Grab Tutanchamuns öffnete und Weltberühmtheit erlangte, wird von einigen unterstellt, sich bei dieser Gelegenheit die Taschen mit Grabbeigaben nur so vollgestopft zu haben. Nicht kriminell, dafür umso skurriler der deutsche Ägyptologe Richard Lepsius, dem das Verdienst zukommt, die von dem Franzosen Jean Champollion dechiffrierte Hieroglyphenschrift durch eine andere Methodik besser verstehen zu können. Skurril deshalb, weil er die Theorie entwickelte, die Größe der Pyramiden entspräche den Regierungszeiten der Pharaonen. Pepi II. soll 94 Jahre regiert haben, demnach müsste seine Pyramide heute noch eines der höchsten Bauwerke der Erde sein. Andererseits hegte Lepsius als einer der wenigen Zweifel an Howard Vyses »Cheops-Entdeckung«.

In einem Geleitwort zu dem Buch über die ägyptischen Pyramiden von I. E. S. Edwards, dem ehemaligen Direktor der ägyptischen Abteilung des Britischen Museums, steht wörtlich: **Edwards beschränkt sich nach guter wissenschaftlicher Tradition auf die Angabe von Tatsachen.** Aber welche Tatsachen existieren in Bezug auf die Pyramiden? Genaugenommen gibt es nur eine einzige: Die Pyramiden stehen in Giseh. Und weil dem so ist, entstehen bereits die ersten Fehleinschätzungen, die sich darauf gründen: Was in Ägypten steht, ist auch von den Ägyptern erbaut worden. Dabei übersieht man geflissentlich, dass sich der Assuan-Staudamm auch in Ägypten befindet, aber die Russen für die Erstellung verantwortlich zeichneten. Die Beantwortung der Fragen, wer die Pyramiden von Giseh gebaut hat und warum und zu welchem Zeitpunkt sie erbaut wurden, sind trotz hunderttausendfacher Berichte der Experten aller Sparten im Endeffekt nichts als reine Spekulationen! Überzeugende Beweise konnten bisher nicht ein einziges Mal vorgelegt werden. Obschon weiterhin gebetsmühlenartig als oberste Bauherren die Pharaonen Cheops, Chefren und Mykerinos genannt werden, existiert für diese Behauptungen doch kein einziger authentischer Beleg.

Von Seiten der Archäologen ist so gut wie keine Bereitschaft zu erkennen, einzugestehen, dass für manche Bauausführungen der Pyramiden keine plausiblen Erklärungen vorliegen. Im Gegenteil, alle Archäologen, die in diese Sache involviert sind, versuchen in der Regel – manches Mal soll auch nur der liebe Kollege übertrumpft werden – für einige Arbeitsabläufe Lösungen anzubieten, über die man nur den Kopf schütteln kann. Mit fadenscheinigen, mitunter mehr als seltsam anmutenden Lösungen werden den Ägyptern die unglaublichsten technischen Fähigkeiten unterstellt. Kein Wunder, dass mitunter der Eindruck entsteht, dass sich hier Experten äußern, die handwerkliches Arbeiten bestens beschreiben können, bei dem Versuch aber, eine Gardinenleiste fachgerecht anzudübeln, in größere Kalamitäten geraten könnten.

Man kann dessen überdrüssig werden, auf die vielen Denkfehler der etablierten Pyramidenexperten hinzuweisen. Davon ein Lied singen können vor allem viele Baufachleute, die schon immer Zweifel an den von Archäologen offerierten Bauausführungen gehegt hatten. Die Chancen stehen mehr als gut, dass der ganze Unsinn über die allgemeingültige Lehrmeinung zum Pyramidenbau bald ein Ende hat. Wenn die Venus-Theorie ihre wissenschaftliche Bestätigung findet, erübrigen sich für die Zukunft alle weiteren

Im Jahre 1054 konnten japanische und chinesische Astronomen die Explosion einer Sonne in 6.500 Lichtjahren Entfernung im Sternbild Stier beobachten. Die Überreste dieser Supernova aus bunt leuchtenden Gaswolken, die sich in der Zwischenzeit sechs Lichtjahre weit ausdehnten, sind heute noch zu sehen.

Diese spektakuläre Aufnahme gelang im Jahre 2004 dem Hubble-Weltraumteleskop. Es ist das Lichtecho des 20.000 Lichtjahre entfernten roten Riesensterns »V838 Mon« im Sternbild Einhorn, der zwei Jahre zuvor in einem Helligkeitsausbruch für kurze Zeit zu einem der hellsten Sterne in unserer Milchstraße aufleuchtete. Dieser gigantische Wirbel bestehend aus Gas und Staub entstand sehr wahrscheinlich durch thermonukleare Explosionen, die zwei Jahre zuvor stattfanden. Es lässt sich erahnen, welche Gewalten im Kosmos allgegenwärtig sind und welche Gefahren für bewohnte Planeten bestehen.

Ähnlich wie in dieser Computeranimation könnte der Jupiter-Venus-Crash abgelaufen sein. Der Einschlagwinkel war so flach, dass die Venus wieder ins All hinauskatapultiert wurde und die Planetenkruste in einer ungeheuren Explosion zerbarst und abgesprengt wurde. Aus diesen Bruchstücken bildete sich dann der Asteroidengürtel zwischen Mars und Jupiter.

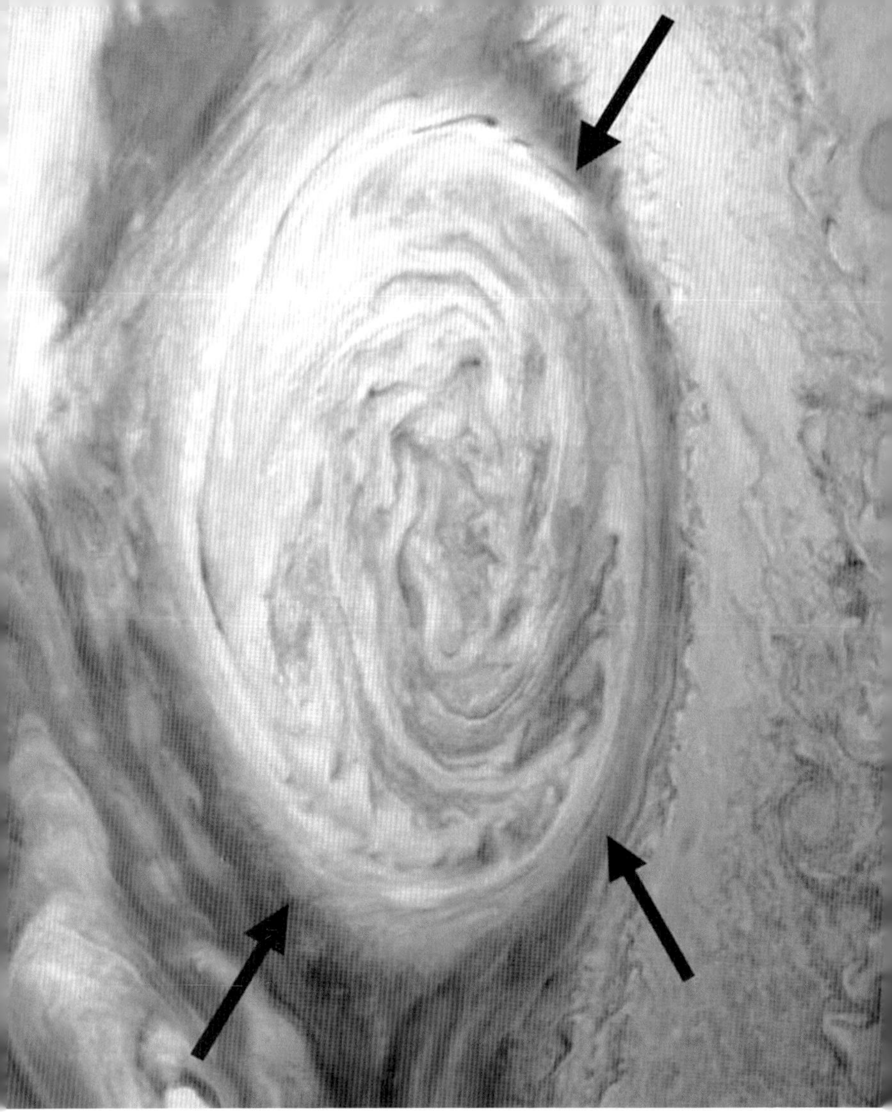

Wieder einmal ist auf einer Schwarzweißaufnahme mehr zu erkennen als auf einer Farbaufnahme. Der Große Roten Fleck auf dem Jupiter, in den die Erde noch zweimal hineinpasst, lässt hier aufgrund des scharf abgegrenzten Randes (siehe Pfeile) eher den Verdacht aufkommen, dass es sich um einen überdimensionierten Krater handelt. Wenn dies der Ort ist, wo vor über 13.000 Jahren ein Impact stattfand, ist davon auszugehen, dass die Einschlagstelle damals vielleicht vier- oder fünfmal so groß war. Es ist immer noch ein Rätsel, wie sich dieses Gebilde so lange halten konnte.

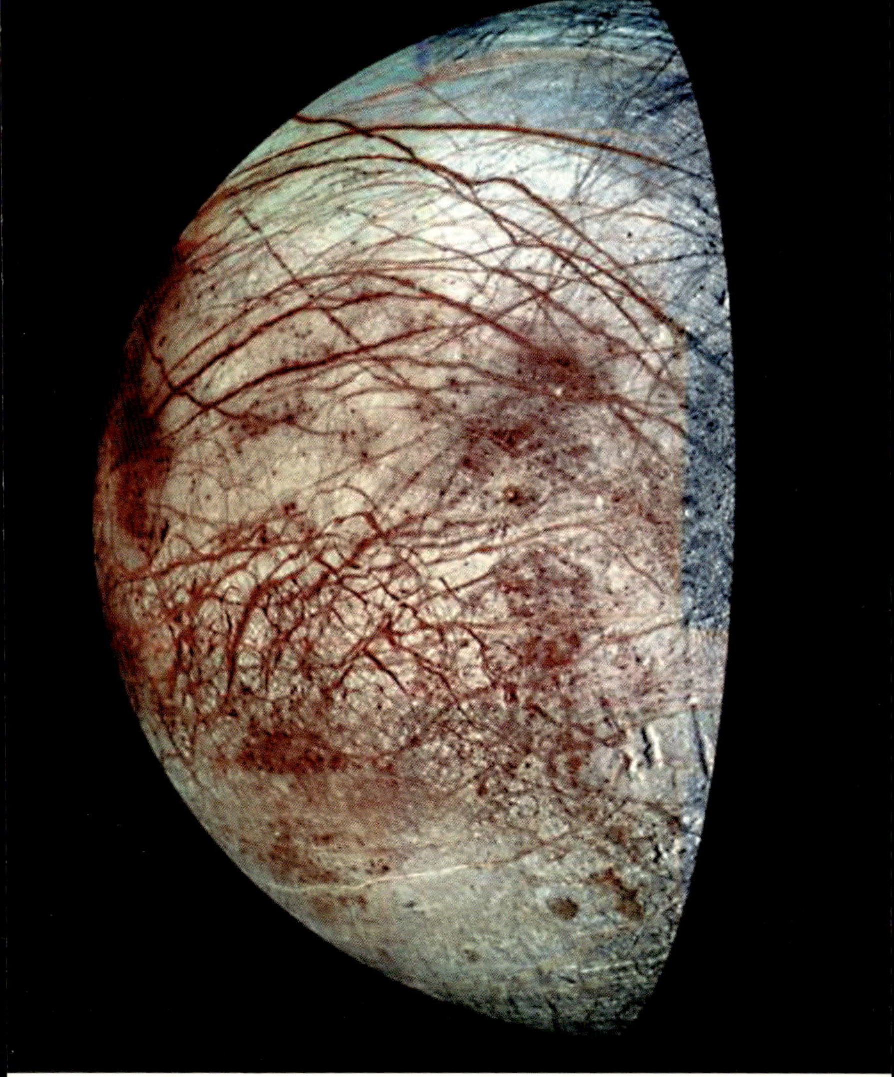

Nach dem finnischen Kalevala-Epos wollte Ukko-Jupiter eine neue Sonne und einen neuen Mond schaffen. Im gleichen Epos wird lapidar bemerkt, dass dieses Experiment scheiterte. Sollte etwa der Jupiter-Mond Europa diesen Trabanten verkörpern? Mit größter Wahrscheinlichkeit ist er der einzige Kandidat in unserem Sonnensystem, in dessen vermuteten warmen Ozeanen unter einem Eispanzer nach Meinung der Astrobiologen verschiedene Lebensarten existieren könnten.

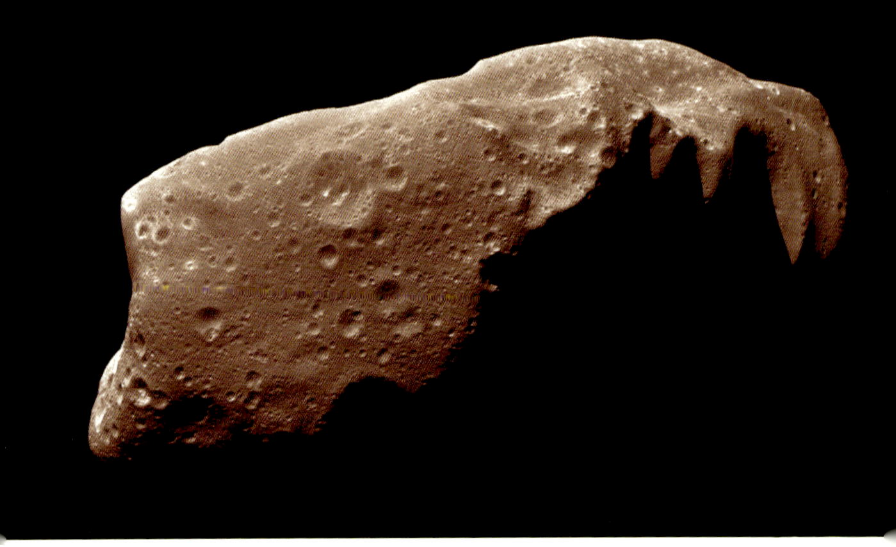

Diese beiden Aufnahmen von Ida zeigen unterschiedliche Perspektiven des Asteroiden, die teilweise auf einen Licht-Schatten-Effekt zurückzuführen sind. Nicht nur die Formgebung, sondern ebenso die großen Krater, in denen nochmals Einschläge zu erkennen sind, belegen eindeutig, dass Ida sich niemals aus Staub und Materiepartikel gebildet haben kann, sondern aus einer ehemaligen Planetenkruste stammen muss.

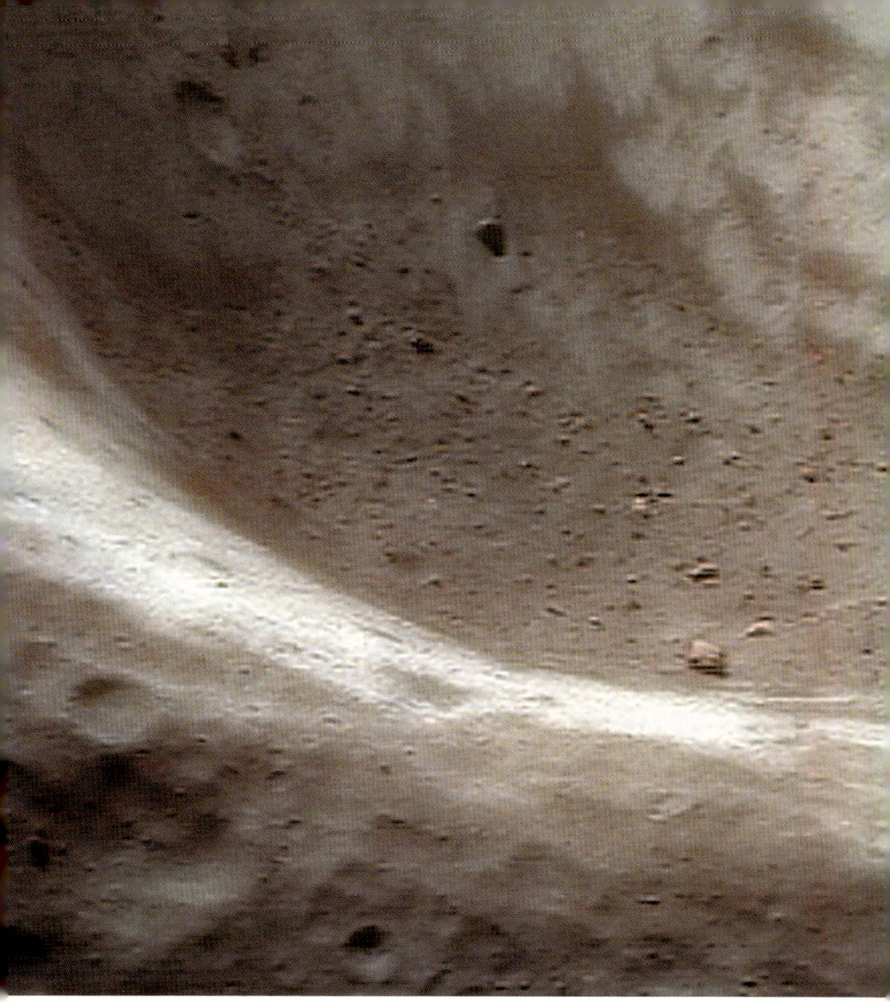

Der Asteroid Eros liefert einen weiteren Beweis für die Planetenkrusten-Hypothese. Der acht Kilometer breite und, wie auf der NASA-Aufnahme zu ersehen ist, auch sehr tiefe Krater, kann nur entstanden sein, als Eros noch Teil eines massigen Planeten war. Normalerweise reicht seine Gravitationskraft nicht aus, um einen anderen Körper anzuziehen und so zu beschleunigen, dass ein solcher Impact-Krater auf seiner Oberfläche entstehen konnte. Nur wenn der Asteroid noch Teil einer Planetenoberfläche war, ist die Entstehung eines solch großen Kraters zu erklären. Sollte tatsächlich ein Projektil aus dem All mit hoher Geschwindigkeit den Asteroiden getroffen haben, wäre Eros wohl förmlich zerrissen worden. Die NASA-Sonde NEAR-Shoemaker landete im Jahre 2001 auf dem Asteroiden und sendete die Aufnahmen zur Erde.

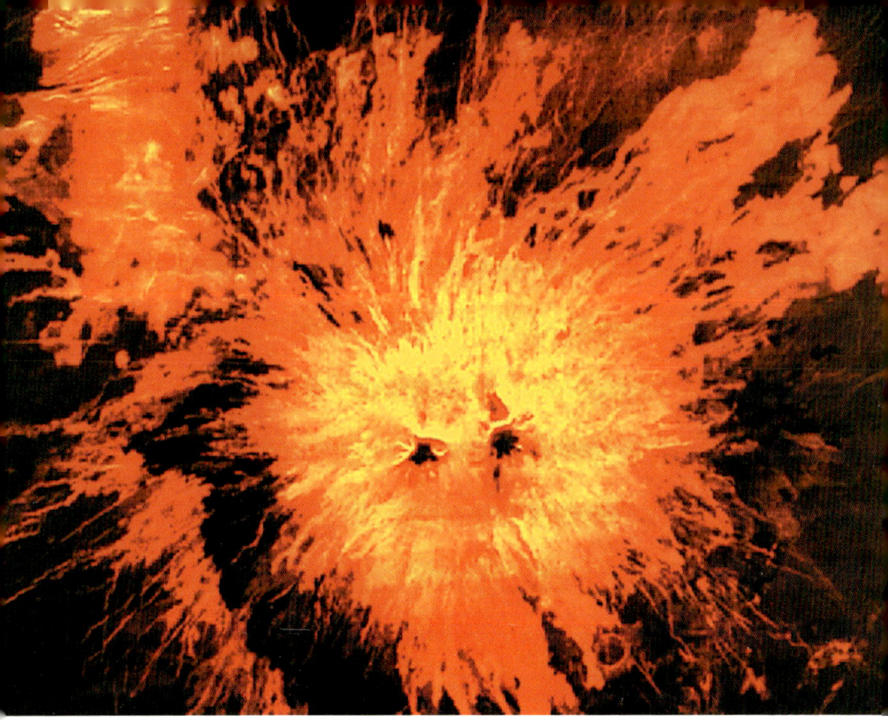

Diese NASA-Animationen aufgrund von Radaraufnahmen der Venus-Oberfläche zeigen dennoch ein realistisches Bild der Venus-Oberfläche und lassen erahnen, welche »Höllenbedingungen« dort herrschen. Alles scheint aus einer breiartigen Magmamasse zu bestehen, und aus Vulkanen austretende Lavaströme ergießen sich fast endlos über den Planeten.

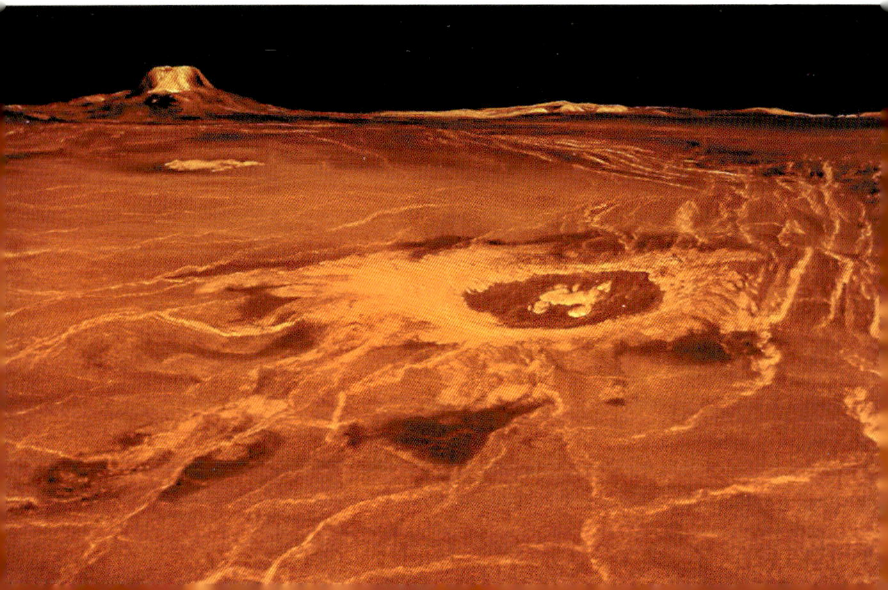

Dass die Pyramiden von Giseh die Planetenveränderungen im Sonnensystem dokumentieren, dafür steht unter anderem die Chefren-Pyramide, an deren Spitze noch einige Reihen der Verkleidungsblöcke erhalten geblieben sind. Die Volumina der Chefren- und der Cheops-Pyramide stehen im gleichen Verhältnis wie die Volumina von Venus und Erde.

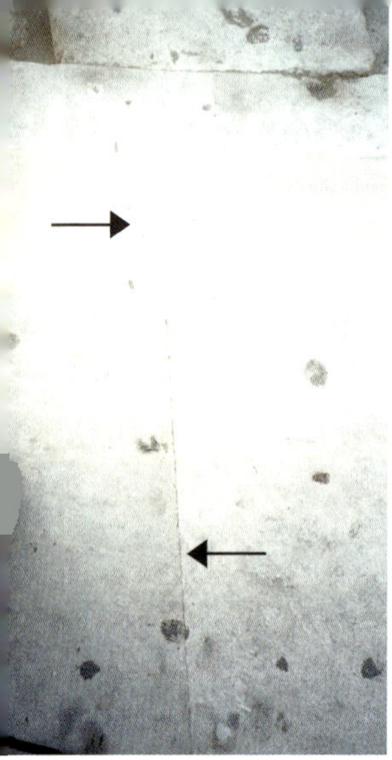

Es ist bis heute ein ungelöstes Rätsel, wie die bis zu 15 Tonnen schweren Verkleidungsblöcke angebracht und bearbeitet wurden. Eigentlich sind sie das wahre Weltwunder. Es dürfte unmöglich sein, mit den vor 4500 Jahren angewendeten Werkzeugen bis zu einer Höhe von 147 Metern 30.000 derartige Blöcke so plan zu schleifen, dass alle Flächen so akkurat aneinander passen, dass keine Rasierklinge dazwischen passt, so wie hier auf dem Bild links von oben gesehen und rechts von vorne.

Auf dem Foto unten sieht man die letzten noch vorhandenen Verkleidungsblöcke der Cheops-Pyramide auf den Resten der kunstvoll verschachtelten Terrassenplatten. Der Böschungswinkel ist so exakt geschliffen, dass selbst moderne Feinmechaniker bei der Herstellung optischer Geräte nicht präziser hätten arbeiten können. Bis heute herrscht unter den Ägyptologen keine Einigkeit über die Herstellung wie auch die Verlegung der Blöcke.

Die Große Galerie in der Cheops-Pyramide gilt allgemein als eines der berühmtesten Bauwerke des Altertums. Der Aufgang zur Königskammer ist fast 47 Meter lang und 8,53 Meter hoch und verjüngt sich mit jeder Steinschicht um 8 Zentimeter. Gleich dem Neigungswinkel der Galerie von 26,5° sind auch die polierten Kalksteinblöcke eingesetzt, natürlich auch hier mit kaum wahrnehmbaren Fugen.

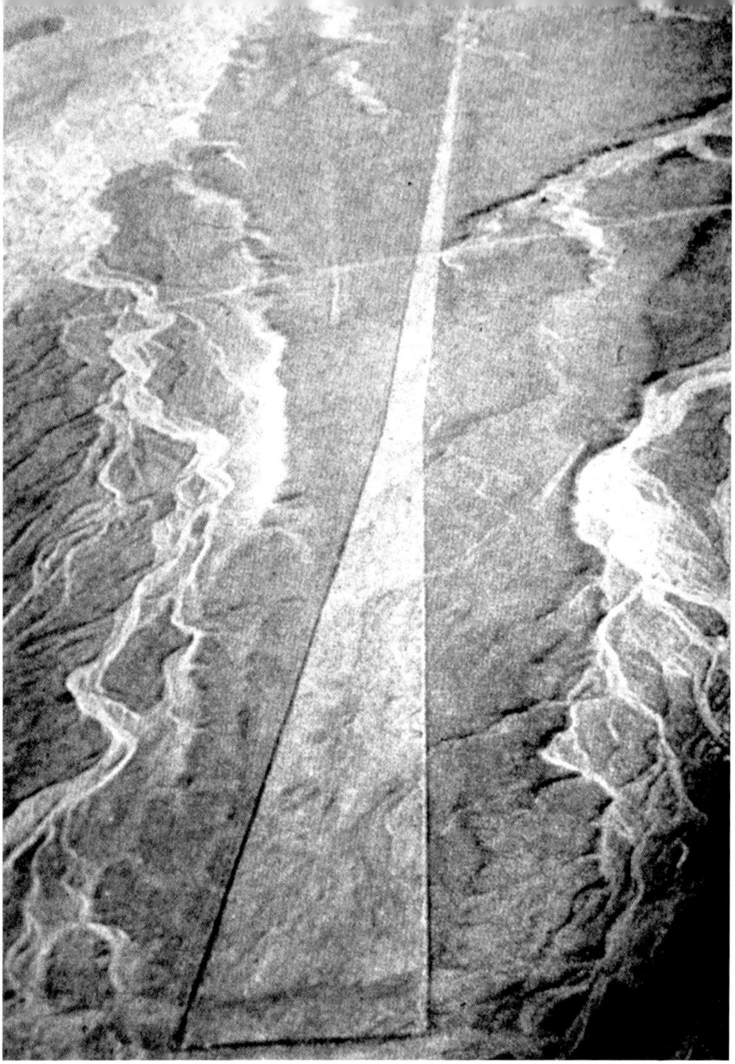

Besteht nicht eine verblüffende Ähnlichkeit zwischen dem Entwurf der NASA für ein Liftsystem ins All (rechts) und der Jahrtausende alten Fläche in Nazca (oben)? Die kegelförmige Basis als Bodenstation mit ihrer kilometerlangen, über Berge sich hinziehenden, schnurgeraden Linie kann als ein himmelwärts gerichteter Fahrstuhl ins All gedeutet werden. Aufgrund geologischer Indizien sowie eindeutiger Überlieferungen ist davon auszugehen, dass in prähistorischer Zeit in Nazca schon einmal ein Weltraumlift installiert war. Wie wir heute die utopisch anmutende Konstruktion der NASA bewundern, so bestaunte bereits der akkadische Gilgamesch den »schon von weitem zu sehenden leuchtenden Turm«.

Einen kilometerhohen Turm als Basisstation sehen ebenso die technologischen Anforderungen der NASA vor. Die wahrscheinlich elektromagnetisch angetriebenen Shuttles sollen ihr Ziel in exakt 35.786 Kilometern Höhe mit einer Geschwindigkeit von einigen Tausend Stundenkilometern erreichen. Übrigens, Gilgamesch benötigte für seinen Aufstieg ins All zwölf Stunden. Das entspräche einer Durchschnittsgeschwindigkeit von 3000 km/h. Nicht minder interessant, dass er nach jeweils vier Stunden aufgefordert wurde, die Erde zu beschreiben, und diese Schilderungen genau dem Bild der Erde entsprechen, wie wir sie von den Aufnahmen aus dem Weltall kennen.

Wenn die NASA in den nächsten Jahren einen Weltraumlift bauen sollte, stände er wahrscheinlich wie schon der erste in den Kordillieren, nur diesesmal etwa 1400 Kilometer nördlicher in Ecuador, aber ebenfalls auf dem Äquator. Könnte dann dieses Gelände dem in der Palpa-Region bei Nazca ähneln, denn ein solches Projekt bedarf ebenfalls einer Infrastruktur? Die oben auf dem Foto zu sehende abgefräste Bergkuppe im Format von ca. 150 × 800 Metern ist wohl das sensationellste Beispiel für unerklärliche Bauwerke auf der Erde, obwohl »Bauwerk« eigentlich der falsche Begriff ist. Denn hier wurde nichts erbaut, sondern entfernt, und zwar einige Millionen Kubikmeter purer Fels. Dass wohl eine überragender Technik zur Anwendung kam, schildert das Popul Vuh, demnach soll Gott Zipacná in einer Nacht sechs Berge bearbeitet haben, darunter wohl auch die Fläche mit einer Abzweigung. Bleibt noch eine Frage offen: Wo befindet sich heute die ehemalige Bergkuppe?

Die Karte des osmanischen Admirals Piri Reis wurde im Jahre 1513 in Konstantinopel angefertigt.

Piri Reis konnte durch Zeitgenossen keine Kenntnis von der Antarktis haben, weil der Kontinent erst 1818 entdeckt wurde. Aufgrund geologischer Untersuchungen weiß man, dass der Küstenstreifen noch vor 13.000 Jahren eisfrei war. Dass diese Klimaveränderung nur durch eine plötzliche Verlagerung der Erdachse zustande kam, belegt das der Antarktis genau gegenüberliegende Gebiet im sibirischen Jarkutien, in dessen Permafrostboden Abertausende nicht verwester Mammuts gefunden wurden. Somit haben die auf der Karte verzeichneten Küstenlinien, Inseln und Gebirgsketten der Antarktis früher weiter nördlicher und Jarkutien weiter südlicher gelegen. Dadurch wird die Vermutung eines Weltraumliftes in Nazca zusätzlich erhärtet.

Die Anlagen von Yonaguni, südlich der Insel Okinawa im Pazifik gelegen, befinden sich seit über 10.000 Jahren unter der Meeresoberfläche. Der Kommentar eines Gesteinsexperten, der mit einem TV-Team die Anlage untersuchte: »Ich kann nichts Künstliches entdecken!« Beim Betrachten der Fotos erübrigt sich jeder weitere Kommentar.

Diskussionen über die Pyramiden und deren Mysterien. Die Zementierung der als wissenschaftlich anerkannten gültigen Pyramiden-Dogmen begann bereits im Jahre 1765, als Nathaniel Davison – nach ihm ist die Kammer über der Königskammer benannt – erstmals die Cheops-Pyramide erforschte. Der Boom in der Pyramidenerforschung setzte aber erst zu Beginn des 19. Jahrhunderts ein, nachdem Napoleon Bonaparte mit seinem 35.000-Mann-Heer Ägypten besetzt hatte.

Woher 100.000 Mann nehmen?

Einer der renommiertesten Pyramiden-Forscher, Sir William Flinders Petrie, war der Meinung, dieser monumentale Bau müsse das geistige Werk eines einzigen, genialen Mannes sein. Womit er nicht ganz unrecht haben mag. Bei der Menge der benötigten Arbeiter richtete er sich mehr nach den Angaben von Herodot, der neben seinen griechischen Landsleuten Diodorus Sicilius und Strabon im Altertum über die Pyramiden berichtete. Herodot schrieb, dass in jeweils drei Monaten immer eine Belegschaft von 100.000 Mann mit dem Pyramidenbau beschäftigt war. Diese Zahl akzeptierte neben fast allen anderen Archäologen auch Sir Petrie. Mehr noch, er war wie viele andere auch der naiven Ansicht, dass während der Überschwemmungszeit des Nils von Ende Juli bis Ende Oktober die Mehrzahl der Bevölkerung sowieso nichts zu tun hatte.

Glückliches Ägypten, drei Monate des süßen Nichtstuns. Wie gut es den Menschen doch damals ohne Globalisierung ging. 100.000 Mann sollen es gewesen sein. So viele wären wohl auch insgesamt nötig gewesen für Verpflegung, Reparaturen, Werkzeuge erstellen, Transporte durchführen, Verletzte durch Sanitäter versorgen usw. Eine bestens funktionierende Verwaltung und Organisation sowie eine sehr gute Infrastruktur hätten vorhanden sein müssen. Glauben die Archäologen wirklich, dass eine einfache, primitive Landbevölkerung, die erst an der Schwelle zur Zivilisation stand, ohne Aufbegehren in einen monotonen, roboterhaften Perfektionismus getrieben werden konnte?

Nur, woher sollten die für den Pyramidenbau benötigten 100.000 Menschen kommen? Dass auch Jahrtausende nach der Sintflut noch nicht wieder allzu viele Menschen die Erde bevölkerten, mag man aus einer demographischen Studie ersehen, nach der 4500 v. Chr. im gesamten Europa, von Portugal bis an den Ural und vom Nordkap bis Sizilien, höchstens 2,5 Millionen Menschen lebten. Um Christi Geburt belaufen sich die weltweiten Schätzungen auf nur 25 Millionen Menschen. Trotz der sehr günstigen Lebensbedingungen links und rechts des Nils ist auf dessen 1300 Kilometern Länge um die Zeit 2500 v. Chr. im günstigsten Falle von 500.000 bis zu einer Million Menschen auszugehen. Auch wenn Zentren im Nildelta, in Memphis und Heliopolis oder in Theben zur damaligen Zeit mit mehreren Zehntausend Bewohnern existierten – wie soll es möglich gewesen sein, 100.000 Menschen für den Pyramidenbau zu gewinnen? Die ganze Problematik ändert sich auch dann nicht, wenn man direkt an der Pyramide oder in deren Umfeld nur 5.000 bis 20.000 Arbeiter annimmt.

Aber kommen wir doch zum Pyramidenkern zurück. Allein bei der Cheops-Pyramide wurden ca. 2,3 Millionen Blöcke mit einem Gewicht von 2 bis 70 Tonnen nach allgemeiner Lehrmeinung in 20 Jahren verbaut. Das ergibt eine Jahresleistung von 115.000 Blöcken, gleichzeitig ca. 460 Blöcke täglich, wenn von 250 Arbeitstagen im Jahr ausgegangen wird. Bei allen Hochrechnungen werden acht bis zehn Arbeitsstunden täglich veranschlagt. Hier müssen schon die ersten Abstriche gemacht werden. Weil die angenommenen 20.000 benötigten Arbeiter nun wahrlich nicht alle direkt an der Baustelle wohnen konnten, müssen noch die kilometerlangen Anmarschwege berücksichtigt werden. Realistisch betrachtet, müssten für den Hin- und Rückweg nochmals drei Stunden abgezogen werden. Dass die damalige Landbevölkerung unter den herrschenden klimatischen Bedingungen besonders in der heißen Sommerperiode (laut Petrie) nie und nimmer in der Lage war, über Jahre hinweg täglich diese körperlichen Höchstleistungen zu vollbringen, muss wohl jedem normal Denkenden einleuchten. Es mussten in jeder Stunde etwa 50 Blöcke gebrochen, gesägt, geschliffen, transportiert, hochgehievt und gesetzt werden. Und das 20 Jahre lang für die Cheops-Pyramide, dann weitere 20 Jahre für die Chefren- und daraufhin noch einige weitere Jahre für die kleinere Mykerinos-Pyramide.

Hat man damals einfach die Fellachen von den Feldern geholt und ihnen gesagt: »Nun baut mal die Pyramiden«? Das ist bei realistischer Betrachtung so gut wie unmöglich, denn die überwiegende Mehrheit der Arbeiter müssten absolute Fachleute gewesen sein, alle hochintelligent und bei einer damaligen Körpergröße von etwa 150 Zentimetern muskelbepackt wie Arnold Schwarzenegger. 20.000 Mann bei der Pyramide, die auch alle dort ihre Notdurft verrichteten. Auf dem Plateau muss sich in der gnadenlosen Hitze ein widerlicher Geruch aus Kot und Urin ausgebreitet haben. Weil die hygienischen Bedingungen in jener Zeit sich kaum von denen des 19. Jahrhunderts unterschieden, sei daran erinnert: Der Bau des Suezkanals forderte in 10 Jahren 120.000 Todesopfer, die meisten davon durch Seuchen. Ein weiterer kleiner ironischer Seitenhieb sei noch erlaubt: Nach einer offiziellen Statistik sind heute in Kairo 18 % der Häuser, die von den Nachkommen der einstmals genialen Pyramidenbauer errichtet wurden, vom Einsturz bedroht.

Der Super-GAU einer Volkswirtschaft

Es kommt nicht primär darauf an, ob es technisch möglich war, die Große Galerie in dieser Art zu erstellen oder die 70 Tonnen schwere Deckenplatte auf die Höhe der Königskammer zu bugsieren. Die sozialpolitischen, wirtschaftlichen wie auch die demographischen Gegebenheiten sind ein noch stärkeres Argument gegen Cheops als Bauherren als Granitblöcke aus Assuan. Der äußerst wichtige Aspekt, den Pyramidenbau unter ökonomischen Gesichtspunkten zu betrachten, ist leider bisher völlig vernachlässigt worden und findet so gut wie keine Beachtung. Wie sensibel dieser Bereich ist, erleben wir tagtäglich. Und wirtschaftliche Schwierigkeiten hat es zu allen Zeiten gegeben.

Eigentlich müssten qualifizierte Wirtschaftswissenschaftler sich einmal darüber Gedanken machen, wie es möglich sein konnte, dass, nach den Leitlinien der Bevölkerungsstatistik zurückgerechnet, 500.000 bis eine Million Menschen, verteilt auf eine Fläche von über 1300 Kilometern links und rechts der Nilufer, imstande waren, ein Bruttosozialprodukt zu schaffen, wie es in der gesamten Menschheitsgeschichte in Relation zur Bevölkerung nie wieder auch nur annähernd erreicht wurde. Und das zu einer Zeit, in der nicht einmal das Rad als wichtigstes Teil im Transportwesen angewendet wurde! Für diese Kraftanstrengung wäre jeder fünfte bis zehnte Einwohner des Landes, Kleinkinder und Greise eingeschlossen, benötigt worden, und das über eine Periode von etwa 50 Jahren. Bei diesem Einwohnersplitting dürfen die Schwangeren nicht vergessen werden, denn bei der damaligen allgemein niedrigen Lebenserwartung musste ja der Nachschub für die nächste Pyramidenbauergeneration gesichert sein. In der Realität hätte nach nur einigen Jahren das ganze Land einen wirtschaftlichen Kollaps erlebt, den man nur als Super-GAU bezeichnen kann, wenn die Besten des Landes für einen unproduktiven Pyramidenbau tätig waren.

Die Verkleidungsblöcke – das wahre Weltwunder

Nun entwickelt ja jeder Ägyptologe seine eigene Theorie über den Bau der Pyramiden. Verschiedene, in Wahrheit untaugliche Rampenmodelle müssen ebenso herhalten wie Lastenaufzüge und sonstige technische Hilfsmittel. Die ganze Hilflosigkeit offenbart sich, wenn es um die glatte Ummantelung der Pyramide aus den polierten, hell leuchtenden Kalksteinblöcken geht. Sie sind eigentlich das Sensationellste an der gesamten Pyramide. Bis zu 15 Tonnen schwer und mit einer Fugenbreite vom Bruchteil eines Millimeters, dazu exakt im rechten Winkel. Ob sie nun aneinander- oder übereinandergesetzt sind, keine Rasierklinge passt dazwischen (siehe Farbteil). Und von diesen Meisterwerken der Steinmetzzunft im Format von ca. 2,50 × 1,50 × 1,50 Meter sollen immerhin so um die 30.000 Stück bis zu einer Höhe von 147 Metern verarbeitet worden sein. Es ist ein absolutes Rätsel, wie diese Blöcke auf den

Millimeter genau so bearbeitet werden konnten, dass die über 15 quadratmetergroßen Flächen eines Blocks ohne erkennbaren Zwischenraum aneinanderstoßen. Sir Petrie ordnete diese Arbeit in den Bereich der Wunder ein. Der Böschungswinkel war nach Howard Vyse so genau geschliffen worden, dass selbst moderne Feinmechaniker bei der Herstellung von optischen Geräten nicht präziser hätten arbeiten können.

Und wie hat man später die Verkleidungsblöcke angebracht? Dies war wohl eine der schwierigsten Aufgaben beim Pyramidenbau überhaupt. Natürlich hat jeder Ägyptologe seine eigene Verkleidungsblöcke-Theorie. Mal sollen die Blöcke zuerst von unten gesetzt worden sein, und danach wurde der Raum dahinter von innen ausgefüttert. Ein anderes Mal sollen sie gleichzeitig mit dem Pyramideninneren gewachsen sein. In der nächsten Version wird behauptet, dass sie am Schluss von oben nach unten bearbeitet worden sind. Nicht unerwähnt sollte bleiben, dass es mit zunehmender Höhe permanent schwieriger werden musste, diese Präzision beizubehalten. Das Endergebnis aller Deutungen lautet schlicht

Warum einfach, wenn es auch schwieriger geht, könnte man bei der überaus komplizierten Verlegung der Terrassenplatten in L- und T-Form sagen.

und einfach: Es herrscht keine Einigkeit darüber, wie der Arbeitsablauf bei der Herstellung, dem Transport sowie der Verlegung der Blöcke und der kunstvollen Terrassenplatten ausgesehen haben könnte.
Es war wohl die frevelhafteste Tat, die jemals an einem Bauwerk begangen wurde, als die Nachkommen des Kalifen Al-Ma'mun über einige Generationen hinweg bis zu Sultan Hassan die Pyramiden als Steinbruch nutzten und die Verkleidungsblöcke aus ihnen herausbrachen, um daraus Brücken und Moscheen für die neue Hauptstadt El Kahira, »Die Siegreiche«, zu bauen. Zum Glück blieben noch einige erhalten, so dass es trotz allem gelang, die Cheops-Pyramide genau zu vermessen. Gleichwohl waren die beiden großen Pyramiden ihrer einst spiegelglatten Außenhaut beraubt und infolgedessen der Verwitterung preisgegeben.

Die Verschlussblöcke – ein weiteres Rätsel

In der Chefren-Pyramide befindet sich in einem engen Gang, in dem höchstens sechs Mann arbeiten können, ein Fallstein aus Granit mit einem Gewicht von zwei Tonnen. In diesem Gang könnten höchstens sechs Mann arbeiten. Doch wie können sechs Mann in einem engen Gang zwei Tonnen bewegen, wofür man normalerweise 30 Mann benötigte? Die gleiche Problematik offenbart sich in der Cheops-Pyramide. Betritt man den Eingang, folgt der über 105 Meter lange absteigende Gang mit einer Höhe von 1,19 Metern und 26° Gefälle, bevor er in einer unterirdischen Kammer endet. Der ursprüngliche Originaleingang lag etwas höher und hatte einen kippbaren Verschlussstein. Der Grieche Strabo, berühmt durch seine »Geographica«, unternahm 24. v. Chr. eine Reise nach Ägypten. Er berichtet von der schwenkbaren Steinplatte an der Nordseite, die aufgeklappt werden konnte, geschlossen aber nicht zu erkennen war. Also war der gut »getarnte« Eingang im Altertum bekannt, aber einige Jahrhunderte später ging dieses Wissen verloren.

Der aufwärts führende Gang hat eine Länge von 39,22 Meter und auch den gleichen Neigungswinkel und die Höhe wie der

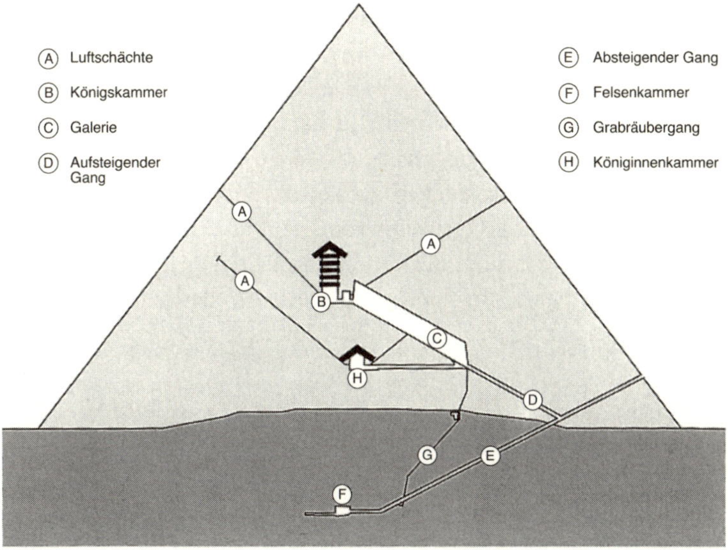

Schematische Darstellung der Gänge und Schächte in der Cheops-Pyramide

absteigende. An seinem unteren Ende verschließen drei granitene Blöcke den Gang und füllen ihn vollständig aus. Nach der Überlieferung wurden diese drei Blöcke von dem Kalifen Al-Ma'mun mit seinen Männern im 9. Jahrhundert umgangen, als er als Erster in der Neuzeit in die Pyramide eindrang. Italienische Archäologen hingegen vermuten, dass während der Bürgerkriege ab 2270 v. Chr. Grabräuber diesen Weg um die Blöcke anlegten. Am Ende des Ganges folgt der waagerechte Gang zur Königinnenkammer und der Aufstieg zur Großen Galerie, einem der grandiosesten architektonischen Bauwerke des Altertums. 46,63 Meter lang und 8,53 Meter hoch, aus poliertem Kalkstein errichtet (siehe Farbteil). Danach gelangt man durch einen Korridor in die Königskammer. Aber noch ein kleines Problem taucht auf: Der angebliche Sarkophag passte gar nicht durch den aufsteigenden Gang. War er etwa schon vorher, mitten im größten Baugerümpel, deponiert?

Wie aber wurden die drei Verschlussblöcke in den aufsteigenden Gang hinabgelassen? Für Holzrollen oder andere Hilfsmittel war kein Platz, denn durch die Blöcke war der Gang vollends ausgefüllt. Außerdem ließen sich Holzreste ja heute noch feststellen. Hätte man sie von oben herabgelassen, wären sie wohl schon nach einigen Metern verkantet stecken geblieben. Sollten sie zuvor in der Großen Galerie gelagert gewesen sein, hätte die Beerdigungsprozession für den Pharao über die Blöcke hinüberklettern müssen – ein kaum vorstellbares, eher peinliches Ritual, das einer gewissen Komik nicht entbehrt ...

Sind die Pyramiden-Blöcke gegossen worden?

Bei dieser Exaktheit des Baumaterials stellt sich zwangsläufig die Frage: Sind die Blöcke eventuell maschinell gefertigt worden? Diese im ersten Augenblick abwegig erscheinende Idee erhält bei näherem Betrachten doch einige ernstzunehmende Lösungsmöglichkeiten. Versuchen Sie es bitte einmal selbst: Nehmen Sie einen Gesteinsbrocken und versuchen mit Hammer und Meißel daraus einen kleinen Block im Ziegelsteinformat 24 × 12 × 7 Zentimeter herauszuschlagen. Wenn es Ihnen gelingt, werden Sie wohl feststellen, dass der Abfallberg gegenüber dem Endprodukt wahrscheinlich das doppelte Volumen hat. Und die eigene Erfahrung lehrt: Ein Stein bricht nicht immer dort, wo er eigentlich sollte. War es bei den Pyramidenblöcken anders? Auch dort müsste bei logischer Betrachtung ein riesiger Abfallhaufen entstanden sein, der die Pyramiden an Volumen weit übertraf.

Anfangs mag man bei dem Gedanken an künstlich hergestellte Steine lächeln. Auch bei den Pyramiden denkt man unwillkürlich, ein Stein sei wie der andere, obwohl fast jeder Block ein individuelles Maß hat. Aber das »Abfallproblem« lässt sich nicht leugnen. Die meisten Blöcke sollen aus dem gegenüber dem Nil liegenden Mokattam-Gebirge stammen, andere wurden an Ort und Stelle bei den Pyramiden gebrochen. Mit Kupfermeißeln sollen Gänge ins Gebirge getrieben worden sein. Gut, so hatte man schon einmal die

Rückseite des Blocks. Danach von vorne, links, rechts und oben, was sich in der Praxis garantiert als schon erheblich schwieriger erwies, trotzdem, schon war der Rohling fertig. 20 Jahre lang ohne Pause Tag für Tag etwa 500 Blöcke für eine Pyramide. Da kann man doch unwillkürlich die Geringschätzung von Napoleons Soldaten für die Gelehrten verstehen, als sie 1798 auf dem Giseh-Plateau von den Mamelucken angegriffen wurden und bei der Bildung des Karrees der Ruf erschallte: »Esel und Gelehrte in die Mitte!«

Nach diesen Überlegungen erscheint es doch nicht so abwegig, dass vielleicht nicht alle, aber doch eine große Anzahl der Blöcke künstlichen Ursprungs sind. Ein weiteres Indiz ist die herausragende Konstruktion und Baukunstfertigkeit der Giseh-Pyramiden, die weder vorher noch nachher jemals auch nur annähernd diesen Standard erreichte. Denn hätten die Ägypter die technischen Fähigkeiten besessen, wären diese bei den späteren, zum Teil »mickrigen« Pyramiden bestimmt nicht verlorengegangen. Man denke dabei nur an die etwa 100 Jahre nach Cheops errichtete, 43 Meter hohe Pyramide des Pharaos Unas aus der 5. Dynastie in Sakkara, die heutzutage ebenso wie die von Pepi II. eher der Kategorie Trümmerhaufen zuzuordnen ist.

Wenn nicht eine heute noch völlig unbekannte Schnitttechnik zur Anwendung gekommen war, muss sich doch ernsthafter mit dem Problem einer künstlichen Herstellung der Blöcke befasst werden. Und Belege dafür liefert dieses Mal kein anderer als der bekannteste Verfechter der Archäoastronauten-Theorie, Erich von Däniken, der in »Mit den Augen der Sphinx« in dem Kapitel »Der Beton – der Jahrtausende hält« einige bemerkenswerte Beispiele anführt:

1. Professor Davidovitis, Direktor für angewandte archäologische Wissenschaft von der Universität in Miami, ist der Überzeugung, dass die Blöcke an Ort und Stelle gegossen wurden. Bei mikroskopischen Gesteinsproben entdeckte er ein Haar im Gestein!
2. Auf einer bei Assuan gefundenen Stele werden die Ingredienzien beschrieben, die zur Herstellung künstlicher Steine notwendig und von natürlichen Blöcken nicht zu unterscheiden sind.

3. Der Gesteinsmechaniker Dr. Klemm untersuchte 20 verschiedene Gesteinsproben der Cheops-Pyramide und kam zu dem Ergebnis, dass jeder Stein aus einem anderen Gebiet in Ägypten stammen musste. Weiter stellte er fest, dass die Granitblöcke im Gegensatz zu natürlichen unten dichter waren als oben und zudem oben mehr Luftbläschen besaßen.
4. Bei elektromagnetischen Messungen des Stanford Research Instituts in Kalifornien in der Cheops-Pyramide – Ziel war es, unentdeckte Gänge und Kammern zu orten – war das Ergebnis chaotisch. Der Grund: Die Blöcke enthielten mehr Feuchtigkeit als natürliches Gestein, nach Computerberechnungen mehrere Millionen Liter Wasser.

Weitere Forschungen auf diesem Gebiet werden bestimmt noch folgen, um die Mär von den aus dem Fels gebrochenen Blöcken ein für alle Mal zu widerlegen.

Eine kosmische Katastrophe als Grund für den Pyramidenbau

Jahrelang habe ich mich mit den Pyramiden förmlich »herumgequält«. Eine logische Erklärung gab es einfach nicht. Von der Nachempfindung des Sternenhimmels, wie von Robert Bauval proklamiert, bis zum esoterischen Kraftwerk – bei nüchterner Betrachtung sind das alles Ideen ohne einen realistischen Hintergrund. Kein Pharao hätte es geschafft, ein Volk über Generationen schuften zu lassen, um einige Sternpositionen zu kopieren, wo es doch viel angenehmer war, sich diese jeden Abend live und in natura anzusehen. Während in der Regel die ägyptischen Bauwerke, wie zum Beispiel die Djoser-Pyramide, in einem streng geometrischen Bezirk angelegt sind, überrascht doch die Anordnung der Pyramiden von Giseh. Eigentlich verwunderlich, dass die seltsame Anordnung des Pyramiden-Ensembles, was die Abstände wie auch die unterschiedlichen Höhenlagen der Pyramiden betrifft, bisher so gut wie keine Beachtung fand. Dieses wurde bestimmt nicht ohne Grund gemacht und ist auch sicher nicht abhängig von den topographischen Gegebenheiten auf dem Giseh-Plateau.

Während die Ägypter sich zu diesem Thema ausschweigen, existieren einige Berichte und Legenden aus der arabischen Welt sowie auch von dem jüdischen Historiker Flavius Josephus, die sich mit den Pyramiden auseinander setzen. Der älteste Bericht erwähnt, **dass die Große Pyramide zum Gedenken an eine gewaltige kosmische Katastrophe errichtet wurde, die unsere Erde mit Feuer und einer Sintflut heimsuchte.** Andere Überlieferungen verkünden, dass die Pyramiden vor der Sintflut erbaut wurden. Der arabische Gelehrte Ibrahim Ben Ibn Wassuf Schah berichtet von einem **vorsintflutlichen König Saurid, der in einer Art Vorsehung einen riesigen Planeten auf die Erde stürzen sah und deshalb den Bau errichtete.** Bingo! Mit diesen an Eindeutigkeit nicht mehr zu überbietenden Aussagen hatten die frühgeschichtlichen Berichterstatter einen von den Historikern völlig unbeachteten Volltreffer gelandet. König Saurid soll gesagt haben, dass er die Pyramiden in sechs Jahren errichtet habe. Obwohl Zerstören leichter sei als Bauen, schaffe es wohl keiner, sie in 600 Jahren zu zerstören. Nun mag man zu den arabischen Überlieferungen stehen, wie man will, aber niemand mit einem gesundem Menschenverstand hätte nur sechs Jahre Bauzeit für die drei Pyramiden veranschlagt. Doch weil die Zahl nun einmal erwähnt wurde, sollte man sich ernsthaft damit auseinandersetzen. Sechs Jahre könnten, mit einer uns heute völlig unbekannten Technik, eine realistische Bauzeit für die drei Pyramiden sein – realistischer als die veranschlagten 50 Jahre mit einem Heer von bis zu 100.000 Arbeitern.

Der arabische Geograph und Historiker Al-Makrizi trug die ihm zugänglichen Überlieferungen zu seinem Hitat genannten Werk zusammen. Demzufolge soll Saurid identisch mit dem griechischen Hermes Trismegistos und dem hebräischen Henoch gewesen sein. In der Bibel wird zwar Henoch, einer der biblischen Erzväter, nicht in Verbindung mit dem Bauherrn der »Säulen aus Stein« erwähnt, dennoch ist er eine höchst interessante Person. Wenn man glaubt, was im 1. Buch Moses, Kapitel 5, Vers 24, berichtet wird, ist anzunehmen, dass ihn die Außerirdischen nach Beendigung ihrer Erdenmission via Shuttlegefährt mit auf die Heimreise nahmen: **Und weil er ein göttliches Leben führte, nahm Gott ihn hinweg, und er ward nicht mehr gesehen.** In den slawischen Henoch-Büchern werden sogar die Vorbereitungen zu dieser Reise beschrieben, wie er gereinigt und einbalsamiert wurde, die gleichen Klamotten wie die Engel anziehen musste und aufgefordert wurde, **mutig zu sein... denn heute gehst du mit uns hinauf in den Himmel!** Sollten Menschen tatsächlich einmal auf einem bewohnten Planeten landen, ist gewiss davon auszugehen, dass auch von dort bei der Rückreise Lebewesen mitgenommen würden, um sie einem sensationsgierigen Erdenpublikum vorzuführen.

Im Hitat sind jedoch noch andere aufschlussreiche Passagen zu finden, die eine Lösung für den Transport der bis zu Hunderte von Tonnen schweren Steinkolosse anbieten. Die ganze Problematik wäre keine, wenn das Niedergeschriebene wahr wäre: **Ein Blatt wurde auf die betreffenden Steine gelegt, diese wurden angestoßen und bewegten sich wie von Geisterhand zu den Pyramiden.** Beherrschten die Pyramidenbauer die Levitation, die Aufhebung der Gravitation? Objektiv betrachtet, muss davon ausgegangen werden, denn anders sind viele bautechnische Rätsel nicht zu erklären. Ob andere arabische Berichte glaubhaft sind, nach denen in den Pyramiden geheimnisvolle Geräte, Maschinen, astronomische Unterlagen usw. gelagert waren, soll hier nicht beurteilt werden. Dass in der arabischen Welt sicherlich manches schmückende Beiwerk diese Geschichten zum Teil phantastisch erscheinen lässt, nehmen westliche Kritiker gerne zum Anlass, etwas abwertend über das Hitat zu urteilen. Das kann aber nicht darüber hinwegtäuschen, dass wiederholt der Hinweis auf eine kosmische Katastrophe als wahrer Baugrund für die Pyramiden Erwähnung findet.

Auch wenn die Pyramiden vor etwa 13.500 Jahren als Symbol der Planetenveränderungen gebaut wurden – ist es denkbar, dass sie dennoch zusätzlich als Grabkammern dienten? Diodorus Sicilius berichtet ja unter anderem auch, dass einige Urgötter auf der Erde bestattet wurden. Möglich wäre, dass die Götter nach ihrer Rückkehr auf die Erde ihre Kameraden aus den Pyramiden bargen, sie in ihr Raumschiff brachten und davonflogen, nachdem sie vorher noch die Menschheit mit der Sintflut straften. Das wird den Erdenmenschen nicht entgangen sein, und sie haben dieses Ereignis über die Jahrtausende im Gedächtnis bis zum Pharaonenreich festgehalten, in welchem dann aus einer verschleierten Erinnerungen der Kult entstand, weitere Pyramiden zu errichten, in der Hoffnung, dass sie eines Tages ebenfalls von den Göttern abgeholt würden. Denkt man zudem noch an Henoch, taucht noch die Vermutung auf, dass der eventuelle Pyramidenbaugehilfe höchstpersönlich die Himmelsreise mit den Göttern antreten durfte. Deshalb nicht auszuschließen, dass nichts unterlassen wurde, die Götter zu locken, um mit ihnen gemeinsam wie einst Henoch in andere Sphären zu reisen. Es entsprach wohl auch der Naivität der Pharaonen: Wenn die Götter einmal hier waren, werden sie immer wieder an diesen Ort zurückkommen. Diese Hoffnungen mögen sich im Alten Reich nach einigen Jahrhunderten zerschlagen haben, denn die Götter taten ihnen nicht den Gefallen – trotz aller Beschwörungsformeln ließen sie sich einfach nicht mehr blicken. Also Schluss mit Pyramidenbau! Wer nun tatsächlich für die Pyramidenkonstruktion verantwortlich zeichnete, Außerirdische, Menschen oder eine Kooperation beider Gruppierungen, diese Frage bleibt weiterhin unbeantwortet.

Der Pyramidenbau aus der Sicht der Medien

In den Medien ist ein Trend zu erkennen, historische Abläufe mitunter in Form einer Reportage zu rekonstruieren, die bar jeder Realität den Eindruck vermitteln soll, das Gezeigte beruhe auf wissenschaftlich fundierten Erkenntnissen. Die filmisch dargestellten Handlungen wirken in ihrer zermonienhaften Steifheit aller Realität entrückt. Wenn man sich für ungelöste Rätsel der Vergangenheit interessiert, bietet das Fernsehen fast wöchentlich ein reichhaltiges Repertoire dieses Genres an. Eines vorneweg, man kann eine ellenlange Liste vorlegen, die belegt, wie in diesen Berichten unterschlagen, manipuliert und verschwiegen wird oder auch eine wissenschaftliche Authentizität vorgegaukelt werden soll. Es wird ein Szenario dargeboten, welches bewusst oder unbewusst das festgefahrene Weltbild gewisser Interessenvertretungen plakatiert.

Ostersamstag, 26.03.05, 21.12 Uhr: Während der Verfassung dieses Absatzes ertönt im TV: **Der Pharao und seine Pyramide sind das Fundament der gesellschaftlichen Ordnung.** Hört sich ja ungemein staatstragend und erhaben an. Weiter geht es in einem BBC-Bericht über den Pyramidenbau von Jonathan Stump, den 3sat am 04.08.05 sendete. Natürlich wurde darauf verwiesen, dass dieser Beitrag höchst authentisch sei und, weil Pyramidenbauen leicht von der Hand geht, keineswegs Außerirdische nötig waren, sondern die ägyptischen Jünglinge – eben erst aus einem entfernten Dorf rekrutiert – den Bau vornahmen. Besonders anschaulich, wie man auf einer monströsen Rampe die 70 Tonnen schweren Deckenplatten der Königskammer locker hochzog. Zur Krönung von alledem verankerten noch einige Männer an der Spitze die fehlende Kappe, den Pyramidion. Ob für dessen Transport die jetzt wohl erforderliche kilometerlange Rampe zum Einsatz kam, deren Volumen in etwa dem der Pyramide gleich sein musste, wurde leider nicht erwähnt.

Regelrecht lustig war es anzusehen, dass die Arbeiter sich auf einer Fläche bewegten, die um einiges größer war als die Unterseite des Pyramidion – logisch, schließlich benötigten sie ja auch Platz für ihr Handwerk. Dass die Seitenflächen der Pyramide so jedoch niemals eine durchgehende, glatte Fläche mit denen des Pyramidion bilden konnten, das wurde einfach übergangen. In diesem Fall wäre das Problem nur mit einem Helikopter zu lösen gewesen – Schnitt, und schon sah man die Gruppe beim Polieren der Verkleidungsblöcke mit Kupfermeißeln. Dass man vor nichts zurückschreckt, zeigte ein Kameraschwenk auf eine kleine Erhebung in der Umgebung, von der aus – natürlich wieder authentisch – Cheops und seine Gefolgschaft regelmäßig den Fortgang des Bauwerkes beobachteten und kontrollierten. In einem anderen TV-Bericht wird ein Bruder von Cheops trotz des bürdevollen Nebenjobs Großwesir von Ägypten (Großwesire tauchten erst im Islam auf!) zum genialen

Architekten der Cheops-Pyramide befördert. Leider konnte trotz aller Recherchen nirgends auch nur durch eine Hieroglyphe etwas über dieses grandiose Genie in Erfahrung gebracht werden. Doch woher stammt dieses Wissen? Aus dem säuselnden Wüstenwind gesogen wie so vieles andere auch?

Warum, so fragt man sich, ist unter den Hunderten von Pyramidenberichten im TV nicht ein einziges Mal kritisch von den bautechnischen Schwierigkeiten berichtet worden? In der Regel veranschlagen Ägyptologen eine Bauzeit von 20 Jahren für die Cheops-Pyramide. Bis auf eine Ausnahme: Der allseits geachtete I. E. S. Edwards war der Überzeugung, dass Cheops in seiner 23-jährigen Regierungszeit nie und nimmer dieses grandiose Bauwerk errichten konnte. Ein Bauingenieur hat sich die Mühe gemacht auszurechnen, in welcher Zeit heutzutage, unter Zuhilfenahme aller technischen Errungenschaften wie zum Beispiel einem Hubschrauber und den größten Kränen der Welt, die Cheops-Pyramide erbaut werden könnte. Das Ergebnis lautet: 17 Jahre und einige Milliarden Euro an Kosten.

Dennoch wird einem immer wieder durch die Medien vorgeführt, dass der Pyramidenbau eigentlich eine ganz banale Angelegenheit ist. Im Jahre 1978 erhielten japanische Wissenschaftler die Genehmigung zum Bau einer 20 Meter hohen Pyramide südöstlich der Mykerinos-Pyramide. Dieses Experiment sollte nach den Methoden und der im Alten Reich angewandten Technik durchgeführt werden. Und das waren die Ergebnisse dieses filmisch festgehaltenen Geschehens: Die nur eine Tonne schweren Steinblöcke konnten nicht mit einer Barke über den Nil transportiert werden. Es musste ein Dampfer genommen werden. Anschließend versuchten einige Männer, die Blöcke über das Gelände zu ziehen. Erreichte Distanz: kein Meter. Mit Hilfe eines Lkws wurden die Blöcke zur Baustelle gebracht. Weil man zudem nicht in der Lage war, die Blöcke auf die erforderliche Höhe zu heben, wurden ein Kran und ein Hubschrauber geordert.

Ein anderes Mal sieht man den bereits zuvor erwähnten Ägyptologen Prof. Mark Lehner aus Detroit im TV mit einer Gruppe

Ägypter über die Mattscheibe hüpfen, um dem erstaunten Publikum zu demonstrieren, wie einfach doch eigentlich der Pyramidenbau war. Mit einem reichhaltigen Repertoire bekannter Show-Elemente erstellte dieses Team eine Mini-Pyramide im Format von etwa 5 × 5 Metern. Zum Schluss musste Lehner allerdings einräumen, dass die Gründung doch nicht optimal war und dass ihre Pyramide wohl keine Jahrtausende so stehen bleiben würde.

Zur Gründung ist noch einiges anzumerken: Während meiner Zeit als Maschinensetzer war ich jahrelang damit beschäftigt, für die Deutsche Gesellschaft für Bodenmechanik die monatlich erscheinende »Dokumentation« abzusetzen. Darin wurden die weltweiten Gründungen für die unterschiedlichsten Bauwerke, ob Staudamm, Brücken oder Wolkenkratzer, beschrieben und auf die vielfältigen Schwierigkeiten hingewiesen, die sich trotz modernster Techniken nicht verhindern ließen. Prinzipiell bleibt man auf diesem Gebiet ein Laie, dennoch erhält man im Laufe der Jahre einen Einblick in die Problematik der vielfältigen Bodengründungen. Und was bieten die Ägyptologen für die Gründung der Pyramiden an: Aus Lehm wurde ein Graben im Grundrissformat der Pyramide mit Querkanälen auf dem Plateau errichtet, der mit Wasser gefüllt wurde, und

Der 46 Meter lange Gang zur Königinnenkammer ist ein weiteres Beispiel für eine präzise Bauausführung, wie sie selbst heute mit modernsten Geräten kaum erreicht werden kann.

schon konnte man problemlos eine felsige Fläche plan schleifen. Das hört sich in der Theorie zwar gut an, ist aber in der Praxis wohl kaum anzuwenden. Wie viel Wasser versickerte, wie viel verdunstete an einem heißen Tag? Das sollte man doch mal in der Praxis beweisen, aber bitte nicht auf einer Fläche von 5 × 5 Metern, sondern auf einer Fläche von 230 × 230 Metern.

Die Nivellierung der Pyramide beträgt nur einen Zentimeter auf einer Länge von 230 Metern. Weil aber jeder Boden, auch Fels, im Laufe der Jahrtausende arbeitet, muss davon ausgegangen werden, dass dieser eine Zentimeter durch die Bodenmechanik verursacht wurde und beim Bau sogar keine Differenz bestand. Bemerkenswert ebenso, dass der 46 Meter lange Gang zur Königinnenkammer bei Nivellierungsmessungen nur um 0,6 Zentimeter differierte. Experten vertreten die Ansicht, dass diese Exaktheit sogar heutzutage trotz modernster Baumethoden nur selten zu erreichen sei.

Wetten, dass ...

Um zu belegen, dass der Bau der Pyramiden nie und nimmer den Ägyptern zugeschrieben werden kann, unterbreite ich folgenden, sehr fairen Vorschlag: Die Pyramide hat etwa ein Volumen von ca. 2,6 Millionen Kubikmetern, was bei einer Bauzeit von 20 Jahren und 20.000 Arbeitern etwa 6,5 Kubikmeter Arbeitsleistung pro Mann im Jahr ergibt.

Trotz fehlenden Eigenkapitals und mangelnder Sponsoren (eventuell finden diese sich noch; eine adäquate Summe wäre vielleicht eine oder mehrere Millionen Euro) unterbreite ich dennoch ein Wettangebot: Man ebne ein Felsplateau von 10 × 10 Metern exakt plan und setze die ca. 40 Zentimeter dicken Terrassenplatten in L- und T-Form wie in Giseh auf diese Fläche, nun noch einen Eckblock im Originalformat sowie je einen Verkleidungsblock links und rechts davon sowie noch einen Eckblock obenauf und dies alles mit einer Fugenbreite von 0,25 Millimetern. Das ist zugegebenermaßen keine einfache Aufgabe, was aber ist an den Pyramiden schon einfach? Bei der Arbeit an diesem fiktiven Modell müssen keine Steine in schwindelnde Höhen gebracht werden, und das ganze Problem mit Rampen und Hebevorrichtungen entfällt somit. Das Bauwerk hätte ein Volumen von ca. 65 Kubikmetern. Also eine Arbeit für 10 Mann in einem Jahr oder 40 Mann in drei Monaten. Geht man von 100.000 Mann für den Pyramidenbau aus, kämen 200 Mann für diese Arbeit in Betracht, die müssten aber gleichzeitig für die Lebensmittelbeschaffung, die Werkzeugherstellung und andere infrastrukturelle Arbeiten zuständig sein. Waren direkt an der Pyramide 20.000 Mann beschäftigt, eigentlich die realistischste Möglichkeit, blieben für unseren Modellversuch noch 40 Mann übrig. Man nehme also 40 Ägypter – halt, stopp! Die Gegenpartei soll ja eine Chance haben, man nehme höchstens 30 Ägypter und die 10 besten Steinmetze der Welt, die mit den damals vorhandenen Werkzeugen dieses Werk in der gleichen Präzision errichten. Nochmals: mit den damals vorhandenen Werkzeugen und der gleichen Präzision. Es bestehen für mich nicht die geringsten Zweifel – sogar 200 Mann werden es nicht schaffen! Mehr noch, wenn ich bei dieser Aktion anwesend wäre und der Gruppe bei dem Versuch zuschaute, allein die vier Verkleidungsblöcke aus dem Fels zu brechen, wäre meine Abendunterhaltung an der Hotelbar gesichert.

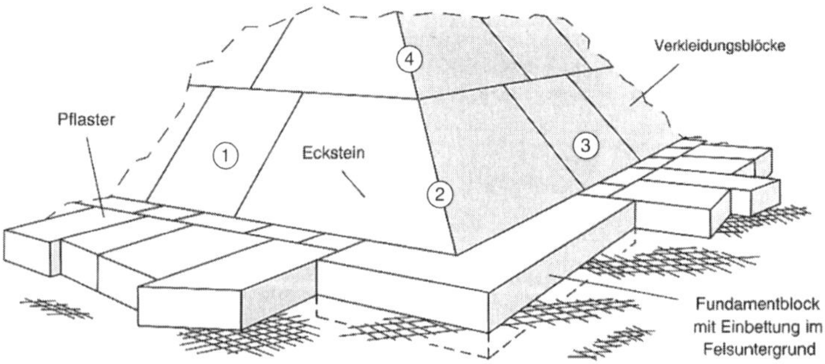

Sollte es wider Erwarten gelingen, diese mit 1–4 markierten Verkleidungsblöcke und einige Terrassenplatten zu erstellen, werfe ich meine Pyramidentheorien entschuldigend über Bord.

Es bleibt abzuwarten, wie sich in Zukunft die Pyramidenproblematik entwickelt und neues Gedankengut eine wissenschaftliche Akzeptanz findet. Dabei ist es nicht vorrangig, wer für den Bau verantwortlich zeichnet, sondern vielmehr, warum sie erbaut wurden. Einen Kontext zischen den drei Pyramiden und den Planeten Erde, Venus, Merkur hat Dr. Jelitto mathematisch nicht nur in einer, sondern in drei Gleichungen belegt, ohne daraus über Folgerungen dieser Erkenntnisse zu spekulieren. Diese Freiheit kann ich mir aber nehmen: Symbolisieren die drei Pyramiden Erde, Venus und Merkur, dann führt kein Weg daran vorbei, dass nur ein außergewöhnliches Ereignis zugrunde gelegen haben muss, um diese Monumentalbauten zu errichten. Unter Berücksichtigung aller Fakten kann dies einzig und allein nur in den dramatischen Veränderungen in unserem Sonnensystem vor über 13.000 Jahren eine Begründung finden.

Die Himmelsleiter von Nazca

Bei der Suche nach Belegen für das Wirken Außerirdischer auf der Erde wird man, wie zuvor bereits ausgeführt, zuerst im Sonnensystem durch die Formen der Asteroiden sowie der Venus fündig. Die Erde präsentiert als prägnanteste Beispiele nicht nur die Pyramiden von Giseh – die Hochebene von Nazca im südlichen Peru besitzt mindestens den gleichen Stellenwert, vielleicht sogar einen noch höheren. Sind bestimmte Techniken beim Pyramidenbau nicht mehr nachvollziehbar, so präsentiert Nazca Phänomene, die nur noch in die Rubrik »unbegreiflich« einzuordnen sind.

Das Gebiet von Nazca ist übersät mit als »Pisten« bezeichneten Flächen, Figuren und bis zu 23 Kilometer langen Linien, die sich schurgerade und ohne Unterbrechung über mehrere Berge hinziehen. Dass die gesamte Anlage nur aus der Luft zu erkennen ist, lässt die Angelegenheit nur noch mysteriöser erscheinen. Aber Landepisten für Flugzeuge, vom optischen Eindruck her naheliegend, ergeben eigentlich keinen Sinn. Denn woher sollten die Flugzeuge gekommen und wohin gestartet sein? Auf der Erde gibt es jedenfalls keine zweite Anlage dieser Art.

Sollte eines der größten Rätsel der Erde, die Ebene von Nazca, plötzlich durch einen Zufall gelöst werden? Es hat fast den Anschein. Der Zufall erschien in Form eines TV-Programmhinweises, der sich mit dem Thema Weltraumlift befasste. Unter anderem wurde erwähnt, dass die NASA einen Tausende Kilometer hohen Lift ins All plant, um in Zukunft durch Magnetismus schnell und kostengünstig Material ins All und wieder zurück zur Erde zu befördern. Eine der Bedingungen für einen solchen Lift wäre eine Positionierung genau auf der Äquatorlinie. In einer Computeranimation wurde dieser »Space-Elevator« gezeigt, wie er von der Erde aus ins All

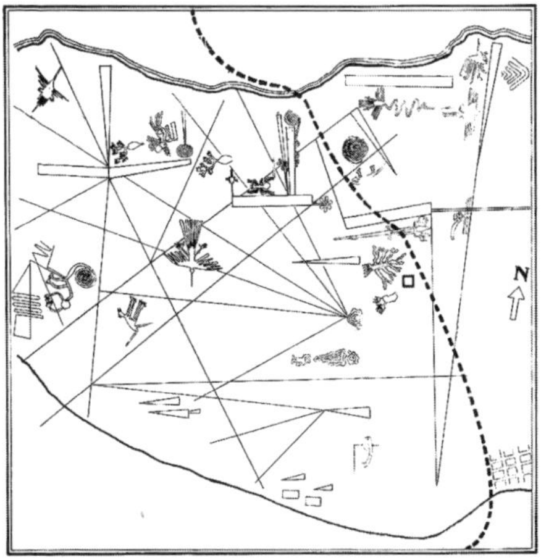

Die Ebene von Nazca im Süden Perus mit ihren Flächen und Figuren

ragte. Beim Ansehen des kurzen Spots entstand unwillkürlich eine Assoziation zu den reliefähnlichen Darstellungen in den Ebenen von Nazca. Das Foto im Farbteil könnte ein solches System darstellen. Eine kegelförmige Erdstation, die sich verjüngt und dann in einer endlosen Linie ins All führt. Diese Art von Flächen, immer in leicht veränderten Formen, existiert vielfach auf der Ebene von Nazca. Sollten diese Linien und Flächen etwa mit einem Weltraumlift in Zusammenhang stehen? Ist dies die Lösung für das bisher unerklärliche Nazca-Phänomen? Hellhörig geworden, begann ich im Internet zu recherchieren; was man dort über den Weltraumlift bzw. Space-Elevator erfahren kann und wie ernsthaft gegenwärtig an einem solchen Projekt gearbeitet wird, übertraf alle Erwartungen.

Als die Erde anders »gepolt« war

Als Erstes könnte man einwenden, Nazca befindet sich nicht einmal in der Nähe des Äquators, und somit wäre die gesamte Vermutung nicht mehr diskussionswürdig. Richtig! Weil diese Lage aber unabdingbar für die beschriebene Technik ist, begann ich, Nachforschungen anzustellen, denn Nazca liegt etwa 1500 Kilometer unterhalb dieser Linie. Und jetzt kommt das, was bei mir ein Gänsehautgefühl auslöst: Dass die Pole vor über 10.000 Jahren eine andere Position innehatten, ist zwar immer noch umstritten, aber inzwischen tendieren auch Wissenschaftler unter dem Aspekt der nicht mehr zu widerlegenden Flutkatastrophen in jener Zeit zu dieser Hypothese. Die Spannbreite der Polverschiebung reicht von 800 bis zu über 2000 Kilometern, die der Atlantis-Forscher und Diplom-Ingenieur Otto Heinrich Muck aufgrund der Abertausenden in Jakutien im äußeren Nordosten von Sibirien im Permafrostboden entdeckten Mammuts avisierte. Für Muck war die Polverlagerung das Resultat eines Impact-Kataklysmus, verursacht durch einen in den Atlantik stürzenden Asteroiden. Dieses Szenario hat wohl auch stattgefunden, nur für die Polverlagerung war es sicherlich nicht verantwortlich. Zum Glück, sonst wäre meine Hypothese nicht mehr haltbar gewesen. Unterstützung kam von kompetenter Stelle, die darauf verweist, dass einschlagende kosmische Körper bei der massiven, rotierenden Erde niemals eine Polverlagerung bewirken könnten. Dr. Horst Friedrich aus Wörthsee zieht für eine Polverlagerung die »durchaus reale Möglichkeit von Nahbegegnungen mit planetengroßen, vagabundierenden kosmischen Objekten« in Betracht. Und tatsächlich wurde nachgewiesen, dass die Annäherung eines planetenartigen Weltraumkörpers an die Erde oder ein nahes Vorbeiziehen an ihr sehr leicht rasche Präzessionsmanöver – auch etwa ein »Kippen« um 180 Grad innerhalb von nur 24 Stunden – induzieren kann.

Früher war es für mich eine einfache Angelegenheit: Es gab einen Nord- und einen Südpol. Ende! Dass aufgrund der hier vertretenen Theorie sogar zwischen fünf Polen differenziert werden muss, überraschte mich letztendlich selbst. Die größte Bedeutung für die Annahme, dass Nazca früher exakt auf dem Äquator lag, kommt aber dem allgemein bekannten geographischen Nord- und Südpol zu, um deren Achse die Erde rotiert. Eine Verschiebung dieser Achse wird gegenwärtig nicht in Erwägung gezogen, weil es vom physikalischen

(A)
Geographischer Nordpol

(B)
Lage des geographischen Nordpols vor 13.500 Jahren

(C)
Magnetischer Nordpol

(D)
Geomagnetischer Nordpol

(E)
Nordpol der Unzugänglichkeit

Standpunkt aus keinen Grund dafür gibt. Die einzige Möglichkeit besteht darin, dass eine Nahbegegnung mit einem massigen Himmelskörper, wie hier mit der Venus vermutet, eine Achsverschiebung oder aber eine Verlagerung der Erdkruste auf dem Magma-Gleitlager bewirken kann.

Ein Argument für diese Hypothese könnte auch der magnetische Nordpol liefern. Das ist der Pol, auf den die Kompassnadeln hinweisen und die Magnetfeldlinien durch die Erde zum magnetischen Südpol verlaufen. Wie auf der Abbildung zu sehen ist, sind der geographische und der magnetische Nordpol nicht identisch. Mehr noch, der magnetische Pol befindet sich ständig auf Wanderschaft, mal mehr, mal weniger. Er ist sozusagen fortwährend zwischen dem nördlichen Kanada und Sibirien unterwegs, gegenwärtig wieder Richtung Sibirien. Somit taucht die Frage auf, ob nicht vor über 13.000 Jahren der geographische und der magnetische Pol identisch gewesen sein könnten? Ein Grund dafür könnte der überwiegend flüssige Gesteins- und Metallanteil im Erdinnern sein, der bei einer Nahbegegnung mit der Venus (wie bei der Venus-Jupiter-Kollision) anderen Bewegungsabläufen unterlag.

Somit tauchen wieder einmal Fragen auf, die das gesamte Gedankengebäude der Wissenschaft über die Präzession und die Polwanderungen zwar nicht in Frage stellen, die aber dennoch zu

Recherchen anregen können, ob diese Vorgänge eventuell durch eine Nahbegegnung mit der Venus beeinflusst wurden. Ein Indiz für diese Vermutung könnte sein, dass die Präzession des Mars bedeutend träger und nicht so exorbitant ist. Obwohl die beiden Planeten sich vom inneren Aufbau her ähneln, benötigt die Erde für eine Umdrehung ihrer Achse 25.800 Jahre, der Mars 170.000 Jahre. Für die Präzessionsmechanik der Erde werden unter anderem die Sonne und der Mond, die Ozeane sowie das flüssige Erdinnere verantwortlich gemacht, was ja wohl auch stimmen mag. Es geht jedoch um die Frage, ob die Präzession schon immer den gleichen Bewegungsabläufen unterlag oder erst später verstärkt in Erscheinung trat.

In indischen Überlieferungen ist von einer Polverschiebung um 1400 Kilometer die Rede, und auch Velikovsky vermutete den früheren geographischen Nordpol im kanadischen Baffinland, womit er wieder einmal – völlig unabhängig von Nazca – seinen ausgeprägten wissenschaftlichen Spürsinn unter Beweis stellte. Damit hätte er zwar unter Annahme der Nazca-Äquator-Position den frühgeschichtlichen Pol knapp verfehlt, denn der wäre dann etwa zwischen Baffinland und den direkt anschließenden Ellesmere-Inseln gelegen. Die Position wäre grob 78° Nord und 75° West. Dass sich der magnetische Pol gegenwärtig ebenfalls auf dem 78. Breitengrad, nur etwas westlicher befindet, hat keinerlei Bedeutung, sondern ist reiner Zufall. Waren die Ellesmere-Inseln tatsächlich das Gebiet des früheren Nordpols, erhält diese Vermutung durch die Inuit eine zusätzliche Bestätigung. Für sie war exakt dieses Gebiet das ehemalige »Dach der Erde«. Normalerweise ist ein Dach immer der oberste Abschluss eines Gebäudes und befindet sich wohl selten an einer Seitenfläche. Warum sollte dieser Sachverhalt bei dem »Erdengebäude« anders gewesen sein?

Wenn sich die Vermutung eines Weltraumliftes in Nazca bestätigte, könnte der frühere Nordpol auf den Kilometer genau bestimmt werden, wenn markante Punkte von Nazca exakt auf dem Äquator positioniert wurden. In diesem Fall hätte sich das Gebiet mit der sibirischen Tiefkühlkost um 1500 Kilometer in südlichere und wärmere Gebiete verschoben. Dass das Kippen der Erdachse in wenigen Tagen geschah und kein Prozess über Jahrhunderte durch Abschmelzen der Eismassen war, wie es gegenwärtig gerne von der Wissenschaftskaste verkündet wird, dafür sind die über 40.000 Kadaver, die aus dem arktischen Permafrostboden geborgen wurden, der untrügliche Beweis. Alle zeigten keinerlei Verwesungsspuren auf, die bei einem schleichenden Schmelzprozess des Polareises unausweichlich gewesen wären. Ihr Mageninhalt barg noch unverdaute Pflanzen. Dies sind eindeutige Belege dafür, dass die Erdachse schlagartig kippte und innerhalb nur weniger Tage eine dramatische Klimaveränderung stattfand und damit einhergehend das fünfte Erdzeitalter, das Quintär, begann.

Warum war es früher in Finnland und Sibirien wärmer?

Passend zu dieser Thematik kam unerwartet im August 2005 eine aktuelle Meldung der Presseagentur Associated Press, die dem Thema Polverschiebung ein weiteres Mosaiksteinchen hinzufügte. Deutsche Klimaforscher und Paläontologen aus Hamburg und Bonn hatten in einer Computersimulation das Klima auf der Erde der letzten 125.000 Jahre ermittelt. Das Überraschende dabei: Während man in Westeuropa nur geringe Temperaturunterschiede registrierte, wiesen die Temperaturen in Finnland etwa 11.500 Jahre vor unserer Zeitrechnung einen um beachtliche 5 Grad höheren Wert auf. Eine Bestätigung für dieses Temperaturphänomen erhält man bei einem Blick auf den Globus, wenn Nazca auf den Äquator gerückt wird und der Nordpol etwas nördlich von Baffinland erscheint. Der Abstand von Westeuropa zum früheren fiktiven Nordpol zeigt keine markanten Unterschiede auf. Finnland jedoch, heute ebenso auf dem 65. Breitengrad wie das Mammut-Massengrab im sibirischen Jakutien, hätte in früheren Zeiten unweigerlich in wärmeren Gefilden gelegen. Unter diesem Aspekt betrachtet, erhält das schon im Zusammenhang mit der Venus-Katastrophe zitierte Kalevala-Epos einen anderen Stellenwert; man bedenke, welche Auswirkungen der extreme Temperaturrückgang auf die damaligen Bewohner gehabt haben muss – dadurch wurde die kosmische Katastrophe in dieser Gegend sicherlich ausgeprägter in der Erinnerung behalten. Somit wäre nicht nur der extreme Temperaturunterschied zwischen Finnland und Westeuropa erklärt, sondern auch die Bestätigung einer Polverschiebung gefunden, was wiederum die Hypothese eines Weltraumliftsystems im Nazca-Gebiet unterstützt.

Wissenschaftler benennen zwei mögliche Ursachen für diese Temperaturschwankungen: Erstens hätte eine andere Erdneigung eine stärkere Sonneneinstrahlung zur Folge gehabt, und zweitens könnte eine eventuelle andere Umlaufbahn der Erde für eine Erwärmung gesorgt haben. Mit einer anderen Umlaufbahn hätten die Forscher ja durchaus richtig liegen können, aber unweigerlich wäre dann Westeuropa der Erwärmung stärker ausgesetzt gewesen als Finnland. Es gelang mir, mit einem der Paläontologen Kontakt aufzunehmen, um ihn auf die Möglichkeit einer geographischen Polverschiebung aufmerksam zu machen. Diese Möglichkeit lehnte der Gelehrte jedoch partout ab. Katastrophen-Kataklysmen sind in der Wissenschaftskaste nicht allzu beliebt. Natürlich habe ich nicht das nötige Fachwissen, doch ich kann meinen Globus mit der aktuellen Erdachse drehen und wenden, wie ich will – lediglich in einer Position, nämlich in Höhe der Ellesmere-Inseln, ergibt sich für Finnland eine Lage, die eine Temperaturerhöhung gegenüber Westeuropa begründen kann.

Die gegenwärtige Neigung des Äquators zur Orbitbahn der Erde beträgt durch die Taumelbewegungen, die auch für die Jahreszeiten verantwortlich sind, zwischen 21 und 24°. Sollte die Erdachse früher im Quartär tatsächlich ohne eine Polverlagerung senkrechter gestanden haben, hätte sich zwischen Westeuropa und Finnland keine Position ergeben, die solche Temperaturunterschiede rechtfertigen könnte. Hätte die Erdachse andererseits wie die des Planeten Uranus noch mehr in der Waagerechten gelegen, wäre der Nordpol mit seiner der Sonne abgekehrten Seite stets für etwa ein halbes Jahr in völliger Dunkelheit versunken, und das Gebiet von Finnland sowie das gesamte Polargebiet hätte sich eher noch stärker abgekühlt.

Die Piri-Reis-Karte

Findet man auf der nördlichen Erdkugel Belege für eine Polverlagerung, müssen sie unweigerlich auch auf der Südseite vorhanden sein. Wenn Teile Sibiriens vor über 13.000 Jahren weiter »unten« lagen, müssen dementsprechend Gebiete auf der gegenüberliegenden Seite der Erde weiter »oben« gelegen haben. Und dieser Beweis existiert in einer Art und Weise, die eigentlich auch den letzten Sturkopf überzeugen müsste. Es ist die Piri-Reis-Karte aus dem Jahre 1513, auf der Küstenlinien, Inseln und Gebirgsketten in der Antarktis eingezeichnet sind, die früher eisfrei waren und somit zweifelsohne weiter nördlich gelegen haben.

Die Karte des osmanischen Admirals Piri Reis (siehe Farbteil) wird als authentisch anerkannt und ist keine Fälschung. Sie wurde von ihm 1513 in Konstantinopel angefertigt, wobei er auf zahlreiche alte Aufzeichnungen zurückgriff. Einige dieser Quellen gingen bis ins 4. Jahrhundert v. Chr. zurück. Es gibt Indizien, dass die Originalkarten aus der Großen Bibliothek von Alexandria stammen und Kopien davon angefertigt wurden. Vielleicht entgingen die Originale auch der Vernichtung durch Alexander den Großen, der es ja aus machtpolitischen Gründen besonders auf geographische Unterlagen abgesehen hatte. Piri Reis konnte durch Zeitgenossen keine Kenntnis von der Antarktis haben, weil der Kontinent erst 1818 entdeckt wurde. Aufgrund geologischer Untersuchungen weiß man, dass der Küstenstreifen noch vor 13.000 Jahren eisfrei war. Als dieses Gebiet plötzlich 1500 Kilometer näher an den neuen Südpol rückte, bildete sich in den folgenden Jahrtausenden eine Eisdecke, die eine Dicke von bis zu über 1000 Metern erreichte.

Neben der Piri-Reis-Karte existiert in der Washingtoner Kongressbibliothek noch eine weitere Karte von Oronteus Phynius, auf der Gebiete der Antarktis ebenfalls eisfrei eingezeichnet sind. Professor Charles Hapgood vom Keene College in den USA, der sich als einer der Ersten intensiv mit den Karten befasste, vertritt die Auffassung, dass ein prähistorisches Volk schon im Besitz von Navigationsinstrumenten zur Berechnung der Längengrade gewesen sein kann. Dieser Meinung schlossen sich sowohl Albert Einstein als auch John Wright, Präsident der American Geological Society, an.

Professor Hapgood wandte sich an die US Air Force, um die Piri-Reis-Karte von Spezialisten bewerten zu lassen. Die Antwort der Experten lautete: Wir halten ihre Interpretation für eine logische und aller Wahrscheinlichkeit nach korrekte Auslegung der Landkarte. Die geographischen Details des unteren Kartenbereiches entsprechen erstaunlich genau dem seismischen Profil, das die schwedisch-britische Antarktis-Expedition im Jahre 1949 durch die Eisschicht hindurch anfertigte. Somit wurde die Küste vor ihrer Vergletscherung kartographisch erfasst. Es ist uns angesichts des geographischen Kenntnisstandes von 1513 unerklärlich, wie eine Karte aus jener Zeit dergleichen Daten enthalten kann.

Als man die Karte später in ein Koordinatennetz einzeichnete, um sie auf einen Globus zu übertragen, stellte man verwundert fest, dass sie aus sehr großer Höhe im Weltraum aufgenommen sein musste. Sie zeigt vorrangig den Atlantik, die Westküste Afrikas und Iberiens sowie die durch die Kugelgestalt der Erde »wegfallenden« Erdteile von Süd- und Mittelamerika. Somit bilden die geologischen Befunde aus der Frühzeit ein schwerlich zu erschütterndes Fundament für die Vermutung einer geographischen Polverschiebung.

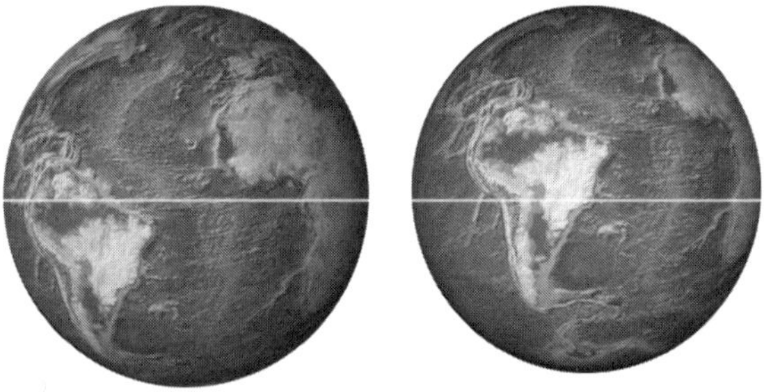

Links die gegenwärtige Äquatorlinie, rechts der Äquator, wie er vor über 13.000 Jahren verlief, auf dem sich dann auch Nazca befand. Aufgrund einer Verlagerung der Erdachse waren Jakutien in Sibirien wie auch Finnland in südlicheren Gefilden gelegen. Somit ergibt sich auch eine Erklärung für die früheren eisfreien Gebiete der Antarktis, die sich dadurch weiter nördlich, ebenfalls in wärmeren Gebieten, befanden.

Verfolgt man die Linie des 15. südlichen Breitengrades, auf der Nazca heute liegt, bis auf die gegenüberliegende Seite der Erde, hier dann als 15. nördlichen Breitengrad, stellt man unter Berücksichtigung der topografischen Eigenschaften fest, dass Nazca zur damaligen Zeit der ideale Ort für einen Weltraumlift war. Auf dieser ehemaligen Äquatorlinie befinden sich noch Länder, wie zum Beispiel Brasilien in Südamerika, Zaire und Somalia in Afrika sowie in Ceylon, Indonesien, Vietnam und die Philippinen in Asien, die im Verhältnis nur wenige Kilometer Landfläche anzubieten haben und die obendrein überwiegend in urwaldähnlichen Gebieten liegen und für ein derartiges Unternehmen sicherlich weniger gut geeignet wären. Dass die erforderliche Bodenstation ebenso einem gewissen Druck wie auch starken Zugkräften standhalten muss, dürfte unbestritten sein, und dafür eignet sich nun mal ein felsiges Fundament am besten.

Sensationell: Außerirdische und Menschen entwickeln die gleiche Technik!

Schon im Jahre 1895 entwickelte der russische Raketenpionier Konstantin Ziolkowski erste Pläne, mit einem Fahrstuhl in den Weltraum zu gelangen. Sein Landsmann, der Ingenieur Juri Artsutanow, führte in den 60er Jahren diese Gedanken fort, über einen »Turm« zu einer Station im All zu gelangen, die sich im geostationären Orbit in 35.786 Kilometern Höhe über der Äquatorebene befindet und in der gleichen Zeit um die Erde kreist, in der diese sich um die eigene Achse dreht. Somit würde diese Station immer auf dem gleichen Punkt über der Erde verweilen. Durch diese Verbindung könnte man bequem und vor allem konkurrenzlos kostengünstig per Lift ins All aufsteigen. Vor allem die Kosten sind es wohl, die die NASA hellhörig werden ließen. Nutzlasten könnten für einen Bruchteil der derzeitigen Kosten ins All befördert werden. Mittlerweile ist ein regelrechter Wettlauf unter den Firmen entstanden, wer zuerst die Komponenten für das Seil oder Kabel entwickelt, welches die Erde mit der Orbitstation verbindet. Im Gespräch sind vor allem Kohlenstoff-Nano-Tubes (CNT), ein Material, das extrem leicht ist, andererseits eine bisher nie gekannte Reißfestigkeit besitzt. Es wäre der Quantensprung für die Weltraumfahrt, wenn diese Nanoröhrchen sich zu einem unzerstörbaren Kabelmaterial verarbeiten ließen. Gleichwohl ist noch nicht endgültig sicher, ob diese Materialkombination die ultimative Lösung sein wird.

In 35.786 Kilometern Höhe ist der Punkt erreicht, an dem sich die in entgegengesetzte Richtungen strebende Schwerkraft und Fliehkraft ausgleichen. In dieser Höhe beträgt die Bahngeschwindigkeit ca. 11.040 km/h gegenüber nur 1670 km/h auf der Erdoberfläche. Erhöht sich die Bahngeschwindigkeit, entfernen sich Objekte von der Erde, ist sie geringer, fallen sie zur Erde. Natürlich besteht die Möglichkeit, sich in einer für Raumstationen üblichen Höhe zwischen 300 und 400 Kilometern auszuklinken, doch um eine Kreisbahngeschwindigkeit zu erreichen, wäre immer noch ein zusätzlicher Schub nötig. Für den Aufstieg könnte nach Aussagen der Wissenschaftler ein Laser von der Erdoberfläche aus über photovoltaische Zellen die Gondeln mit Energie versorgen, ein anderes Modell setzt auf Magnetismus, durch den die Gondeln an diesem Kabelstrang auf- und absteigen. Erheblich kürzer könnte das Kabel sein, wenn am Ende ein Gegengewicht, wie zum Beispiel eine Raumstation, befestigt wäre, die durch ihr Gewicht wiederum die Fliehkraft erhöhen würde.

Das auf einer Plattform am Erdäquator verankerte Kabel würde sich bei entsprechender Länge von selbst spannen. Je länger aber ein solches Kabel oder Seil wäre, umso größer würden die Nutzungsmöglichkeiten für die Raumfahrt. Bei einer theoretischen Länge von über 100.000 Kilometern könnte die Fliehkraft derart groß werden, dass die Fluchtgeschwindigkeit genügte, ein Raumschiff ohne weitere Energie bis zum Mars zu befördern. Und für die Rückreise könnte das gleiche System auf dem Mars installiert werden. Weil der Mars um einiges kleiner als die Erde ist, würde dort das Kabel nicht die gleiche Länge wie das auf der Erde benötigen.

NASA-Berater Bradley Edwards ist sich sicher, dass der Weltraumfahrstuhl noch vor dem Jahre 2050 in Betrieb geht. Dieses

Datum deckt sich ironischerweise mit den Aussagen des Science-Fiction-Autors Arthur C. Clarke, der in seinem Buch »Fahrstuhl zu den Sternen« beschreibt, wie Astronauten und Nutzlasten per Lift ins All befördert werden. Clarke hatte sich einmal dahingehend geäußert, der erste Weltraumlift werde spätestens fünfzig Jahre, nachdem man aufgehört hat, über die Idee zu lachen, gebaut. Das Lachen ist seit einigen Jahren verstummt – seit die NASA Interesse an dieser Idee zeigt.

Bradley Edwards ist der Kopf des Space Elevator Project des Instituts für Scientific Research. Die NASA hat bereits finanzielle Mittel für Studien bereitgestellt, und auch der Kongress war nicht kleinlich und investierte weitere Millionen Dollar in dieses Unterfangen. Robert Casanova, Direktor des Instituts für Advanced Concepts der NASA, ist der festen Überzeugung, dass ein Space Elevator Menschen und Material preiswert und zugleich sicher ins Weltall befördern kann. Aufgrund der vielen Unwägbarkeiten der letzten Shuttleflüge, der Wetterabhängigkeit und der hohen Risiken für die Besatzung wird man in Zukunft kaum umhinkommen, sich noch intensiver mit diesem System zu befassen. Ein Weltraumlift könnte das Gesicht der Raumfahrt drastisch verändern. Einige Länder am Äquator, allen voran Ecuador, könnten sogar einen wirtschaftlichen Boom erleben, weil große Raumstationen und sogar Hotelkomplexe im Orbit entstehen könnten, die Weltraumtourismus zum Schnäppchenpreis ermöglichten.

Touristische Aspekte werden für Außerirdische wohl keine Rolle gespielt haben. Aber dass die Pisten von Nazca nur einer derartigen Anlage gedient haben können, dürfte außer Zweifel stehen. Und wenn dies eines Tages endgültig bewiesen wird, steht man vor einer riesengroßen Überraschung: Wissenschaftler befassen sich seit einigen Jahren ernsthaft mit der Realisierung eines Weltraumliftes und entwickeln ohne jeglichen Bezug zu Außerirdischen ein im Prinzip identisches System. Doch bis zu dessen Anwendung wird noch einige Zeit verstreichen, und die Konstrukteure werden sicher noch mit unerwarteten technischen Problemen konfrontiert.

Es muss davon ausgegangen werden, dass Außerirdische bereits vor Tausenden von Jahren einen perfekt funktionierenden Weltraumlift besaßen und sie diesen bei ihrer Suche nach neuem Lebensraum verwendeten. Aller Wahrscheinlichkeit nach wurde dieser Lift zu dem Planeten heruntergelassen, wenn das Raumschiff den Punkt über dessen Äquator erreicht hatte, um synchron mit dem Planeten zu rotieren. Da die zahlreichen Planeten, die auf dem Weg durch die Galaxie besucht, untersucht und auch getestet werden sollten, sicherlich stark differierende Atmosphären aufwiesen, erscheint ein derartiges System geradezu genial. Vielleicht gelingt es einmal einem schlauen Kopf, aus der Gesamtanlage von Nazca das vollständige prähistorische Liftsystem zu entschlüsseln. Das »menschliche« System berücksichtigt die Möglichkeit, dass die Erd- oder Raumstation unter Umständen variabel sein muss. Deshalb stellt sich die Frage, ob die über viele Kilometer verteilten unterschiedlichen Flächen von Nazca ein Indiz für ein solches variables System sind?

Eine von mehreren Flächen, die mit ihren insgesamt einigen Hundert gleichmäßig ausgehobenen Löchern an das Lochstreifenband der ersten elektronischen Rechner erinnern.

Der irdische Beleg für Außerirdisches

Die Ebene von Nazca ist weltweit zu einem Synonym für Unerklärliches geworden. Eigentlich beherbergt die einige Kilometer nördlich von Nazca gelegene Palpa-Region die wahre Sensation dieser Gegend. Dennoch wird hier die gesamte Region mit dem Begriff Nazca bezeichnet, der sich nun einmal eingebürgert hat. Das Foto im Farbbildteil mit der zu erkennenden abgefrästen Bergkuppe zeigt die vielfach als Landepiste apostrophierte Fläche, die ein Format von ca. 150 × 800 Meter hat, auf der wiederum eine nivellierte Fläche von etwa 60 × 700 Meter hervorsticht. Dieses Foto dürfte selbst die Experten, die für alles Unerklärliche eine Lösung parat haben, vor unüberwindbare Hindernisse stellen. Sehr deutlich kann der Verlauf der zerklüfteten Felsformationen verfolgt werden. Es ließe sich an Ort und Stelle sogar berechnen, wie hoch die abgetragene Kuppe ursprünglich war. Es können 50, vielleicht auch 100 Meter sein. Somit ergibt sich insgesamt eine Felsmasse von 3 bis 6 Millionen Kubikmetern, die durch eine völlig unbekannte Technik entfernt wurde.

Somit stellt sich die Frage: Wurde dieses Volumen vor zwei- oder dreitausend Jahren von den Indios mit Steinmeißeln abgetragen? Wo ist der Archäologe, der zu diesem Problemfall Stellung bezieht? Wie lauten die Erklärungsversuche der Experten? Um es genau zu sagen, es gibt keine. Zum Beispiel finanziert das Deutsche Bundesministerium für Bildung und Forschung unter der Leitung von Dr. Reindel Projekte zur »Entwicklung und Adaption archäometrischer Techniken«. Des Weiteren sollen die im Prinzip nichtssagenden Scharrbilder oder Geoglyphen datiert werden. Man schreibt sie zwei verschiedenen Nasca-Kulturen zu, die im Zeitraum zwischen 1000 v. Chr. und 600 n. Chr. existierten. Aber warum, so fragt man sich, wird um die wahre Sensation, die abgeschnittenen Felskuppen, die gleich nebenan ein riesengroßes Fragezeichen aufwerfen, ein solch großer Bogen gemacht? Andererseits ja auch irgendwie verständlich, denn man findet kein Volk, dem man diese Arbeit zutrauen könnte. Vor dem Inka-Reich gab es nur kleinere Völker wie die Quechuas, Chipayas oder Aymaras, dazu die schon von den

Inkas als extrem faul eingestuften Urus, die damit wohl als Erste aus dem Rennen wären.

Das Ganze erscheint äußerst mysteriös; nirgendwo sind Bruchstücke von der Kuppe des felsigen Berges zu finden. Liegt irgendwo auf der Erde oder auf dem Meeresgrund noch ein Monolith à la Ayers Rock? Wenn Menschen und Außerirdische die gleichen Ideen produzieren, ergibt sich noch eine weitere, zugegebenermaßen phantastische Möglichkeit: Um das Kabel ins All kürzer zu halten, erwägen Wissenschaftler, dessen Ende an einem Asteroiden zu befestigen, um die Fliehkräfte zu steigern. Haben Außerirdische dieses Prinzip in Nazca angewendet und die abgetrennte Bergkuppe als Gegengewicht am Liftende befestigt? Schwirrt die Felskuppe seit Beendigung der Liftaktion heute noch als Asteroid irgendwo durch unser Sonnensystem?

Ein Bermudadreieck in Peru

Was den faszinierenden Unterschied zu den Pyramiden ausmacht, kann auf ganz einfache Weise zusammengefasst werden. Archäologen und Ägyptologen hatten wenigstens noch ein Motiv in Form einer angeblichen Grabstätte für einen Pharao vorzuweisen. Aber Nazca bietet nichts dergleichen. Abgefräste Bergkuppen mit einem Volumen von Millionen von Kubikmetern lassen einfach keine Assoziation mit irgendeiner Gottheit aufkommen. Religiöse Einflüsse könnten schon eher in Sacsayhuaman bei Cuzco sowie in Puma-Punku und Tiahuanaco südlich des Titicaca-Sees vermutet werden. Diese Orte bilden zusammen mit Nazca sozusagen ein magisches »astroarchäologisches Bermudadreieck«.

Dass die baulichen Anlagen, die hier anzutreffen sind, einem förmlich die Sprache verschlagen, erlebten erstmals die Spanier, als sie in fast 4000 Metern Höhe vor den Ruinen von Puma-Punku standen. Sie waren der naiven Ansicht, das Bauwerk sei schon vor der Sintflut erbaut worden, und eben nur diese Flut konnte es in diese alpinen Höhen gespült haben. Dass die Spanier als Vertreter der damaligen Weltmacht Nr. 1 fast schon resignierend zu der Erkenntnis kamen, dass nicht einmal sie zu einer derartigen Bauleistung fähig wären, verdeutlicht nur die Phänomenalität dieser Anlage. Eine Plattform soll eine Länge von 40 Metern, eine Breite von 7 Metern und eine Dicke von 2 Metern besessen haben, wurde jedoch im Nachhinein zerstückelt. Das Gewicht muss über 1000 Tonnen betragen haben! Fast schon logisch, dass die Blöcke aus dem extrem harten Diorit bzw. Andesit nicht in situ gebrochen wurden, sondern – wie schon fast üblich bei prähistorischen Monumentalbauten – aus großer Entfernung herbeigeschafft wurden, auch wenn es in diesem Fall »nur« 80 Kilometer waren. Die Blöcke weisen Strukturen auf, die eine Bearbeitung mit lasergesteuerten Sägen, Fräsen und Bohrern hinweisen. Die Frage, ob diese Anlagen in irgendeinen Zusammenhang mit Nazca stehen, kann im Augenblick leider noch nicht beantwortet werden.

Sie sind sprachlos? Nicht so die Prähistoriker und Archäologen, die sich ja durch eine andere Deutung nicht düpieren lassen wollen. Also musste das Indiovolk der Aymara für dieses Technikwunder herhalten. Um 600 n. Chr. sollen sie begonnen haben, in dieser Hochgebirgsregion eine Kultstätte zu erbauen. Die Aymara allerdings wiesen diese Theorie entschieden zurück und behaupteten gar, alles bereits genau so vorgefunden zu haben. Außerdem sei Puma-Punku in einer einzigen Nacht erbaut worden, und dies sei nicht von Menschenhand geschehen.

Deutsche Ingenieure und Architekten wollten aufgrund astronomischer Berechnungen ein Alter der Puma-Punku-Anlage von 17.000 Jahren errechnet haben. Die Deutsche Astronomische Gesellschaft entsandte 1926 eine Expedition nach Puma-Punku, um diese Angaben zu überprüfen. Mit dabei der schon im Venus-Kapitel erwähnte Maya-Experte Prof. Dr. Hans von Ludendorff. Im Prinzip bestätigten sie die astronomische These, schätzten das Alter jedoch lediglich auf etwas mehr als 11.000 Jahre. Natürlich wurden diese Zahlen von der Fachwelt nicht akzeptiert und abgelehnt und die Expedition regelrecht angefeindet. So ist es nun einmal – die eine Gruppe verteidigt vehement ihr vorgeprägtes Weltbild. Und die andere Gruppierung? Beim nächsten Mal wird es nicht die Deutsche Astronomische Gesellschaft sein, die Nazca aufsucht. Es werden Vertreter der Industrie oder der NASA sein. Sie werden nach Nazca reisen, um herauszufinden, wie ein Weltraumlift auf dem ehemaligen Äquator funktioniert haben könnte.

Jakob und die Himmelsleiter

Selbstverständlich sind auch in Bezug auf Nazca die Menschheitserinnerungen von nicht zu unterschätzender Bedeutung. Was in der kurzen Zeit bis zur Fertigstellung des Buches an Material zusammengetragen wurde, wird wohl wie auch in Bezug auf die Pyramiden erst die Spitze des Eisberges sein. Deshalb ist davon auszugehen, dass weltweit noch vieles zu diesem Thema in den alten Überlieferungen im Verborgenen ruht.

Auf der Suche nach Hinweisen für einen Weltraumlift erinnerte ich mich an eine Bibelstelle, die von Jakob und einer Himmelsleiter berichtet. Weil mir nun wahrlich nicht jedes Bibelkapitel geläufig ist, wurde ein bibelkundiger Kollege um Auskunft gebeten, wo Jakob erwähnt wird. Und als das 1. Buch Moses, Kapitel 28, Vers 12, aufgeschlagen war und folgender Text erschien, wäre ich vor Schreck oder auch Freude fast vom Stuhl gefallen. Jakob hatte eines Tages ein von ihm als Traum proklamiertes seltsames Erlebnis. Aber was heißt schon Traum? Eine Redensart, die sich über Jahrtausende erhalten hat und auch heute noch Anwendung findet. Sieht man etwas Außergewöhnliches, sagt man unwillkürlich: »Ich glaub', ich träume!« Es besteht natürlich die Möglichkeit, dass Jakob das Beschriebene nicht selbst erlebte, sondern, wie viele der biblischen Propheten, auf Überliefertes zurückgriff. Doch gehen wir einmal davon aus, dass der wahre Jakob von eigenen Erlebnissen berichtet: Und ihm träumte; und siehe, eine Leiter stand auf Erden, die rührte mit der Spitze an den Himmel, und siehe, die Engel Gottes stiegen dran auf und nieder. Somit bleibt als Resümee nur: Aus der Traum! Denn dies ist in meinen Augen die eindeutige Beschreibung eines Weltraumlifts. Weiter geht es in Vers 17: »...und fürchtete sich, und sprach: Wie heilig ist diese Stätte!

Hier ist nichts anderes als Gottes Haus, und hier ist die Pforte des Himmels.«

Ebenso deutlich sind die Ausführungen in der 1. Apokalypse des Johannes, Vers 51: ... wahrlich, wahrlich, ich sage euch: von nun an werdet ihr den Himmel offen sehen und die Engel Gottes hinauf und herab fahren auf des Menschen Sohn. An den Worten »von nun an« lässt sich erahnen, dass dieser Weltraumlift wohl eine für die Menschen spektakuläre Neukonstruktion darstellte und noch nicht lange in Betrieb war. Im Gegensatz zu allen mythologischen Deutungen nehmen wir die Bibel wieder einmal wörtlich und sehen in dieser Beschreibung ganz klar und anschaulich eine Anlage, die es ermöglichte, zwischen Erde und Weltraum hin- und herzupendeln.

Jakobs Himmelsleiter hatte auch Mohammed inspiriert, der in Mekka als Karawanenführer hohes Ansehen genoss. Auf seinen Reisen lernte er viele Religionen kennen, die in ihm wohl die Visionen für eine neue Religion entstehen ließen. Mohammed war ein meditativ veranlagter Mann, der die materielle Lebensweise in Mekka zutiefst verachtete und sich deshalb des Öfteren tagelang in eine Gebirgshöhle zurückzog. Im Trancezustand unternahm er eine mystische Reise nach Jerusalem, um dort den Stein zu suchen, von dem aus Jakob zu seinem Weltraumtrip aufgebrochen war: Mohammed erzählte später: Mir wurde eine Leiter gebracht, so schön, wie ich noch nie etwas gesehen habe. Der Engel Dschibrail (= dem christlichen Gabriel) ließ mich auf ihr hinaufsteigen, bis er mich zu einem der Himmelstore brachte, das man das Hütertor nennt. So wurde Mohammed von einem Himmel (einer Schleuse?) zum anderen geführt, wobei er die Bekanntschaft einiger christlicher Urväter machte, bis er zum siebten Himmel gelangte und dem Allerhöchsten begegnete.

In »Die Wege des Aufstiegs« (Al-Maáridsch) wird von Allah als demjenigen berichtet, »der über die Himmelsleiter verfügt«. Die Engel steigen zu ihm auf in einem Tage, dessen Ausmaß 50.000 Jahre beträgt. Diese 50.000 Jahre sind sicher keine reale Angabe, sondern wohl nur der Ausdruck für eine ungeheure Distanz. Auch im Totenbuch des Islam wird über aufsteigende Engel berichtet, für die sich die Himmelspforte öffnete, wenn sie die Himmelsgrenze erreicht hatten und um Eintritt baten. Während die Überlieferungen von der Himmelsleiter heute so gut wie keine Erwähnung mehr finden, müssen sie noch zu Mohammeds Zeiten als ein herausragendes Ereignis gegolten haben.

Was haben die NASA und Gilgamesch gemeinsam? 3000 km/h Durchschnittsgeschwindigkeit!

Es mag sein, dass die vielen Berichte über die Himmelsleiter aus einer Quelle stammen. Wie in den noch folgenden Sintflutberichten bietet bei der Beschreibung des Fahrstuhls ins All wieder einmal das Gilgamesch-Epos die konkreteste Beschreibung. Gilgamesch und Enkidu zog es über das Meer Richtung Südamerika, um den Wohnsitz der Götter ausfindig zu machen. Dort angekommen, sahen sie schon von weitem den »strahlenden Turm« (wieder sei an das Foto im Farbteil erinnert), den die Göttin Irninis bewachte. Und nach einigen Verhandlungen mit den Wächtern durften sie mit dem »Adler« in einigen Etappen, die jeweils vier Stunden andauerten, himmelwärts fahren, und jedes Mal mussten sie von den unterschiedlichsten Perspektiven des Aufsteigens berichten. Gilgamesch wurde aufgefordert, auf das Land hinunterzuschauen und seinen Eindruck zu beschreiben. Und das Land war wie ein Berg, und das Meer wie ein kleines Gewässer. Nach weiteren vier Stunden des Aufstiegs wiederholte sich das Frage-und-Antwort-Spiel: Und die Erde war wie ein Garten, und das Meer wie der Wasserlauf eines Gärtners. Nach weiteren vier Stunden gab Gilgamesch zur Antwort: Und das Land sah aus wie ein Mehlbrei und das Meer wie ein Wassertrog.

Diese Aussagen sind so eindeutig, dass man sie kaum noch als Metaphern deuten kann. Zum Glück kennt heute dank der NASA-Fotos jeder die Ansicht der Erde aus dem Weltall, und somit erhalten die Aussagen des Gilgamesch eine beeindruckende Authentizität. Wenn mythologisch Überliefertes des Öfteren eine Symbiose mit naturwissenschaftlichen Erkenntnissen einginge, könnten für viele Rätsel und Phänomene überzeugendere Erklärungen gefunden werden als bisher. Unter diesem Aspekt betrachtet, hat die mystische »Himmelspforte« als Übergang in Gottes Reich ihre Aura dahingehend verloren, dass es sich dabei um nichts anderes handelte als um ein Transportmittel zwischen Erde und einer Station im Erdorbit.

Dass diese Berichte keineswegs das Produkt einer ausufernden Phantasie sind, sondern physikalisch überzeugend wirken, ist an dem beschriebenen, verhältnismäßig langsamen »Aufstieg« zu erkennen. Während eine Rakete in kürzester Zeit die Stratosphäre verlässt, wird ein Liftsystem wahrscheinlich für weniger hohe Geschwindigkeiten ausgelegt sein. Ein aufsteigendes Shuttle wird nach NASA-Berechnungen eine Durchschnittsgeschwindigkeit von ca. 3000 km/h erreichen. Man muss wahrlich kein Mathematikgenie sein, um zu erkennen, wie sensationell realistisch Mythologisches sein kann. Gilgamesch benötigte für den Aufstieg in knapp 36.000 Kilometer Höhe 12 Stunden. Das ergibt ebenso eine Durchschnittsgeschwindigkeit von ca. 3000 km/h!!!

Von Purvas und Vimanas

Kein Epos der Frühgeschichte beschreibt so ausführlich und exakt die Flugapparate der Götter wie die Sanskrit-Texte in den indischen Veden. Aber auch hier gilt wohl, dass das Geschilderte sich nicht in Indien zugetragen hat, sondern auf weltumspannenden Geschehnissen der Frühzeit basiert. Dr. Richard Thompson, Mitbegründer des Bhaktivedanta-Instituts im kalifornischen San Diego, ist jedenfalls überzeugt, dass die vedische Literatur vielfältige und eindeutige Beschreibungen von Außerirdischen enthält, die Einfluss auf den Werdegang der Menschheit nahmen.

Dieses Nationalepos enthält eine solch riesige Fülle an Raumschiffbeschreibungen, dass an dieser Stelle ein kurzer Auszug genügen muss. Die unterste Stufe der vier geschilderten Flugapparate bilden die Purvas, die mechanisch betrieben wurden und sich wohl nur innerhalb der Erdatmosphäre bewegten. Die Purvas bieten sich zu einem interessanten Vergleich mit den im 1. Hesekiel-Kapitel ausführlich beschriebenen Cherubim an. Der NASA-Ingenieur Josef Blumrich stand von Dänikens Theorien eher skeptisch gegenüber und wollte den flugtauglichen Cherub mit seinen vier Alurädern, die ohne zu lenken in alle Richtungen fahren konnten, widerlegen. Das Ergebnis seiner Recherche: Blumrich erhielt ein Patent für ein solches Rad, das eben alle beschriebenen Eigenschaften aufweisen konnte.

Für einen Liftbetrieb kamen wohl die vielbeschriebenen Vimanas als Shuttlegefährte in Betracht, die »als Luftwagen beweglich den Raum durchmessend und sich von selbst bewegend« ihren Dienst erfüllten, um anschließend zu den Sabha-Raumschiffen zu gelangen, die im Weltall stationiert waren. Ein Indiz dafür, dass die Sabhas die Endstation in fast 35.800 Kilometer Höhe waren, liefert die prägnante und erstaunliche Beobachtung im Sabhaparvan, in dem beschrieben ist, dass diese Station sich permanent in einer unveränderten Position über der Erde befand. Bestehen immer noch Zweifel an einem Weltraumlift? Denn nur in dieser Höhe über dem Äquator ergibt sich diese besondere Situation, während alle Satelliten und Raumstationen in geringeren Höhen den gesamten Erdball in kürzester Zeit überfliegen. Dass die Außerirdischen sehr wahrscheinlich in der Nähe der Sabhas ein Mutterraumschiff positioniert hatten, dafür steht das vierte Vehikel, die Puras, auch als »fliegenden Städte« bezeichnet, die sich in gleicher Höhe »stets um die eigene Achse drehten«, um eine künstliche Schwerkraft zu erzeugen.

Die Montage des Weltraumlifts im Popol Vuh

Ein anderes Beispiel aus dem indianischen Popol Vuh ist zwar nur ein kleiner, aber dennoch bedeutender Hinweis auf die Vorgehensweise über die Installation des Weltraumfahrstuhls: Wie die vier Weltenden, die vier Seiten bestimmt und die Male gesetzt wurden, wie die Schnur gespannt und wie ausgemessen wurde die Weite des Himmels und der Erde. Überträgt man diese zwar sehr kurze, aber prägnante Aussage in den heutigen Sprachgebrauch, erhält man eine exakte Beschreibung der nötigen Schritte für den gesamten Aufbau des Liftsystems:

1. Die vier Weltenden und die vier Seiten kann nur bedeuten, dass zuerst die genaue Position des Äquators auf der Erde bestimmt wurde.
2. Die Male gesetzt lässt die Vermutung nahelegen, dass der Standort (in Nazca) festgesetzt und hergerichtet werden musste.
3. Die Schnur gespannt ist ein klarer Beleg, dass von allen Komponenten des Systems der Kabelstrang als bedeutendstes Teil montiert werden musste.
4. Mit dem Ausmessen der Weite zwischen Himmel und Erde kann nur die Berechnung der Distanz von der Erdoberfläche bis in 35.800 Kilometern Höhe gemeint sein, um die endgültige Länge des Kabels festzulegen.

Geht man davon aus, dass eine Straße eine feste Verbindung zwischen zwei Punkten ist, findet sich im Popol Vuh eine weitere interessante Passage, die einen Bezug zu einem Weltraumlift erkennen lässt. Im Buch der Jaguarpriester wird vermerkt, dass die Götter von der Straße zu den Sternen auf die Erde herabstiegen.

Nimmt man sich die Freiheit, Mythologisches als tatsächliche Geschehnisse zu entschlüsseln, findet man sogar einen Hinweis auf die abgeschnittenen Felsen in der Palpa-Region. Von Gott Zipacná, dem Sohn des Siebenpapagei, dem Erschaffer der Gebirge, wie er genannt wurde, wird Folgendes berichtet: Zipacná spielte Ball mit den großen Bergen… Insgesamt werden ihm sechs Berge zugesprochen, die er in einer Nacht herrichtete. Deshalb ist die Mutmaßung naheliegend, dass jener Zipacná für das Abfräsen des Berggipfels in der Palpa-Region verantwortlich war. Wenn er dafür nur eine Nacht benötigte und diese Aktion für ihn wie Ballspielen war, kann man sich ausmalen, über welch überragende Technik die Außerirdischen verfügt haben mussten.

Überraschenderweise findet sich in der ägyptischen Mythologie mit Seth ebenfalls ein Götterzögling, dem das Attribut zugesprochen wurde, »er könne Berge abschneiden«. Einige Ethnologen sehen vielleicht deshalb einen Zusammenhang zwischen dem Osiris-Mythos und dem Maya-Gott Siebenpapagei. Wie der ägyptische Erdgott Geb mit Osiris und Seth, hatte Siebenpapagei ebenfalls zwei Söhne, Zipacná und seinen Bruder Cabracán, den Erschütterer der Berge. Nur geschah hier kein Brudermord wie in Ägypten, sondern alle drei indianischen Götter wurden von den Menschen liquidiert. Während Seth der böse Bube bei den Ägyptern war, übernahm diese Rolle bei den Mayas Cabracán. Für die Ethnologen müsste es doch mehr als reizvoll sein, herauszufinden, wie sich aufgrund tatsächlicher Geschehnisse zwei verschiedene Erzählungen entwickelten, in welchen die Obergötter mit Zipacná und Seth je einen Sohn hatten, denen es ohne größere Anstrengungen gelang, Berge zu verändern.

Der Turmbau zu Babel – ein Nazca-Modell

Während die zuvor erwähnten Berichte in einem direkten Bezug zu einem Weltraumlift stehen, lassen die folgenden Beispiele dies nur indirekt zu. Man könnte sie eher als die »Nachwehen« dieser spektakulären Konstruktion bewerten. Denn die Zeit, als in Nazca die Pforte zum Himmel noch in Betrieb war, lag ja schon viele Jahrhunderte zurück, zudem hatte die Polverlagerung und ein neuer Äquator diesen Ort für eine Bodenstation als Weltraumlift zur Ruine verkümmern lassen, und eine übergeordnete Macht war auf der Erde ebenso nicht mehr präsent. Die Sehnsucht aber, in himmlische Sphären aufzusteigen, war seit jeher aktuell und nährt bis heute bei Christen wie Muslimen die Hoffnung, eines Tages in den Himmel aufzusteigen. Also musste kurzentschlossen ein Turm her, um in diese verklärten Welten wieder aufsteigen zu können.

Weltweit existieren derartige Berichte über ein Turmbauprojekt, das bis in den Himmel reichen sollte. Dennoch ist davon auszugehen, dass dieses vielerorts beschriebene Bauprojekt nur ein einziges war. Besonders bekannt aus dem 11. Moses-Kapitel: Und als man begann, einen Turm zu bauen, der bis an die Spitze des Himmels reichen sollte, gefiel es dem Herrn nicht. Sucht man aber nach einem Motiv für den Turmbau, kommt unwillkürlich die Himmelsleiter des Jakob ins Spiel. Vom Turmbau aber erzählten sich bereits die Indianer im Urwald von Amazonien, bevor Europäer zu ihnen gelangten; ebenso berichtet das mexikanische Volk der Tolteken von einem hohen Turm, dem Turm Zakuali. Nach einem deutschen Archäologen soll der Tempelturm von Etemenanki der in der Bibel erwähnte Turm zu Babel gewesen sein. Da für mich die Bibel in vielem wahrheitsgetreu ist, dürfte der kleine gefundene Rest des sumerischen Zikkurats kaum den beschriebenen Monster-Tower verkörpern.

Es ist an der Zeit, sich endlich von der Vorstellung zu lösen, dass sich in der Bibel beschriebenen Geschehnisse ausschließlich im Gebiet zwischen den Flüssen Nil, Jordan, Euphrat und Tigris zugetragen haben. Die Indizien lassen den eindeutigen Schluss zu, dass sich einige der Schilderungen vielmehr auf Atlantis oder auch auf Südamerika beziehen. In der Apokalypse des Johannes wird Babel als die Weltmetropole beschrieben, die am großen Wasser oder am Meer lag. Es bestand schon immer der leise Verdacht, dass mit dem ersten Babylon die Kapitale von Atlantis gemeint war. Einer völlig degenerierten und ausgeflippten Gesellschaft wie der von Atlantis kann ohne weiteres ein entsprechender Naivitätsgrad attestiert werden, diese verrückte Idee in die Tat umzusetzen. Dass die Götter diesen Turm zum Einsturz brachten – eher eine Fabel. Vielmehr ist davon auszugehen, dass eine mangelhafte Bauausführung für den Zusammenbruch verantwortlich war.

Weil nun einmal alles darauf hindeutet, dass die Pole vor über 13.000 Jahren aufgrund der hier präsentierten eindeutigen Belege eine andere Position hatten, dass Gebiete wie Sibirien, Finnland und Teile der Antarktis klimatisch günstiger positioniert waren und zudem abgefräste Bergkuppen auf dem Äquator lagen, bleibt für das ehemalige Nazca-Rätsel nur eine einzige logische Konsequenz, nämlich dass dort ehemals ein Weltraumlift montiert war. Abermillionen von abgetragenen Kubikmetern puren Felsens warten förmlich auf eine einleuchtende Erklärung. Dieser gewaltige Arbeitsaufwand wurde gewiss nicht ohne Grund betrieben, und es waren dafür andere Techniken vonnöten, als sie die damaligen Ureinwohner besaßen. Zudem dürfen auch für dieses Mysterium die Menschheitserinnerungen nicht unterschätzt werden, die eindeutig und auch glaubwürdig von einem Fahrstuhl ins All berichten. Mögen auch die Pisten im ersten Augenblick an eine Landepiste für Flugapparate erinnern – dieser Traum ist infolgedessen ebenso ausgeträumt wie für die Religionen die Himmelfahrt als ein Grundpfeiler und wesentlicher Bestandteil ihres religiösen Verständnisses.

Somit könnte tatsächlich eines der größten Rätsel der Erde, die Ebene von Nazca, durch einen kleinen Zufall eine endgültige Lösung gefunden haben.

Mythos Atlantis

Für die These eines radikalen Einschnitts in den Verlauf der Menschheitsgeschichte und von dramatischen Veränderungen in unserem Sonnensystem durch Außerirdische ist es wahrlich nicht von Relevanz, ob der sagenumwobene Kontinent Atlantis jemals existierte oder nur ein Phantasiegebilde ist. Erhärtet sich jedoch eines Tages die Vermutung außerirdischer Einflussnahme und steht nicht mehr zur Disposition, rückt gleichzeitig die Bildung der ersten Zivilisation bis zu deren Ende durch die Sintflut in einen realistischen Bereich. Folgerichtig entsteht dann aus dem archaischen Mythos Atlantis unweigerlich ein Faktum Atlantis.

Keine zur Legende gewordene Erzählung geistert seit dem Frühbeginn der Kulturen so oft durch die Menschheitsgeschichte wie die Sage von Atlantis. Über 25.000 Bücher und Berichte sollen zu diesem Thema existieren. Als regelrecht fatal für die seriöse Atlantis-Forschung erwies es sich, dass jeder Lokalfürst versuchte, sein eigenes Atlantis publik zu machen. Und die Medien beteiligten sich gerne an diesem fragwürdigen Spiel, frei nach dem Motto: je öfter ein Atlantis auftaucht, umso verworrener wird die ganze Geschichte. Die Griechen hätten es zu gerne auf Santorin gesehen, einige Deutsche unter ihrem Anführer Jürgen Spanuth versetzten Atlantis auf die Insel Helgoland, andere wiederum vermuteten Atlantis im spanischen Cadiz oder auf der Mittelmeerinsel Malta. Diese Aufzählung ließe sich noch beliebig weiterführen. Nicht im Geringsten nachvollziehbar, wie in einer TV-Sendung einem englischen Wissenschaftler Raum gegeben wurde, sein Atlantis auf einer südamerikanischen Hochebene!!! zu lokalisieren. Die Größe der Ebene und einige Mauerreste genügten wohl, den versunkenen Kontinent hier zu platzieren. Hochebenen scheinen gegenwärtig

»in« zu sein, denn auf der »Atlantis-Konferenz 2005« auf der griechischen Insel Milos wurde Atlantis im algerischen Hochland geortet, neben 47 anderen Orten weltweit. Hoffentlich sind die paar Jahre bald vergangen, bis man jede Ecke auf der Erde mit Atlantis in Verbindung gebracht hat und man mangels neuer geographischer Alternativen endlich zu Platons Urversion zurückkehrt, die unmissverständlich lautet: Atlantis lag im Atlantik!

Vor diesem Hintergrund ist es nicht verwunderlich, dass die über Atlantis publizierten Geschichten ebenfalls immer skurrilere Formen annahmen. Der Variantenreichtum erstreckt sich von magischen Kristallen über Flugzeuge, die sich auf Laserbahnen bewegten, bis zur Fehlnutzung der Atomenergie, welche letztendlich für den Untergang verantwortlich sein sollte. Natürlich darf der Kontakt zu den früheren Bewohnern des kleinen Kontinents mittels Psi in dieser Palette auch nicht fehlen.

Alle Kontroversen um Atlantis hatten in der Regel ihren Ursprung in Platons Atlantis-Erzählung. Es existieren zwar aus fast allen Kulturkreisen Berichte über den versunkenen Kontinent, wie zum Beispiel auch im indianischen Popol Vuh oder der germanischen Edda, aber keiner schildert so ausführlich die Historie des ersten Weltreiches wie Platon in seiner Atlantis-Erzählung, basierend auf den beiden Dialogen mit Timaios und Kritias. Von der gesamten Erzählung soll nur das wiedergegeben werden, was für die hier präsentierte Theorie relevant erscheint. Dem von den Platon-Kritikern oft vorgebrachten Argument, der gesamte Bericht sei ein Phantasieprodukt, kann in einigen Passagen nicht widersprochen werden. Es liegt aber wohl in der Natur des Menschen, Erinnerungen im Nachhinein immer mehr auszuschmücken. Das kann einer der Gründe dafür sein, dass die gesamte Atlantis-Erzählung einen zu überspannten Eindruck hinterlässt. Trotzdem ist eine totale Ablehnung ebenso wie eine zu euphorische Befürwortung fehl am Platz. Die Wahrheit wird wohl wie so oft irgendwo in der Mitte liegen.

Eine sehr seltsame, aber durchaus wahre Geschichte ...

Im griechischen Peiraieus fand ein Fest zu Ehren der Göttin Bendis statt, in dessen Verlauf Kritias seinen Zuhörern, unter ihnen Platon und wohl auch Sokrates, die Geschichte von Atlantis schilderte. Es wird berichtet, wie der weise Solon nach Ägypten reiste und in der Stadt Sais im Nildelta von einem Priester die Geschichte über Atlantis erfuhr. Und weil diese Erzählung doch sehr phantastisch erschien, machte Kritias mehrmals darauf aufmerksam, dass es zwar eine sehr seltsame, aber durchaus wahre Geschichte sei, die der alte Solon mitgebracht hatte.

Wie fast jeder Bericht beginnt auch dieser über Atlantis mit einem prologartigen Hinweis des ägyptischen Priesters in Sais, der Solon erst einmal über die eigene hellenistische Vergangenheit aufklärte – und so erfuhr Solon, dass die griechische Sage über Phaeton, den Sohn des Sonnengottes Helios, der sich Papas Wagen auslieh, es aber nicht vermochte, dieses Gefährt richtig zu lenken, woraufhin alles auf der Erde verbrannte, in Wahrheit ganz anders abgelaufen war: Nun höre, Solon, jetzt will ich dir sagen, wie es wirklich gewesen ist: Die Bahnabweichung der am Himmel sich bewegenden Gestirne war für die Vernichtung von allem verantwortlich. Als Solon dies hörte, war er sehr erstaunt, dass seine ägyptischen Gastgeber mehr über die hellenische Urgeschichte wussten als er selber. Seine Neugier war geweckt, und so bat er die Priester, ihm die ganze Geschichte der alten Bürger seines Staates in genauer Reihenfolge wiederzugeben.

Der Priester aber habe erwidert: Ich will dir nichts vorenthalten, mein Solon, sondern dir alles mitteilen, sowohl dir als eurem Staate, vor allem aber der Göttin zuliebe, welche euren so wie unseren Staat gleichmäßig zum Eigentume erhielt und beide erzog und bildete, und zwar den euren tausend Jahre früher aus dem Samen, den sie dazu von der Erdgöttin Ge und dem Hephaistos empfangen hatte, und später eben so den unsrigen. Die Zahl der Jahre aber, seitdem die Einrichtung des Letzteren besteht, ist in unseren heiligen Büchern auf achttausend angegeben. Von euren Mitbürgern, die vor neuntausend Jahren entstanden, will ich dir also jetzt im kurzen berichten, welches ihre Staatsverfassung und welches die herrlichste Tat war, die sie vollbrachten; das Genauere über dies alles aber wollen wir mit Muße nach der Reihe durchgehen, indem wir die Bücher selber zur Hand nehmen...

Unsere Bücher erzählen nämlich, wie eine gewaltige Kriegsmacht einst euer Staat gebrochen hat, als sie übermütig gegen ganz Europa und Asien zugleich vom atlantischen Meere heranzog. Damals nämlich war das Meer dort befahrbar, denn vor der Mündung, welche ihr in eurer Sprache die Säulen des Herakles heißt, hatte es eine Insel, welche größer war als Asien und Libyen zusammen, und von ihr konnte man damals nach den übrigen Inseln hinübersetzen, und von den Inseln auf das ganze gegenüberliegende Festland, welches jenes recht eigentlich so zu nennende Meer umschließt. Denn alles das, was sich innerhalb der eben genannten Mündung befindet, erscheint wie eine bloße Bucht mit einem engen Eingange, jenes Meer aber kann in Wahrheit also und das es umgebende Land mit vollem Fug und Recht Festland heißen. Auf dieser Insel Atlantis nun bestand eine große und bewunderungswürdige Königsherrschaft, welche nicht bloß die ganze Insel, sondern auch viele andere Inseln und Teile des Festlands unter ihrer Gewalt hatte. Außerdem beherrschte sie noch von den hier innerhalb liegenden Ländern Libyen bis nach Ägypten und Europa bis nach Tyrrhenien hin. Indem sich nun diese ganze Macht zu einer Heeresmasse vereinigte, unternahm sie es, unser und euer Land und überhaupt das ganze innerhalb der Mündung liegende Gebiet mit einem Zuge zu unterjochen...

Da wurde nun, mein Solon, die Macht eures Staates in ihrer vollen Trefflichkeit und Stärke vor allen Menschen offenbar. Denn vor allen andern an Mut und Kriegskünsten hervorragend, führte derselbe zuerst die Hellenen, dann aber ward er durch den Abfall der anderen gezwungen, sich auf sich allein zu verlassen, und als er so in die äußerste Gefahr gekommen, da überwand er die Andringenden und stellte Siegeszeichen auf und verhinderte so die Unterjochung der noch nicht Unterjochten und gab den andern von uns, die wir innerhalb der herakleischen Grenzen wohnen, mit edlem Sinne die Freiheit zurück. Späterhin aber entstanden gewaltige Erdbeben und

Überschwemmungen, und da versank während eines schlimmen Tages und einer schlimmen Nacht das ganze streitbare Geschlecht bei euch scharenweise unter die Erde, und ebenso verschwand die Insel Atlantis, indem sie im Meere unterging. Deshalb ist auch die dortige See jetzt unfahrbar und undurchforschbar, weil der sehr hoch aufgehäufte Schlamm im Wege ist, welchen die Insel durch ihr Untersinken hervorbrachte...

Am Meer und über die Mitte der ganzen Insel hin lag eine Ebene, die die schönste aller Ebenen und von trefflicher Fruchtbarkeit gewesen sein soll. An der Ebene wiederum lag in der Mitte ihrer Längenerstreckung, etwa 50 Stadien (ca. 9,6 km) vom Meer entfernt ein allerwärts niedriger Berg. Auf diesem wohnte einer von den dort am Anfang aus der Erde entstandenen Männer, Euenor mit Namen und mit seiner Frau Leukippe zusammenwohnend. Sie hatten zusammen eine einzige Tochter, Kleito, gezeugt. Als das Mädchen bereits in das Alter der Mannbarkeit gekommen ist, stirbt ihre Mutter und auch der Vater; von Verlangen nach ihr wird Poseidon ergriffen und vereinigt sich mit ihr, und indem er den Hügel, auf dem sie wohnte, wohlbefestigt machte, trennte er ihn ringsum von seiner Umgebung ab, wobei er kleinere und größere Ringe von Meer und Land abwechselnd umeinander schuf, und zwar zwei von Land und drei von Meer, sie gleichsam mitten aus der Insel herausdrechselnd mit allenthalben gleichem Abstand, so dass der Hügel für Menschen unzugänglich war; Schiffe nämlich und Seefahrt gab es damals noch nicht. Er selbst aber stattete, da er ja ein Gott war, ohne Schwierigkeit die in der Mitte liegende Insel gehörig aus, indem er zwei Wasserquellen aus der Erde heraufführte, deren eine ihrer Quellen warm, die andere kalt entquoll, und indem er mannigfaltige und hinreichende Nahrung aus der Erde hervorgehen ließ...

Diese alle nun selbst sowie deren Nachkommen wohnten hier über viele Geschlechter und beherrschten viele andere im Atlantischen Meer gelegene Inseln und übten zudem noch, wie schon früher gesagt wurde, ihre Herrschaft über die innerhalb der Säulen des Herakles hier Wohnenden bis nach Ägypten und Tyrrhenien hin aus. Von Atlas nun entstammt ein zahlreiches und angesehenes Geschlecht, und indem der Älteste als König jeweils dem Ältesten seiner Nachkommen die Königswürde übergab, erhielten sie sich diese über viele Geschlechter; dabei besaßen sie einen Reichtum von so gewaltigem Ausmaß, wie er weder je vorher in irgendwelchen Königshäusern sich fand noch jemals später sich leicht finden kann. Und es war bei ihnen für alles gesorgt, wofür in der Stadt und auf dem übrigen Land zu sorgen nottat. Denn vieles floss ihnen auf Grund ihrer Herrschaft von außen her zu...

Zuerst überbrückten sie die Meeresringe, welche die alte Mutter-Stadt umgaben, und schufen so einen Weg nach außen und umgekehrt. Den Königspalast aber hatten sie sogleich zu Anfang an diesem Wohnsitze des Gottes und ihrer Ahnen erbaut, und indem der eine diesen vom andern übernahm und den bereits ausgeschmückten weiter ausschmückte, suchte er jeweils seinen Vorgänger nach Kräften zu übertreffen, bis sie ihre Wohnung zu einem durch Umfang und Schönheit ihrer Werke überwältigenden Anblick gemacht hatten. Denn vom Meer ausgehend, gruben sie einen drei Plethren breiten, hundert Fuß tiefen und fünfzig Stadien langen Durchstich bis zum äußersten Ring (96 m breit, 32 m tief und 9,6 km lang); hier schufen sie die Zufahrt vom Meer zu jenem Ring wie zu einem Hafen, wobei sie eine Trichtermündung brachen, die für das Einlaufen der größten Schiffe ausreichte. Auch durch die Erdringe, welche diejenigen des Meeres voneinander trennten, brachen sie an den Brücken eine Durchfahrt von einem zum anderen Ring, die für eine Triere breit genug war, und überdachten dieselben oben, so dass die Durchfahrt untendrunter erfolgte. Denn die Ränder der Erdringe hatten eine Höhe, welche das Meer genügend überragte. Der größte Ring aber, in welchen das Meer durch den Kanalbau hineingeleitet worden war, besaß eine Breite von drei Stadien (576 m). Ebenso breit wie dieser war der daran anschließende Erdring. Von dem zweiten Ringpaar hatte der flüssige eine Breite von zwei Stadien (384 m), und der feste war wiederum ebenso breit wie der ihm vorausgehende flüssige. Ein Stadion (192 m) breit war endlich derjenige, welcher um die in der Mitte liegende Insel selbst herumlief. Die Insel aber, auf welcher der Königspalast lag, hatte einen Durchmesser von fünf Stadien (960 m).

Diese Insel sowie die Erdringe und die Brücke, die in der Breite ein Plethron (32 m) maß, umgaben sie ringsum auf beiden Seiten mit einer steinernen Mauer und errichteten auf den Brücken bei den Durchgängen der See nach beiden Seiten Türme und Tore.

Die Schiffswerften waren mit Trieren und allem Zubehör, was zu Trieren gehört, angefüllt, alles aber war vollkommen ausgerüstet. So nun war die Umgebung der Wohnung der Könige ausgestattet. Hatte man aber die Häfen, deren drei waren, in Richtung nach außen überschritten, dann lief, vom Meer ausgehend, eine Mauer ringsherum, überall fünfzig Stadien (9,6 km) vom größten Ring und Hafen entfernt, und vereinigte sich wieder an der Kanalmündung am Meer. Dies alles nahmen zahlreiche und dichtgedrängte Wohnungen ein; die Seezufahrt und der größte Hafen aber waren mit Schiffen und Handelsleuten überfüllt, welche aus aller Welt kamen und Geschrei, Gewirr aller Art und Krach auf Grund ihrer Menge bei Tag und Nacht verursachten.

Über die Stadt nun und die Umgebung des alten Wohnsitzes ward jetzt annähernd alles berichtet, wie es damals erzählt wurde. Wie aber die Natur des übrigen Landes beschaffen war und die Form seiner Ordnung, das zu berichten muss jetzt versucht werden. Erstens also war der Erzählung nach die ganze Gegend sehr hochgelegen und zum Meer steil abfallend, die Umgebung der Stadt dagegen durchgängig eine Ebene, die jene umgab, ihrerseits aber von Bergen umgeben wurde, die sich bis zum Meer hinzogen. Sie war glatt und flach und als Ganzes ein längliches Rechteck, nach der einen Seite dreitausend Stadien (576 km) lang, in der Mitte aber vom Meer aus nach oben zweitausend (384 km) breit.

Auf Grund einer derartigen Überlegung also und weil die göttliche Natur bei ihnen blieb, gedieh ihnen alles früher Geschilderte. Als aber der Anteil des Gottes in ihnen dadurch schwand, dass er viel und häufig mit Sterblichem versetzt wurde, und der menschliche Charakter die Oberhand gewann, da vermochten sie bereits nicht mehr ihre Lebensumstände zu ertragen und benahmen sich schändlich und erschienen dem, der sehen konnte, als hässlich, indem sie das Schönste unter allem Wertvollsten zugrunde richteten; dagegen wurden sie von denen, die nicht imstande waren, ein wahrhaft zur

Glückseligkeit führendes Leben zu sehen, damals erst recht für vollkommen schön und für glückselig gehalten, wo sie erfüllt waren von ungerechter Habgier und Macht.

Aber der Gott der Götter Zeus, der nach Gesetzen waltende, erkannte, da er derartiges zu durchschauen vermochte, dass ein wackeres Geschlecht beklagenswerten Sinnes sei, und beschloss, ihnen eine Strafe aufzuerlegen, damit sie, zur Besonnenheit gebracht, verständiger würden, und er versammelte die Götter alle in ihrem ehrwürdigsten Wohnsitze, welcher im Mittelpunkt der gesamten Welt steht und alles überschaut, was des Werdens teilhaftig wurde; nachdem er sie versammelt hatte, sprach er… (Hier endet der Bericht.)

Aristoteles, der »Bremser der Antike«

Nach Platons Überlieferung soll Atlantis 9000 Jahre vor seiner Zeit untergegangen sein. Mit dieser Datierung war ein Konflikt vorprogrammiert, der bis heute anhält. Diese Zeitangabe war nach Meinung der etablierten Wissenschaften einfach nicht akzeptabel und wurde kategorisch abgelehnt. Also wurde Platon unterstellt, bei den Zahlen einfach eine Null zu viel genommen zu haben. Bei den geographischen Angaben würde sich nach dieser Methode schon irgendein kleines Inselchen finden lassen, das zu Atlantis passte. Schon stimmte das Weltbild wieder. Die groteske Vorstellung einer Hochkultur 9000 Jahre vor Platon war damit vom Tisch. Wäre ja noch schöner gewesen, wo man sich doch auf überschaubare 5000 Jahre von der heutigen Zeit aus gesehen eingerichtet hatte. Warum in Bezug auf die Entwicklung der Kulturen irgendwann diese ideologische Schranke »3000 v. Chr.« heruntergelassen wurde, dafür gibt es bis heute keinen nachvollziehbaren Grund. Wie man diese Schranke fürchtete, zeigt das Verhalten französischer Kirchenfürsten noch im 19. Jahrhundert, die Jean-Francois Champollion, der Berühmtheit durch die Entschlüsselung der Hieroglyphen erlangte, mit dem Ende seiner Karriere drohten, wenn er es wagte, Daten zu veröffentlichen, die auf eine Zeit über 1500 v. Chr. hinwiesen.

Platons detaillierte Schilderung vom Leben auf Atlantis diente als willkommener Anlass, ihm zu unterstellen, nur ein ideales Staatengebilde zu beschreiben. Unterstützung fanden die Spötter in keinem Geringeren als in Platons Schüler Aristoteles. Paradoxer könnte die Unterstellung eigentlich nicht sein: Ein idealer Staat mit seinen Bewohnern befindet sich in einem so jämmerlichen Zustand, dass ihm die totale Vernichtung droht. Eigentlich hätte ja das hellenische Volk als ideales Vorbild gelten müssen, verhinderte es doch laut Kritias bei einem Angriff der Atlanter ihre Unterjochung wie auch die der benachbarten Völker. Deshalb stellt sich die Frage, warum ein dermaßen degeneriertes Staatswesen als Vorbildfunktion gepriesen wird.

Die philosophischen Ansichten im alten Griechenland diktierte einerseits das konservative Athen, andererseits entwickelte sich ohne den Einfluss mythologischer Dogmen in der griechischen Küstenkolonie Milet im westlichen Kleinasien die Geburtsstätte der abendländlichen Wissenschaft und Philosophie. Wie viele der dort geäußerten Gedanken und Theorien in Ägypten ihren Ursprung hatten, lässt sich heute nur erahnen. Viele der führenden Köpfe unter den Griechen, wissbegierig, wie sie nun einmal waren, suchten ständig Ägyptens Hochschulen, Tempel und Priester auf. Dass folglich ein Transfer von Wissen zwischen den beiden Kulturen stattfand, ist ein ganz normaler Vorgang. So ist es heute ein offenes Geheimnis, dass der berühmte Lehrsatz des Pythagoras seinen Ursprung an einer ägyptischen Hochschule hatte. Anaximander, ein Schüler von Thales, vertrat die Ansicht, dass die Erde im Universum unzählige Male vorkommt und andere intelligente Rassen existieren. Mit diesen Visionen konnte sich Aristoteles wahrlich nicht anfreunden. Seiner Ansicht nach war die Erde der Mittelpunkt des Universums, um den die Sonne, Mond und Sterne kreisten. Kein Wunder, dass der »größte Bremser der Antike« die abendländische Philosophie bis in die Neuzeit beeinflusste. Logisch auch, dass die Kirchenfürsten ihm Ehrerbietungen erwiesen und ihn feierten, allen voran der später heilig gesprochene Thomas von Aquin, dem die antike Lehre Aristoteles' mit seinem geozentrischen Weltbild als Fundament für die katholische Weltanschauung diente.

Somit wurde Aristoteles zum unbestrittenen King der Philosophie, auf den man sich bis heute immer wieder gerne beruft. Dass er später eventuell Zweifel bekam und in seinen letzten Werken intelligente außerirdische Zivilisationen andeutete, erwähnte man nicht so gerne, ebenso wie den Bericht des Kantors von Soloi, der sich 260 v. Chr. auf den Weg machte, um Platons Erzählung zu überprüfen. Das Ergebnis dieser Reise nach Ägypten: Platons Atlantis-Bericht sei Wort für Wort die historische Wahrheit, er habe den Bericht an den Säulen in Sais selbst überprüft.

Wäre Aristoteles zur seiner Zeit im Besitz einer aktuellen Weltkarte gewesen, hätte er gewiss Platons Ausführungen positiver beurteilt. Bei einem Vergleich mit Platons geografischen Beschreibungen wäre er wohl zu seiner eigenen Verblüffung zu der Feststellung gelangt, dass diese bis ins Detail mit den tatsächlichen geographischen Beschaffenheiten übereinstimmten. Umso unbegreiflicher, mit welcher Dreistigkeit heutzutage noch die geographische Beschreibung Platons ignoriert wird, wenn irgendwo wieder ein neues Atlantis auftaucht. Ein beredtes Beispiel lieferte ein TV-Beitrag, zu dessen Beginn der alternde Platon bei diffusen Lichtverhältnissen seine Atlantis-Erzählung auf eine Unterlage kritzelte. Zugleich folgte der Hinweis, dass Platon leider nicht erwähnte, wo Atlantis einst gelegen hatte! Beim Zeus, da fragt man sich doch, hatte der Fernsehredakteur oder Platon einen Imiglikos plus dreier Ouzos zu viel getrunken, dass er auf die Schnapsidee kam, Atlantis lag vor der Mündung, die bei euch Säulen des Herakles heißt, eine Insel, größer als Asia und Libya zusammen, und von ihr aus konnte man damals noch nach den anderen Inseln hinüberfahren und von diesen Inseln auf das ganze gegenüberliegende Festland, das jenes in Wahrheit so heißende Meer umschließt...

Diese exakte topographische Beschreibung des Westatlantiks müsste eigentlich alle Atlantis-Forscher zum Schweigen bringen, die »ihr« Atlantis überall dorthin verlegen, nur nicht an den Ort, wo es nach diesem Bericht hingehört. Skizziert sie doch den Weg durch die Säulen des Herakles, so hieß im Altertum die Straße von Gibraltar, nach Atlantis, danach die Inselwelt der Karibik sowie den amerikanischen Festlandsockel. Damit kein falscher Verdacht aufkommt: Mit Asia und Libya bezeichneten die Griechen die damals bekannten Gebiete von Tunesien und Libyen.

Atlantis – Realität oder Wunschdenken?

Es ist unumstritten, dass wissenschaftliche Beweise für die Existenz des Inselreiches Atlantis bis heute fehlen. Wie sich jedoch bei der Venus-Katastrophe überraschend herauskristallisierte, dass eine Vielzahl mythologisch interpretierter Überlieferungen sich im Nachhinein mit den wissenschaftlichen Fakten decken und deshalb als »Tatsachenberichte« rehabilitiert werden können, gibt es kaum einen Grund, daran zu zweifeln, dass es sich bei den zahlreichen Atlantis- und Sintflutberichten ebenso verhält.

Es ist nicht das Ziel, eine phantastische prähistorische Hochkultur zu suggerieren, wie es vielfach von einigen esoterisch beeinflussten Zeitgenossen mit ihren abwegigen Visionen geschieht. Vielmehr wäre es wünschenswert, das augenblicklich fehlende Interesse der Wissenschaften zu diesem Thema aufs Neue zu initialisieren. Unter Einbeziehung der Venus-Katastrophe präsentiert sich ein umfangreiches Material, das bei der hartnäckigen Anti-Atlantis Front wenigstens ein Nachdenken auslösen sollte. Weil gegenwärtig die für die Suche nach Atlantis aufgebrachte Energie vor allem von der naturwissenschaftlichen Seite gleich null Newtonmeter beträgt, sollen in einer Retrospektive die Aufzeichnungen von Muck, Berlitz u. a. berücksichtigt werden, denn diese zum Teil schon Jahrzehnte alten Arbeiten dürfen keineswegs ignoriert werden.

Nach über zweitausendjährigem Schweigen erlebte die Atlantis-Forschung im 19. Jahrhundert eine Wiederbelebung vor allem durch den Amerikaner Ignatius Donnelly, der mit seinem Werk »Atlantis – die vorsintflutliche Welt« das Interesse an Atlantis neu entfachte. Donnelly, Kongressabgeordneter und Kandidat für die Vizepräsidentschaft der USA, war nach dem Studium aller zur Ver-

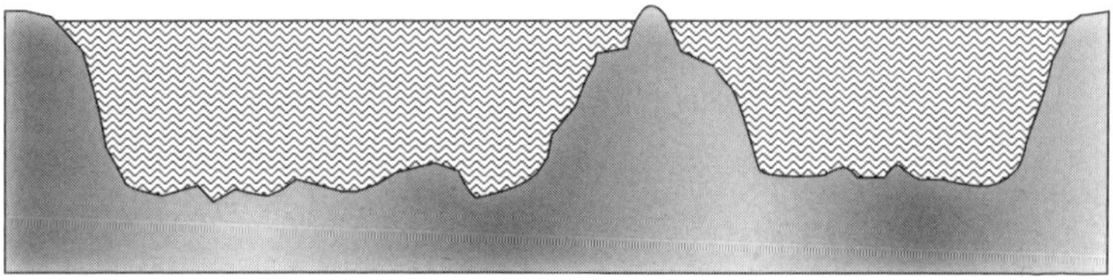

Das Bodenrelief zeigt von links nach rechts den nordamerikanischen Festlandsockel, das nordamerikanische Becken, den Mittelatlantischen Rücken mit den herausragenden Azoren und das Becken bis zum europäisch/afrikanischen Festlandsockel.

fügung stehender Überlieferungen überzeugt, dass Atlantis im Bereich der Azoren liegt und dass in diesem Gebiet eine Erhebung des Meeresbodens vorhanden sein müsste. Eine Bestätigung dieser Vermutung lieferten die amerikanischen Forschungsschiffe »Challenger« und »Dolphin«; aber auch deutsche Schiffe wie die »Gazelle« und »Meteor« waren an der Expedition beteiligt. Das unterseeische Hochplateau auf dem Mittelatlantischen Rücken, auch Dolphinrücken genannt, wurde somit zum ersten Mal wissenschaftlich erforscht. Wie aus obiger Schnittzeichnung zu ersehen ist, erhebt sich in der riesigen Ozeanwanne zwischen Amerika und Europa/ Afrika eine massive Struktur, die tatsächlich die Basis für das untergegangene Atlantis sein konnte. Ohne dieses Massiv hätte die Atlantis-Hypothese ad acta gelegt werden können. Durch diese Erhebung in der Atlantikwanne ist somit zumindest vom geologischen Standpunkt her die Voraussetzung für einen Kontinent Atlantis im Atlantik gegeben.

Fortschritte in der Atlantis-Forschung zeigten sich dann erst wieder nach dem Zweiten Weltkrieg. Um die Existenz von Atlantis zu belegen oder auch zu widerlegen, erschienen vor allem in den 60er bis in die 80er Jahre des 20. Jahrhunderts eine Vielzahl von Publikationen. An einem Werk, sozusagen der Pflichtlektüre über Atlantis, kommt man nicht vorbei, wenn dieses Thema weitgehend unter naturwissenschaftlichen Aspekten betrachtet werden soll. Es handelt sich um »Alles über Atlantis« von Otto Heinrich Muck in einer überarbeiteten Neufassung und Kommentierung des durch seine wissenschaftlichen Beiträge im TV sehr populären Ernst von Khuon. Welche Zeiten waren es – im Gegensatz zu heute –, als sich der Wiener Muck der Thematik Atlantis annahm. Ein anerkannter Wissenschaftler ersten Ranges: Diplom-Ingenieur, Mitarbeiter in Peenemünde, Erfinder des U-Boot-Schnorchels. Darüber hinaus hatte er noch über 2000 weitere Patente erworben. Inwieweit die Gegenargumente auf Profilierungsversuchen beruhten oder auch weltanschauliche Beweggründe eine Rolle spielten, bleibt vorerst offen. So prallten die gegensätzlichen Meinungen aufeinander, ohne ein endgültiges Für oder Wider belegen zu können. Die besseren, logischeren Argumente konnte zweifelsfrei Muck präsentieren, und daran hat sich bis auf den heutigen Tag nichts geändert.

Beweise und Gegenargumente

Gegen den großen Muck wurde aus verschiedensten Bereichen der wissenschaftlichen Disziplinen Widerspruch erhoben. Die Atlantis-Thematik schloss immer auch die Sintflut mit ein, durch die das Inselreich im Atlantik versunken sein soll. Für die Annahme, dass Atlantis niemals existierte, steht eine Reihe von Wissenschaftlern, so zum Beispiel der schwedische Ozeanologe Högbom, der aufgrund von Bodenproben aus dem Azorenbereich die Ansicht vertrat, diese Gebiete lägen schon Millionen von Jahren unter der Wasseroberfläche – die Atlantis-Theorie sei endgültig tot. Für den tschechischen Geologen Zdenêk Kukal war aufgrund seiner Analysen das Thema Atlantis ebenso erledigt. Ganz und gar nicht von wissenschaftlicher Güte war seine Vermutung, ein solches Ereignis könne niemals über Jahrtausende hinweg mündlich überliefert werden. Selbstverständlich kann man Bodenproben aus dem Atlantik entnehmen und belegen, dass gewisse Sedimente Millionen von Jahren alt sind. Das ist aber kein Beweis, dass Atlantis nie existiert hat. Ebenso könnte man argumentieren: »Ich war in einem großen Wald, habe aber keinen Hasen gesehen, also habe ich bewiesen, dass es in diesem Wald keine Hasen gibt.« Vom Mittelatlantischen Rücken gehen nach beiden Seiten Querschwellen aus, die im kari-

Diese Darstellung von Muck zeigt den Verlauf der Querschwellen östlich vom Mittelatlantischen Rücken. Muck vermutete Atlantis (A) an dieser Stelle, andere wiederum vermuteten den Kontinent etwas südwestlicher. Die gestrichelten Ovale östlich von Florida sollen die Einschlagskrater im Atlantik markieren.

bischen Raum kaum noch vorhanden sind und deshalb für Muck ein Beleg für den Bruch der Erdkruste in diesem Gebiet darstellen. Für Kukal wiederum ist der regelmäßige Verlauf der Magnetstreifenmuster auf dem Atlantikgrund ein Beweis dafür, dass im gesamten Atlantikgebiet nie ein Impact stattgefunden hat.

Die meines Wissens letzte größere Arbeit über Atlantis stammt von den österreichischen Geologen Prof. Dr. Alexander Tollmann und seiner Frau Dr. Edith Kristan-Tollmann, die in ihrem 1993 erschienenen Buch »Und die Sintflut gab es doch – vom Mythos zur historischen Wahrheit« ebenfalls die Impact-Theorie befürworten, nach der ein Asteroideneinschlag das Ende der ersten irdischen Hochkultur bedeutete. Die gegenwärtig am häufigsten und überaus gerne vertretenen Meinungen über die weltumspannenden Fluten tendieren dagegen nicht zu einem Katastrophen-Impact, sondern favorisieren die »phlegmatische Geologie«, nach der ein langsames Abschmelzen des Polareises die klimatischen und geologischen Veränderungen auf der Erde vor über 10.000 Jahren bewirkt haben.

Die hier präsentierten Argumente dürften eigentlich beweisen, dass diese »Softeistheorie« nicht mehr aufrechterhalten werden kann. Gleichfalls ergeben sich daraus aber andere Schlussfolgerungen gegenüber solchen Forschern wie Muck, Berlitz oder den Tollmanns. Zwischen den Hypothesen des Heinrich M. und des M. Heinrich besteht eben ein kleiner Unterschied: Im Gegensatz zu Muck gehe ich davon aus, dass zwei frühgeschichtliche Katastrophen stattgefunden haben; dass der Asteroiden-Einschlag aufgrund fehlender Masse keine Polverlagerung um 1500 Kilometer auslösen und somit nicht für das Ende des Quartärs verantwortlich sein konnte. Damit kein Missverständnis entsteht – ich würde mir niemals anmaßen, mich auf eine Stufe mit Muck zu stellen. Mein Vorteil besteht jedoch darin, dass Muck sicherlich alle damaligen Daten über die Venus kannte, zu seiner Zeit aber leider noch keine Fotos der Asteroiden Ida und Eros existierten, die ihm eine andere Schlussfolgerung erlaubt hätten.

Die Kette der geologischen Beweise für ein Inselreich im Atlantik führt eine russische Expedition an, die im Jahre 1898 bei der Reparatur des Transatlantik-Kabels durch Zufall auch einen Felsbrocken aus den Tiefen des Atlantiks mit heraufholte, der später als Tachylit (glasierte Lava) identifiziert wurde. Doch wie gelangt Lava, die nur mit Hilfe von Sauerstoff entstehen kann, in eine Tiefe von über tausend Metern? Dazu gesellt sich noch der mineralogische Fakt, dass sich Tachylit nach spätestens 15.000 Jahren von selbst auflöst. In der Karibik stieß man auf ein weiteres »Steinwunder«; eine Forschergruppe der amerikanischen Duke University fand unter Wasser hellen Granit, ein Eruptivgestein, das nach der allgemeinen Meinung nur auf den Kontinenten existierte und deshalb auf eine untergegangen Landmasse hinwies. Dass Atlantis in einer vulkanischen Katastrophe versank, darauf deuten die aus mehreren Gebieten des Atlantiks entnommenen pfropfenartigen Bodenproben hin, die einen extrem hohen Anteil an vulkanischer Asche aufwiesen. Durchgeführte Echomessungen wiesen überraschend eine Sedimentdicke von nur 30 Metern auf, obwohl einige hundert Meter erwartet worden waren. Daraus folgerten die Wissenschaftler, dass sich der Atlantikboden erst vor kurzer Zeit derart geformt hat.

Vielen Strandgängern ist geläufig, dass der Sand, auf dem man so gerne geht, sich nur an den Küsten durch eine permanente Brandung bildet. Auf dem ruhigen Meeresboden herrschen mangels Strömungen andere Verhältnisse, und es dürften sich normalerweise keine Sandablagerungen bilden. An den Riffen um die Azoren jedoch entdeckten Forscher bis in Tiefen von über 5000 Metern und zudem bis zu 2000 Kilometer von Land entfernt Küstensand. So jedenfalls steht es in einem Forschungsbericht von Prof. Ewing von der Columbia University. Ein weiteres Indiz dafür, dass dieses Gebiet früher auf Meereshöhe lag. Im Gebiet der Azoren findet man außer den versunkenen Stränden noch weitere Hinweise, dass dieses Gebiet nicht seit Abermillionen von Jahren, sondern noch keine 15.000 Jahre unter Wasser liegt. Die auf dem Dolphinrücken anzutreffenden schroffen Felslandschaften mit ihren scharfen Kanten sind ein weiterer Anhaltspunkt, denn in Millionen von Jahren wären sie unweigerlich durch die permanenten Meeresströmungen »abgeschliffen« worden.

Wenn ein Asteroiden-Einschlag für den Untergang von Atlantis in Betracht gezogen wird, entstehen naturgemäß unterschiedliche Annahmen über den Zeitpunkt für diese Katastrophe. Es kristallisiert sich jedoch ein Zeitraum heraus, der von 9500 v. Chr. bis zu dem von Muck errechneten Datum, nämlich dem 6. Juni 8492 v. Chr., reicht. Muck beruft sich dabei auf die Maya-Chronik, die mit dem Tage Null an diesem Datum begann, weil ein epochales Ereignis, eben diese Weltenkatastrophe, eine neue Zeitrechnung einläutete.

Nach Mucks Berechnungen soll der Asteroid etwa acht Kilometer lang gewesen sein, als er aus nordwestlicher Richtung kommend und über der Ostküste Amerikas in zwei Teile zerbrechend mit der Wucht von 30.000 Wasserstoffbomben zielgenau in den Atlantik einschlug und die Erdkruste durchbrach, woraufhin Atlantis an nur einem Tag versank. Zusätzlich stürmte noch eine kilometerhohe Flutwelle über den versinkenden Kontinent hinweg. Allein schon

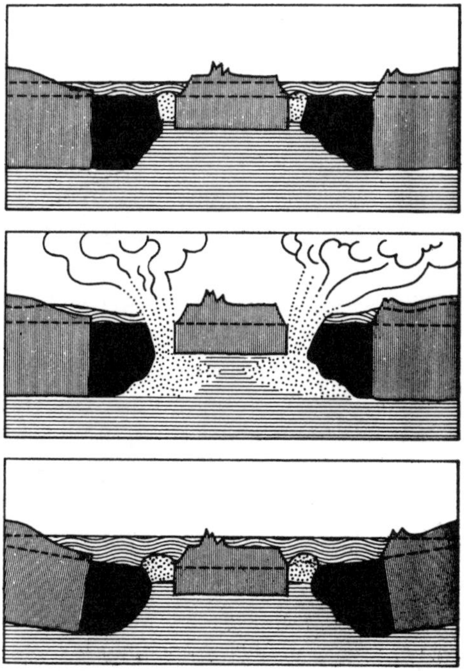

Eine weitere Darstellung von Muck zeigt in der ersten Abbildung die Inselscholle vor der Katastrophe, die breitflächig zwischen den Kontinentalschollen über dem Meeresspiegel liegt. Die zweite Abbildung verdeutlicht, wie während der Katastrophe aus den aufgebrochenen Reißlinien hervorquellendes Magma in die Atmosphäre gelangt. Wie die Inselscholle nach der Katastrophe absank und zu einem unterseeischen Landmassiv wurde, zeigt die dritte Abbildung. Ebenso wird dargestellt, wie die amerikanische und die europäisch-afrikanische Kontinentalscholle an den Rändern ebenfalls absackte.

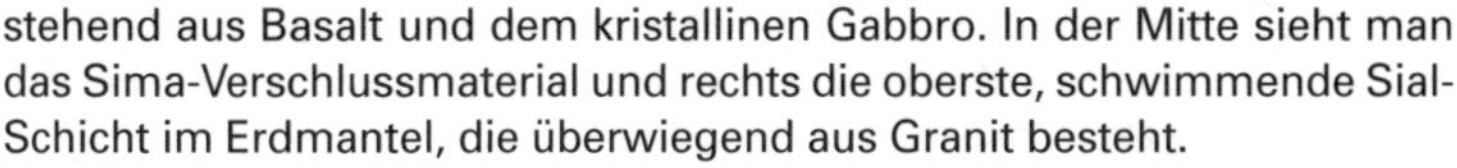

Die untere Leiste zeigt links als Erstes die unterste Sima-Erdschicht, bestehend aus Basalt und dem kristallinen Gabbro. In der Mitte sieht man das Sima-Verschlussmaterial und rechts die oberste, schwimmende Sial-Schicht im Erdmantel, die überwiegend aus Granit besteht.

beim Anflug auf die Erde entstand an der Stirnseite des Asteroiden eine Hitzeentwicklung, die ihn bis zu einhundertmal heller als die Sonne erstrahlen ließ. Tausende Kilometer lang muss der Gasschweif gewesen sein, den er hinter sich herzog, so dass dieses schaurige Schauspiel auf der ganzen Erde zu sehen war. Als er in die Atmosphäre eindrang, steigerte sich die Hitzeentwicklung dermaßen, dass der Asteroid buchstäblich durch eine Explosion in zwei Stücke zerrissen wurde.

Zu allem Unglück trafen die beiden etwa gleichgroßen Bruchstücke eine der dünnsten und empfindlichsten Stellen der Erdkruste, sozusagen die Reißnaht der Atlantikwanne. Diese »Sollbruchstelle« wurde regelrecht von den beiden Bruchstücken durchschlagen. Dadurch riss der Meeresboden von Norden nach Süden auf und noch nie zuvor erlebte, durch ungeheuren Druck entstehende Vulkaneruptionen schleuderten Billionen Tonnen von Magma, die wiederum ein Volumen von Hunderttausenden Raumkilometern besaßen, nicht nur in die Atmosphäre, sondern bedeckten ebenso den versinkenden Kontinent. Mit dem sinkenden Magmaspiegel senkte sich gleichzeitig der Meeresboden ab und zog Atlantis mit in die Tiefe.

Der Einschlag ist immer noch sichtbar

Wie auf einem Präsentierteller zeigen sich heute noch die geologischen Hinterlassenschaften des Impacts. Im Jahre 1931 sollten in den US-Bundesstaaten North- und South-Carolina neue Landvermessungen per Luftaufnahmen erfolgen. Dabei entdeckte man in der Umgebung der Küstenstadt Charleston Tausende von Wannen im Boden mit einem Durchmesser von einigen hundert bis zu 2000 Metern, die sich natürlich mit der Zeit durch Erosion zurückverformten, die aber, wie es häufig der Fall ist, aus der Luft noch immer gut zu erkennen waren. Alles deutet darauf hin, dass vor diesem Trichterfeld von Carolina der Asteroid auseinandergerissen wurde und Tausende von kleinen Bruchstücken auf dem Festlandgebiet und im Atlantik einschlugen.

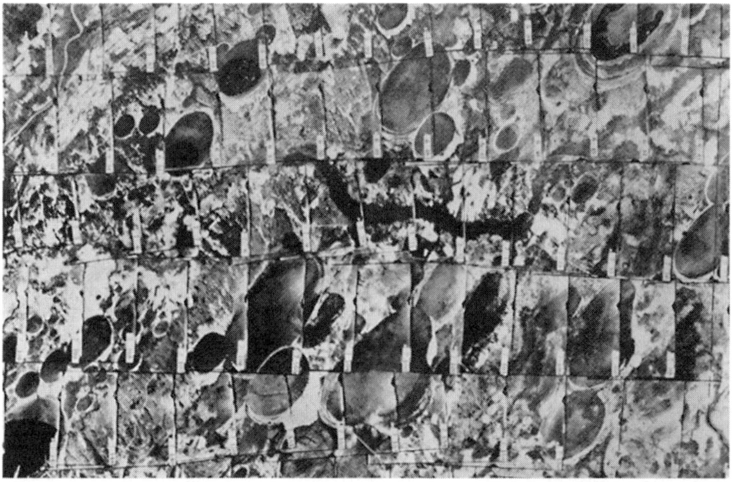

Diese aneinandergereihten Luftaufnahmen nahe der Stadt Charleston zeigen das Trichterfeld mit Abertausenden Einschlagskratern von unterschiedlicher Größe. Für Muck ein Beweisdokument ersten Ranges für die Atlantis-Katastrophe.

Wenn die beschriebene Einfallrichtung weiter verfolgt wird, gelangt man zum ultimativen Katastrophenherd. Etwa 2000 Kilometer weiter in südöstlicher Richtung, nördlich von Puerto Rico, findet man im Atlantik neben der Puerto-Rico-Schwelle die Einschlaglöcher. In jedem guten Atlas mit einem Bodenrelief der Ozeane sind diese dicht nebeneinanderliegenden Tiefseelöcher trotz einer ebenfalls einsetzenden Rückverformung in den zurückliegenden 11.000 Jahren noch gut zu erkennen. Mit welch unvorstellbarer Wucht die Asteroidenstücke einschlugen, kann nur erahnt werden, wenn neben der Puerto-Rico-Schwelle die Einschlaglöcher heute noch bis in 7 Kilometer Tiefe reichen. Dass einzelne Brocken regelrecht verdampften und sich Gase bildeten, die in unterseeischen Kammern eingeschlossen wurden, ist nicht auszuschließen, und dies könnte die Lösung für das rätselhafte Bermuda-Dreieck sein, in dem immer wieder Schiffe und Flugzeuge spurlos verschwinden. Nach neuesten Erkenntnissen sollen ja aus dem Ozean aufsteigende Gase und »weiße« Wasserstrudel eine Erklärung für dieses Mysterium sein.

Charles Berlitz ist der Überzeugung, dass auf dem Meeresgrund eine Energiequelle existiert, die magnetische Wirbel erzeugt und bei Flugzeugen und Schiffen zum Ausfall elektronischer Geräte führen kann.

Kaum vorstellbare Massen von Wasserdampf, Schlamm und Asche gelangten bis in die höchsten Schichten der Atmosphäre und verdunkelten für viele Jahrzehnte oder gar Jahrhunderte den Himmel mit der Folge einer dramatischen Klimaveränderung und einer Abkühlung, die über einen längeren Zeitraum sintflutartige Regenfälle nach sich zogen, die später als Sintflutregen in die Katastrophenepen Einzug hielten. Dass der überwiegende Teil der schweren Auswurfmasse direkt im Gebiet um Atlantis niederging und sich nach Muck bis zu 100 Meter hohe Schlamm- und Bimssteinschichten bildeten, lässt die im Gilgamesch-Epos und Platons Atlantis-Erzählung geschilderte Unbefahrbarkeit des Atlantiks nur zu verständlich erscheinen.

Für Muck stand es außer Frage, dass der Golfstrom früher nur bis zur Insel Atlantis gelangte und von dem kleinen Kontinent umgeleitet wieder in die Sargassosee zurückkehrte. Erst nach dem Untergang von Atlantis gelangte der Golfstrom nach Europa und beendete dort, wenn auch erst später, die Eiszeit. Für diese Theorie präsentiert Muck ein weiteres Indiz, das im ersten Augenblick kurios erscheint, aber dennoch nicht von der Hand zu weisen ist. Es ist das ungelöste Rätsel der Glasaale, die in der Sargassosee laichen. Die Jungaale treten anschließend die große Atlantikwanderung an, die sie bis nach Europa führt. Während die männlichen Aale weiter im Salzwasser kreisen, verschwinden die weiblichen für zwei Jahre in den Süßwasserflüssen, denn nur dort gelangen sie zur Geschlechtsreife. Dann treten sie gemeinsam wieder den langen Weg zurück in die Sargassosee an. Hier stellt sich die Frage, warum die Aale diese lange und zudem gefährliche Reise machen, wo doch das amerikanische Festland nur einen Katzensprung entfernt ist. Mucks Antwort lautet: Obwohl der Wendepunkt Atlantis nicht mehr existiert, treibt sie ihr uralter Instinkt immer wieder auf die äußerst verlustreiche Reise bis an die Ufer Europas.

Gebiete von Amerika versanken im Atlantik

Ein Modell des untermeerischen Hudson-River-Canyons aus dem schwedischen Seefahrtmuseum in Göteborg

Welche weiteren verheerenden geologischen Auswirkungen der Einschlag erzeugte, lässt sich zudem daraus ersehen, dass der amerikanische Kontinent östlich in den Atlantik absackte, während er sich dagegen auf der Westseite etwas anhob, worauf unter anderem prähistorische Hafenanlagen in Peru hindeuten, die oberhalb des Meeresspiegels liegen. Bei Untersuchungen der Kontinentalsockel von Amerika und Afrika entdeckte man Flussbetten, die einige Kilometer ins Meer hinausführen. Der Hudson-River-Canyon zieht sich sogar 300 Kilometer weit ins Meer hinaus. In der Regel benötigen die Flüsse, wenn sie das Meer erreicht haben, logischerweise keine weiterführenden Flussbetten.

Ein weiteres Indiz dafür, dass der Asteroideneinschlag Auswirkungen auf die Lage der Kontinentalsockel hatte, lieferte lobenswerterweise das ZDF im Februar 2006 unter dem reißerischen Titel »Die Todeskammern der Maya«. In diesem Bericht setzte man voraus, dass vor 65 Millionen Jahren ein Meteorit auf der Halbinsel Yucatan im heutigen Mexiko einschlug, der nicht nur den Dinosauriern den Garaus machte, sondern als Nebenprodukt ein teilweise mit dem Atlantik verbundenes Höhlensystem hinterließ. In Begleitung eines mexikanischen Unterwasserarchäologen fand das ZDF-

Team in diesen weitverzweigten Höhlensystemen in 40 Metern Tiefe eine »Unterwasserkathedrale« mit künstlichen Nischen. Des Weiteren wurden Gefäße, Statuen und, welch ein Gräuel, abgeschlagene Köpfe entdeckt. Weil bekannt ist, dass in der Maya-Kultur Menschenopfer an der Tagesordnung waren, galten sie nun als die Täter dieser blutigen Gemetzel in der Unterwasserwelt.

Überraschenderweise kamen sogar im ZDF-Team Zweifel auf, wie es den Mayas gelingen konnte, an diesen Ort zu gelangen, wo man doch mit modernsten Tauchgeräten über eine halbe Stunde für die Strecke benötigte. Als logischste Erklärung offerierte man aneinandergeklebte hohle Bambusrohre, mit denen man über Hunderte von Metern Luft zum Atmen hatte, wie es Jules Verne in einem Roman mit Kapitän Nemo beschrieb. Wie viele Stunden hätte ein solcher Tauchgang wohl gedauert, wenn die Bambusrohre ständig, noch dazu um Ecken herum nachgeschoben werden mussten? Ein wohl mehr als kurioser Akt, wenn die Priester mit dem Deliquenten schwimmend und gemeinsam am Bambusrohr nuckelnd diese große Distanz durch die Gänge zurücklegten, um ihm anschließend in der marinen Unterwelt den Kopf vom Leib zu trennen.

Warum, so fragt man sich, wird nicht darüber nachgedacht, dass diese Höhlensysteme vor über 10.000 Jahren vielleicht noch nicht überflutet waren? Denn das sollte man doch bitte schön einmal versuchen, unter Wasser mit Kupferwerkzeugen eine Nische in den Fels zu meißeln. Aus diesen Gründen dürften wohl keinerlei Zweifel bestehen, dass in der Zeit der Mayas vor 2000 Jahren die Höhlen schon längst überflutet waren. Welche Volksgruppe in diesen Katakomben ihr Unwesen trieb, wird wohl vorerst noch ein Rätsel bleiben. Weil nun vor 65 Millionen Jahren der Homo sapiens noch nicht die Erde bevölkerte und wahrlich nicht davon auszugehen ist, dass die Mayas moderne Tauchgeräte benutzten und sie ebenso auch keine Technik besaßen, mit der exakteste astronomische Berechnungen durchzuführen waren, bleibt eigentlich nur die Variante, dass vor über 10.000 Jahren Menschen zwar in den Höhlen waren, diese aber damals garantiert noch wasserfrei waren. Erst durch den Asteroideneinschlag im Atlantik, der ein Absinken der Festlandscholle bewirkte, gelangte Wasser in die Höhlengänge, und bis in unsere Zeit wird sich wohl kein Mensch mehr dort aufgehalten haben.

Yonaguni – ein pazifisches Atlantis?

Südlich der japanischen Insel Okinawa schlummern seit vielen Jahrtausenden die steinernen Überreste einer bislang unbekannten Kultur im Pazifik. Sie sollen das pazifische Pendant zu Atlantis sein. Hier liegen auf dem Meeresgrund die Hinterlassenschaften einer Zivilisation, die über eine hochstehende Technik und Baukunst verfügte. Masaaki Kimura, Meeresforscher an der Ryukyus-Universität auf Okinawa, ist sicher, dass die Anlagen ein Alter von mindestens 10.000 Jahren haben.

Trugen die von einem Piloten im Jahre 1968 entdeckten Unterwasseranlagen in der Karibik schon dazu bei, dass ein empörter Aufschrei der Fachgelehrten erfolgte, übertrumpften sich diese Experten in ihrem ablehnenden Verhalten, als erst vor einigen Jahren Kihachiro Aratake, der eine Tauchbasis auf Yonaguni betreibt, die künstlich erscheinenden Formationen unter Wasser durch Zufall entdeckte. Eigentlich ist dazu jeder Kommentar überflüssig, wenn die fotografischen Dokumente (siehe Farbteil) von Yonaguni den Aussagen hochgeschätzter Geologen wie dem Gesteinsexperten Wolf Wichmann gegenübergestellt werden.

Von einem »Spiegel-TV«-Team begleitet, unternahm Wichmann mehrere Tauchgänge in dem Gebiet, untersuchte Treppen und Mauerwerke. Schließlich lautete sein Kommentar: »Ich kann nichts Künstliches entdecken!« Wären die Quader mit Werkzeugen bearbeitet worden, müssten sie mit Riefen und Schrammen übersät sein, ist Wichmanns Überzeugung. Nun muss man sich jedoch die Frage stellen, wenn die Anlage ein künstliches Produkt ist, woher Wichmann überhaupt weiß, welche Bearbeitungverfahren eine bisher unbekannte Zivilisation zur damaligen Zeit angewendet hätte. Für ihn gab es in grauer Vorzeit an Werkzeugen wohl nur Hammer und Meißel, die Bearbeitungsspuren hinterlassen und folglich heute noch an solchen Blöcken sichtbar sein müssten. Ein anderer Experte, der ebenfalls noch vor der 3000-v.-Chr.-Schranke stehen geblieben ist und mit dem ZDF vor Ort war, zog die an Logik nicht mehr zu überbietende Schlussfolgerung: Da vor über 10.000 Jahren nur primitive Jäger und Sammler an Japans Küsten umherschweiften und zu dieser Zeit keine Zivilisation existierte, könnten diese Anlagen nicht künstlichen Ursprungs sein.

Diesen vermuteten 10.000 Jahren sollen hier noch 3000 weitere hinzugefügt werden, weil aufgrund der geographischen Distanz das Absinken dieser Anlage sehr wahrscheinlich nicht mit dem Asteroiden-Einschlag im Atlantik in Verbindung gebracht werden kann, sondern eher mit den katastrophalen geologischen Umwälzungen durch die Venus-Katastrophe vor über 13.000 Jahren. Somit kommen zum Leidwesen für die Japaner, die sich so gerne in der prähistorischen Bauherren-Superliga etablieren wollten, wieder einmal nur die Atlanter als Bauherren in Frage. Es ist also davon auszugehen, dass Yonaguni ein weiteres Erbstück der atlantischen Kultur ist.

Der neue Mensch und die erste Zivilisation

Göttliches Design oder Evolution?

Dass die Außerirdischen nicht die ersten Menschen geschaffen haben, dürfte wohl kein Thema sein. Ein Thema ist jedoch, ob sie genetische Veränderungen an den Menschen vornahmen. Auf diese Frage hin entwickelte sich eine Kontroverse, die bis heute noch nicht beigelegt ist. Ist der Mensch das Produkt einer göttlichen Schöpfung oder einer evolutionären Entwicklung? Besonders die Evolutionslehre veranlasst gegenwärtig konservativ-reaktionäre Kreise, eine Gegenoffensive zu starten, indem sie ein schöpferisches Design bei der Entstehung des Menschen postulieren. Dies ist wohl der letzte groteske Versuch, eine Schöpfung über wissenschaftliche Erkenntnisse zu etablieren. Denn wer kann allen Ernstes glauben, das Universum sei erst 10.000 Jahre alt, auf der Arche Noah hätten über 21.000 Tierarten eingecheckt und am Ende der Kreuzfahrt inklusive Vollpension sei das Schiff auf dem Berg Ararat in der Türkei gestrandet?

Für die hier vertretene Hypothese ist die Beantwortung der Frage kein kompliziertes biologisches oder metaphysisches Gedankengebäude, sondern stimmt fast genau mit der Aussage eines weisen US-Richters überein, dessen Urteil zu diesem Thema erst im Dezember 2005 wieder einmal gefragt war: Der Mensch, der sich genetisch nur unwesentlich von einigen Affenarten unterscheidet, ist das Ende in der evolutionären Kette. Dass an einer ausgewählten Gruppe der obersten Primaten Manipulationen vorgenommen wurden, ist dennoch nicht völlig auszuschließen, allerdings dürfte dies eher ein Thema für Mikrobiologen und Gentechniker sein.

Von diesen Überlegungen ausgehend ist es wahrscheinlich, dass die Außerirdischen einen neuen Menschentypus geschaffen hatten, das »auserwählte Volk«, das bei der übrigen Erdbevölkerung einen nachhaltigen Eindruck hinterließ. Letztendlich bietet sich ein breites Spekulationsfeld an, ob genetische Veränderungen, wenn auch nur in geringem Umfang, an einigen Probanden vorgenommen wurden, um diesen neuen, überlegenen Menschentyp zu schaffen. Wenn der Mensch genetisch verändert werden sollte, wird ein vorrangiges Ziel darin bestanden haben, das Alter dieser Spezies drastisch zu erhöhen. Den Luxus, dass diese Primaten schon nach 20 oder 30 Jahren das Zeitliche segneten, konnte man sich einfach nicht erlauben. Ob sie nun wirklich die in der Bibel beschriebene exorbitante Lebenserwartung von bis zu neunhundert Jahren erreichten, mag zweifelhaft sein, dennoch ist es nicht völlig auszuschließen. Fakt aber ist, dass ab diesem Zeitpunkt ein impulsiver Schub die Menschheit in eine neue Ära katapultierte.

Aber auch andere Gründe wie veränderte Lebensbedingungen könnten einen zusätzlichen Mutationsschub bewirkt haben. Für Otto Heinrich Muck waren die Cromagnonmenschen aufgrund ihrer Größe von über zwei Metern – damit überragten sie die Steinzeitmenschen um ein gutes Drittel – die ehemaligen Bewohner von Atlantis. Wie schnell der Prozess der Größenzunahme beim Menschen um etliche Zentimeter vonstatten gehen kann, lässt sich seit Beginn der Industrialisierung im 19. Jahrhundert eindrucksvoll verfolgen.

Indianische Überlieferungen berichten jedenfalls, dass der erste Prototyp der neuen Menschenrasse nicht den Vorstellungen ihrer Schöpfer entsprach und die »Produktion« folglich wieder eingestellt wurde. Nicht auszudenken, wenn sie dieses Modell als untauglich bewerteten und sie ihren Eingriff wieder »rückgängig« machen wollten. Vielleicht sind die menschlichen Gedanken doch zu sehr mit Skrupeln belastet, so dass wir uns gar nicht ausmalen können, mit welcher Bedenkenlosigkeit die Erdenbesucher eventuell mit den Menschen verfahren sind.

Die Entscheidung, wie ein »auserwähltes Volk« zu schaffen sei und wo diese Population angesiedelt werden sollte, dürfte für die Außerirdischen nicht allzu schwer gewesen sein; da sich die neuen

Menschen auf keinen Fall mit den anderen Menschen mischen sollten, gab es wohl keinen besseren Standort als den kleinen Kontinent Atlantis mitten im gleichnamigen Ozean, dem Garten Eden, den Gott »gegen Morgen« (= gegen Osten) errichtete. Fast schon selbstverständlich, dass im indianischen Popol Vuh die geographische Beschreibung ebenfalls auf den Atlantik hinweist. Weil die Atlanter dazu auserkoren waren, sich die gesamte Erde untertan zu machen, bot dieser Standort auch aus strategischen Gründen unübersehbare Vorteile.

In der Genesis wird der Anfang der Menschheitsgeschichte bis zum Niedergang der ersten Zivilisation mit den dramatischsten Ereignissen, welche die Erde je erlebte, mehr im Zeitraffertempo beschrieben. Von den paradiesischen Anfängen bis zum größten Holocaust der Menschheit vergehen im 1. Buch Mose nur acht Kapitel. Der Grund dafür mag sein, dass diese Schilderungen schon zu Mose Zeiten einige Jahrtausende zurücklagen und viele, teils verschwommene Überlieferungen zusammengefügt wurden und somit ein Konglomerat entstand, das gewiss nicht die exakte chronologische Rangfolge widerspiegelt. Niemand bringt Atlantis mit der Genesis in Verbindung. Die Bibel und die Sintflut, okay, das passt und diese Passage kennt jeder, aber die Bibel und Atlantis? Wo doch dieser Ort mit keiner Silbe erwähnt wird? Dennoch, mit Scharfsinn und etwas Inspiration kann man auch dort fündig werden. Nimmt man die Bibel wörtlich, so findet sich in Hesekiel 28, 2 ein eindeutiger Hinweis auf den Kontinent Atlantis im Ozean: Ich bin Gott, ich sitze auf dem Thron Gottes, mitten im Meer…!

Folgt man den Aussagen der Archäologen, bevölkerten vor über 10.000 Jahren nur kleinere Sippen von Menschen die Erde, die, gerne als Jäger und Sammler tituliert, für ihren Lebensunterhalt zu kämpfen hatten. Doch wie in aller Welt sollten diese einfachen Menschen auf ein Degenerationsniveau abgesunken sein, dass Gott nicht umhinkam, sie durch eine Flut zu vernichten? Durch die Diskrepanz zwischen den Ansichten von Theologen und Archäologen müsste eigentlich ein permanenter Streit zwischen beiden Lagern existieren. Besteht die Theologie, falls die biblische Sintflutversion in der geschilderten Form überhaupt noch Anerkennung findet, auf einer »verdorbenen Menschheit«, dann kann diese, daran führt kein Weg vorbei, eben nur auf Atlantis existiert haben, weil nirgendwo auf der Erde archäologische Fragmente existieren, die auf eine höher stehende Zivilisation vor über 10.000 Jahren hinweisen.

Der Garten Eden – ein Versuchslabor?

Der Garten Eden, das Paradies, ist in dieser oder jener Form Bestandteil aller Mythologien, in denen die ersten (neuen) Menschen lebten. Bei den Griechen waren es die Gärten der Hesperiden, die westlich des Ozeans lagen. Auffallend nicht nur die geographische Bestimmung, sondern auch, dass dort die Töchter von Atlas goldene Äpfel bewachen sollten.

Der Appell »Lasst uns Menschen machen, ein Bild, das uns gleich sei ...«, der mit der Aufforderung zu einem imperialistischen Anspruchsdenken einherging, ist wohl jedem aus der Genesis, Vers 26, bekannt. Bemerkenswert ist hier die Pluralform »uns«, aus der zu ersehen ist, dass doch eine Gruppe und kein monotheistischer Gott den Auftrag erteilte, eine höhere Zivilisationsstufe für Teile der Menschheit zu schaffen.

Da aber weltweit diese Schöpfungsberichte existieren und in ihnen sicherlich ein Körnchen Wahrheit steckt, muss die Frage gestellt werden, warum dieses Unternehmen gestartet wurde. Natürlich sind bei entsprechender Phantasie viele Antworten möglich, doch nur zwei von ihnen sind wirklich einleuchtend: Erstens könnten die Außerirdischen aus Barmherzigkeit der Menschheit gegenüber gehandelt haben. Man muss sich vor Augen führen, dass auf der Erde vor etwa 15.000 Jahren kein größeres Volk, geschweige denn ein Staatswesen existierte. Anthropologen und Paläontologen, die aufgrund von Knochenfragmenten versuchen, den Werdegang des Menschen zu rekonstruieren, schätzen die Bevölkerungszahl zu dieser Zeit weltweit auf etwa eine Million Menschen. Einzelne Sippen, die umherstreiften oder im Begriff waren, sesshaft zu werden, bevölkerten damals ohne eine Spur von Fortschritt schon seit Hunderttausenden von Jahren die Erde. Und sie waren wohl wie kaum eine andere Population in dieser sehr geringen Anzahl vorhanden. Schlimmer noch, einige Epidemien mehr oder auch ganz profaner Nahrungsmangel durch veränderte Umweltbedingungen hätten schon dazu führen können, dass der Homo sapiens kaum noch, eventuell auch gar nicht mehr auf der Erde vertreten gewesen wäre. So sind die Wissenschaftler überzeugt, dass im Paläolitikum (600.000 bis ca. 20.000 Jahre v. Chr.) um die Zeit 70.000 v. Chr. ein Exitus der Menschheit fast eingetreten wäre.

Eine Alternative zu dieser Vermutung ist die Annahme, dass das Motiv der Außerirdischen in purem Eigennutz bestand. Die Katholiken sehen im Papst ihren leiblichen Stellvertreter Gottes auf Erden. Benötigten die Außerirdischen eventuell auch Stellvertreter auf Erden, die den Planeten Erde bis zu ihrer Rückkehr in ihrem Sinne verwalten sollten? Haben sie vielleicht für diesen Zweck das biblische »auserwählte Volk« herangezüchtet und inthronisiert? Und wenn diese Überlegung weiterverfolgt wird, taucht unwillkürlich die Vermutung auf, ob dieses vielgepriesene auserwählte Volk in Wirklichkeit für die Außerirdischen nicht mehr als nur einen simplen Hausmeisterstatus besaß?

Dieser Faden ließe sich noch weiterspinnen; wenn für die Erdenbesucher die Absicht bestand, später einmal auf den Planeten Erde überzusiedeln, hatte diese Spezies wie wohl alle Lebewesen im Kosmos das Problem, dass sie auf irgendeine Nahrung angewiesen waren. Denn es ist kaum anzunehmen, dass für ihre Ernährung kosmischer Staub aus der Tube genügte. Und so versuchten sie vielleicht, zwei Fliegen mit einer Klappe zu schlagen. Erstens betrauten sie den neuen Menschentypus mit einer Aufgabe, um seine Entwicklung zu verfolgen und gleichzeitig erste Erkenntnisse über ihre zukünftige Ernährungskette in Erfahrung zu bringen, mit dem angenehmen Nebeneffekt, dass man nicht selber die Kartoffeln vom Acker holen musste. Somit stellt sich die Frage, ob der Garten Eden in Wahrheit ein großangelegtes Versuchslabor war. Dass dort Früchte angebaut wurden, die ausdrücklich *nicht* für die Menschen bestimmt waren, ist ja in aller Eindeutigkeit überliefert!

Der Sündenfall – einmal anders gesehen

Bei einer akribischen Detailsuche stößt man auf Überlieferungen, die bisweilen zu ironischen Spekulationen verführen. Es ist nicht auszuschließen, dass es für die Erdenbesucher mehr als widerlich war, dass die Menschen Lebewesen verzehrten. Wollte man neben den neuen Menschen also auch eine neue Frucht heranziehen, um sie vom Fleischverzehr abzuhalten, oder waren diese »verbotenen« Früchte für die Außerirdischen selbst bestimmt? Alles Banane? War es vielleicht diese Frucht, die noch in der Erprobung und deshalb noch nicht freigegeben war? Übrigens, die einzige Frucht, die keine Blüten trägt. Botaniker vertreten die Hypothese, nach denen am Ende des Quartärs, also vor über 13.000 Jahren der wilde Bananenbusch Musa paradisiaca in eine samenlose Plantagenform umgezüchtete wurde. Auf jeden Fall »verging« sich Eva an dieser »lieblich und lustig« anzusehenden Frucht. Danach bemerkten Adam und Eva plötzlich, dass sie nackt waren, und flochten sich flugs einen Lendenschurz aus Feigenblättern. Im indianischen Popol Vuh wird der Sündenfall noch eingehender beschrieben. So befahlen die Herren von Xibalbá: »Dass niemand hinzutrete, eine Frucht dieses Baumes zu pflücken ...« Die Jungfrau Ixquic hörte von diesem wundersamen Baum und machte sich auf den Weg. Der Baum sprach zu ihr: »Gelüstet es dich danach?« »Ja, mich gelüstet es«, erwiderte sie. Danach empfing sie aus dem Baum den Strahl irgendeines Speichels, ward schwanger und gebar wie Eva zwei Söhne. Obwohl sie ihrem Vater beteuerte, nie hätte sie auch das Antlitz eines Mannes nur angeschaut, wurde sie als Dirne hingestellt und sollte geopfert werden, doch mit weiblicher List entging sie diesem Vorhaben.

Bleiben wir beim Spekulieren, aber wenden wir uns wieder ernsthafteren Fragen zu: Welche Struktur sollte das erste größere Gemeinwesen auf Erden besitzen? Dies war vielleicht sogar das größte Problem der Außerirdischen. Folgt man den alten Überlieferungen, kommt man unweigerlich zu dem Schluss, dass die Macht zweigeteilt war. Es gab wohl eine Legislative in Form eines Philosophenrates oder einer Priesterschaft und eine Exekutive in Gestalt der vielbeschriebenen Könige. In dieser Konstellation könnte bereits die Erklärung für die spätere Degeneration dieser Gesellschaft liegen, denn welcher Mächtige ist schon gerne bereit, sich intellektuellen Ratschlägen unterzuordnen? Dennoch bleibt eine Frage offen, die heutzutage topaktuell ist, in früheren Zeiten jedoch angeblich eine weniger bedeutende Rolle spielte: Durch welche Gesellschaftsform sollte die existentielle Grundversorgung gesichert werden? Vielleicht durch eine freie Marktwirtschaft oder doch durch eine Art von galaktischem Sozialismus? Der Sozialismus ist vielleicht die ideale Gesellschaftsform. Die Sache hat nur einen Haken, der Mensch mit allen seinen Schwächen taugt nicht für dieses System.

Nach Platons und anderen Berichten hat sich auf jeden Fall in dieser ersten Atlantis-Epoche eine prosperierende Gesellschaft entwickelt. Fast genauso wird der Ablauf im Popol Vuh beschrieben. Und im 1. Kapitel der Genesis hagelt ebenfalls nur Lob: **Und Gott sah alles an, was er gemacht hatte; und siehe da, es war sehr gut.** Na prima, es lief ja alles bestens! Welch ein Glück für die Menschen, eine so bevorzugte Behandlung zu erfahren. Dafür konnten sie dem Schöpfer wirklich aufrichtig dankbar sein. Anzunehmen, dass nach einer gewissen Zeit die ersten Kolonien außerhalb von Atlantis in Amerika, Europa und Afrika gegründet wurden. Und wenn in den alten Überlieferungen berichtet wird, die Götter unterrichteten die Menschen in diesem und jenem und brachten ihnen den Ackerbau und anderes Nützliches bei, so müssen nicht jedes Mal Außerirdische für diese Taten herhalten; realistischer ist, dass die Atlanter für derartige Hilfestellungen ausgebildet wurden und auf diese Weise für die übrige Menschheit zu Göttern wurden.

Angriff auf die Götter

Dass diese »traumhaften« Zustände nicht ewig anhielten, dafür ist in dem Ordner Menschheitserinnerungen unter dem Kapitel »Zerwürfnisse zwischen Göttern und Menschen« eine ellenlange Auflistung von Belegen zu finden. Im Grunde übersteigt es das Vorstellungsvermögen eines normalen Menschen, dass seine Artgenossen einen Anschlag auf Außerirdische geplant haben sollen. Noch dominiert gegenwärtig die Vorstellung, dass wir, falls einmal Außerirdische auf der Erde landen sollten, diesen höflich und respektvoll gegenübertreten würden. Die Verhältnisse zu Atlantiszeiten unterlagen anderen Bedingungen. Im Gegensatz zu den noch in den Windeln liegenden Atlantern waren die Außerirdischen längst fester Bestandteil der Erde und auf diesem Planeten voll integriert. Nichts Sensationelles oder Galaktisches haftete ihnen noch an. Nicht viel anders wird es den damaligen Steinzeitmenschen bei der ersten Begegnung mit außerirdischen Wesen ergangen sein; ob diese seltsamen Wesen einige Täler weiter oder auf einem anderen Stern beheimatet waren, das spielte für sie keine Rolle, solange sie keine direkte Gefahr von ihnen zu befürchten hatten. Der Steinzeitmensch war einfach nicht in der Lage zu erkennen, welche epochale Bedeutung seine Begegnung mit einer außerirdischen Zivilisation darstellte.

Obwohl die christliche Bibel in vielen Aussagen mit der indianischen Bibel Popol Vuh übereinstimmt, geht es in letzterem Werk entschieden rustikaler zu. Dort wird beschrieben, wie die Menschen einen Gott liquidieren. Ist es in der Bibel vielleicht wieder einmal zu einer kleinen Verwechslung gekommen? Ist es möglich, dass nicht Gott seinen Sohn opferte, sondern Gottes Söhne Opfer eines Attentates wurden? Ob dies als Grund genügte, später die Menschheit mit einer Flut zu vernichten, mag dahingestellt sein. Andererseits wäre somit ein Motiv für die mannigfaltigen Ankündigungen bzw. Androhungen von Strafen der Menschheit gegenüber in der Bibel gegeben. Diese reichen vom berühmten »Heulen und Zähneklappern« bis zur völligen Vernichtung und Verdammnis im Höllenschlund. Wer es nicht glauben will, sollte zum Beispiel in der Bibel bei Zephania 1, Vers 3 nachlesen. Einem bestimmtem »Ja« folgt die unmissverständliche Ankündigung: »Ich will die Menschen ausrotten aus dem Lande.« In einigen Übersetzungen wird der Begriff »aus dem Lande« auch als »von der Erde« gedeutet.

In den alten Überlieferungen finden sich eindeutige Hinweise eines Attentats der Menschen auf die Außerirdischen. Zugegeben, es ist für unseren westlich ausgerichteten Kulturkreis sehr schwierig, sich in die Gedankenwelt der indianischen Mayas zu versetzen und deren Texte zu verstehen und zu deuten. In einigen Passagen des Popol Vuh wird aber unumwunden und handfest von diesen Anschlägen berichtet, die nur ein Ziel hatten, nämlich die Götter ins Jenseits zu befördern. Zipacná, der Erschaffer der Gebirge, sollte in eine Falle gelockt und dort beseitigt werden. Der erste Anschlag von 400 Jünglingen auf Zipacná misslang, denn dieser hatte Wind von der Sache bekommen, und die 400 Jünglinge mussten das misslungene Attentat mit dem Leben bezahlen. Dem zweiten Anschlag konnte er jedoch nicht entrinnen. Unter einem Berg von Steinmassen verlor er sein Leben. Neben Zipacná wurden noch zwei weitere Götter, sein Papa Siebenpapagei und sein Bruder Cabracán, durch Attentate der Menschen liquidiert.

Die Mythologie der Inkas berichtet von Tonapa, einem Gehilfen des höchsten Gottes Viracochas. Vor unendlich langer Zeit erschien Tonapa bei den Bewohnern des Titicacasees und hielt ihnen eine Liste ihrer Verfehlungen unter die Nase, weil sie die Götter nicht mehr achteten, ausschweifend lebten und so weiter und so fort. Nun war das getadelte Volk aber sauer und ging zum Gegenangriff über. Tonapa wurde gefesselt, ausgepeitscht und an große Steine gefesselt. Rettung kam aber aus himmlischen Sphären in Form dreier herrlicher Adler, die ihn befreiten. Danach folgten zwei weitere Angriffe auf Tonapa. Ob er den letzten überlebte, ist nicht eindeutig überliefert, es heißt nur, dass sein Leib in der Aullaga-Lagune verblieb.

Auch in der ägyptischen Mythologie finden sich Hinweise in dieser Richtung. Die Grabtexte von Seti I. sowie Ramses III. lauten folgendermaßen: Ré, der Gott der Götter, hatte erfahren, dass die Menschen Reden gegen ihn führten. So fragte er bei Nunu, dem Göttervorfahren, nach: Sehet, die Menschen, sie haben Pläne wider mich ersonnen… Ich möchte es vermeiden, sie zu töten, bis ich gehört habe, welcher Ansicht ihr seid. Daraufhin gab Rés Gefolgschaft ihm den Tipp, sich auf seine Macht zu besinnen, denn sein Auge muss eine fürchterliche Waffe gewesen sein, gefährlicher als jede Laserkanone. Groß ist die Furcht vor dir, wenn dein Auge gegen die auszieht, die sich gegen dich empört haben. Lass dein Auge hingehen und sie mit Unheil schlagen. Das Auge bleibt nicht an der Stirn. Es steige als Hat-Hor hinab.

Dass die Menschen Pläne schmiedeten, sich der »lästigen« Götter zu entledigen, kann wohl kaum nachdrücklicher geschildert werden, und jegliche Versuche, diese Berichte rein mythologisch zu deuten, wirken aufgrund dieser eindeutigen Schilderungen nicht nur kurios, sondern fast schon kläglich. Deshalb soll am Beispiel des Attentatsversuch der 400 Jünglinge an Zipacná aus dem Popol Vuh einmal angeführt werden, welche geistigen Höchstleistungen die Nahuatologen (Forscher indianischer Sprachen) erbringen, um diese Erzählung zu deuten: Der Naturmythos ist offenbar: Vernichtung eines ganzen Stammes durch ein Erdbeben! An anderer Stelle heißt es: Soziologisch gesprochen ist es der Übergang vom alleinschweifenden Jäger und Sammler zur Gemeinschaft der Siedler... Zipacná ist die feindliche, die überwundene Ordnung. Er muss sterben! Da fasst man sich doch an den Kopf, dass man da nicht selber drauf kommt. In Mexiko wird heute noch eine Zeremonie praktiziert, bei der 400 Jünglinge (falls man sie zusammenbekommt) einen möglichst 30 Meter hohen Stamm aufstellen. Zwei als Affen Verkleidete versuchen daraufhin, vier Jünglinge am Aufstieg zu hindern, die aber dennoch bis zur Spitze gelangen, sich kopfüber in den »Raum« werfen, und anschließend an einem Seil über eine Rolle langsam zur Erde niederschweben. Dazu meine ganz persönliche Mythologie: Der Naturmythos ist wiederum offenbar: Er erinnert an Jakob, der mit einem Engel kämpfte, um mittels der Himmelsleiter ebenfalls einmal auf und nieder zu fahren.

Vielleicht waren ja die Erdenbesucher zu sehr mit dem Jupiter und seinen Monden beschäftigt, so dass ihnen langsam und schleichend die Macht über ihr auserwähltes Volk entglitt. Die Geschichte lehrt uns nur zu nachdrücklich, dass kein Kulturbereich über einen längeren Zeitraum seine Macht festigen und ausbauen konnte. Fast immer setzt mit wachsendem Wohlstand und Luxus eine schleichende Mechanik ein, die ihre Fortsetzung stets in den ersten Degenerationserscheinungen findet. Warum sollte es bei den Atlantern anders abgelaufen sein? Immer bescheiden leben, enthaltsam sein, den anderen Menschen hilfreich zur Seite stehen und dazu Nächstenliebe praktizieren, wie es ihre Ziehväter gefordert hatten, das konnte auf Dauer nicht gutgehen, vor allem vor dem Hintergrund, dass sie immer mächtiger wurden und die Erde für sie alles im Überfluss bereithielt.

Wenn man den Überlieferungen Glauben schenken darf, dass bis zur Korrektur der Venus-Bahn über 100 Jahre vergingen und erst danach die Außerirdischen die Erde verließen, kann davon ausgegangen werden, dass besonders in dieser Zeit aufgrund der verheerenden Auswirkungen auf die Erde die Aversion gegen die »Götter« nochmals eine Steigerung erfuhr. Ob die Attentate der Atlanter in diese Zeit fielen oder bereits vorher stattfanden, darauf ließen sich keine konkreten Hinweise finden. Sehr wahrscheinlich ist es nicht nur bei den überlieferten Attentaten geblieben – in der Regel entwickelt sich der Widerstand gegen eine dominierende Macht auf mehreren Ebenen. Präzisere Auskünfte darüber könnten gewiss durch eine Neuausrichtung bei der Betrachtung der mythologischen Hinterlassenschaft erzielt werden.

Dass mit der Annäherung der Venus an die Erde und den daraus resultierenden katastrophalen Flutwellen nicht nur das Machtzentrum Atlantis, sondern ebenso der Status der Atlanter als Herren der Erde beschädigt wurde, davon kann ausgegangen werden. Erstaunlicherweise geben die Tolteken eine exakte Zahl an, wie lange diese erste Welt andauerte, bis die Fluten kamen: 1716 Jahre! Folglich bleibt als Quintessenz nur, dass durch die Venus-Katastrophe eine einst glorreich beginnende Epoche zu Ende ging. Mit diesem tiefgreifenden Einschnitt wurde der Verlauf der Menschheitsgeschichte dramatisch verändert und unabwendbar der Anfang vom Untergang eingeläutet.

Die grosse Flut

Die Götter kehren zurück

Die zweite Atlantis-Epoche, die je nach Auslegung der Überlieferungen einen Zeitraum von 1800 bis zu 2800 Jahren umfasste, war wohl aufgrund der geologischen Umwälzungen durch die Venuskatastrophe eine chaotische und dunkle Epoche. Während dieser Zeit muss die durch Flutwellen in Mitleidenschaft gezogene Weltmetropole dennoch eine magische Anziehungskraft auf die Völker östlich und westlich des Atlantiks ausgeübt haben. Im ehemaligen Garten Eden ging es drunter und drüber; es war die Zeit des berüchtigten Sodom und Gomorrha. Im 1. Buch Mose, Kapitel 6, wird ausführlich über die Bosheit der Menschen berichtet. Das Gebot, sich nicht mit den anderen Menschen zu mischen, war wohl hinfällig. In Vers 2 wird dies eindeutig geschildert: Da sahen die Kinder Gottes nach den Töchtern der Menschen, wie sie schön waren, und nahmen zu Weibern, welche sie wollten. Ja, da wurde nicht lange gefackelt, und in Vers 4 heißt es weiter: Es waren auch zu den Zeiten Tyrannen auf Erden; denn da die Kinder Gottes zu den Töchtern der Menschen eingingen und sie ihnen Kinder gebaren, wurden daraus Gewaltige in der Welt und berühmte Männer. Einige Archäoastronauten-Fans wollen in diesen Aussagen eine sexuelle Beziehung zwischen Außerirdischen und Menschen erkannt haben. Aber damit sind sie wohl wie so oft über das Ziel hinausgeschossen – mit den Kindern Gottes können nur die Atlanter, das auserwählte Volk, gemeint sein. Denn es wird eindeutig immer von drei unterschiedlichen gesellschaftlichen Gruppierungen gesprochen: den Göttern, deren Zöglingen und den ganz gewöhnlichen Menschen.

Dass einerseits gefürchtete Tyrannen auf der Erde ihr Unwesen trieben, andererseits aus einer Kreuzung der Kinder Gottes und normalen Menschen gewaltige und berühmte Männer hervorgingen, ruft Verwunderung hervor. Wieso werden hier die Menschen, die Gott vernichten will, noch so rühmend erwähnt? Das passt nun weder vorne noch hinten zusammen. Deshalb taucht die Frage auf: Waren jene berühmten Männer, von der Bevölkerung gefeiert und umjubelt, etwa diejenigen, die gegen die Götter aufbegehrten und deren Liquidierung planten? Irgendeine Aura muss diese frühgeschichtlichen Heroen umgeben haben, dass sie noch nach Jahrtausenden ehrfürchtig Erwähnung in den biblischen Annalen finden.

Die Sintflutberichte sind in so gut wie jedem Kulturkreis anzutreffen; allein bei den Urvölkern Amerikas existieren davon fast 50 Ausführungen. Die Grundelemente sind stets die gleichen – dennoch gibt es differierende Aussagen. Für uns interessant sind die Überlieferungen, in denen Hinweise auf die in diesem Buch geäußerten Theorien anzutreffen sind. Die nordamerikanischen Delewaren beklagen beispielsweise, dass Schlechtigkeit, Verbrechen und Unglück in die Welt kamen... alles aber ereignete sich vor sehr langer Zeit auf dem ersten Lande, Netamaki, das draußen im großen Ozean lag. Dies ist nicht nur ein eindeutiger Hinweis auf eine degenerierte Gesellschaft, sondern auch auf den Kontinent Atlantis, wo sie beheimatet waren. Dass Land im Meer versank und die Erde in Dunkelheit gehüllt war, geht ebenso aus der germanischen Edda hervor: Schwarz wird die Sonne, die Erde sinkt ins Meer, vom Himmel schwinden die heitren Sterne. Glutwirbel umwühlen den allnährenden Weltbaum. Die heiße Lohe beleckt den Himmel. Bis zur Insel Formosa reichen derartige Flutberichte. Hier ist es König Peren, der von den Göttern aufgefordert wurde, ein Schiff zu bauen. Diesem Aufruf kam er unter dem Gelächter seiner Untertanen nach. Peren wurde gerettet, während die Insel in den Fluten versank.

Dass die Außerirdischen nicht permanent auf der Erde verweilten und erst nach langer Abwesenheit wieder zurückkehrten, dafür sprechen außer logischen Gesichtspunkten mehrere Indizien. Ein solches Indiz liefert Kritias' Atlantis-Dialog: Zeus, der nach ewigen

Gesetzen herrscht, berief, da er dergleichen wohl durchschaute, in einen wie jämmerlichen Zustand dieses einmal so tüchtige Geschlecht nun versetzt war, mit dem Entschluss, ihm eine Strafe aufzuerlegen, alle Götter in den erhabensten Wohnsitz derselben, der in der Mitte des Alls liegt und alles überblicken lässt, was je des Werdens teilhaftig geworden, zusammen, und nachdem er sie versammelt hatte, sprach er... Leider endet hier der Dialog.

Doch wo Platons Atlantis-Bericht abrupt mit dem letzten Satz abbricht, in dem Zeus die verdorbene Menschheit strafen will, finden wir im zuvor bereits zitierten 6. Moses-Kapitel in den Versen 6 und 7 die fließende und zugleich folgerichtige Fortsetzung des Dialoges: Da aber der Herr sah, dass der Menschen Bosheit groß war auf Erden, und alles Dichten und Trachten ihres Herzens nur böse war immerdar, da reute es ihn, dass er die Menschen gemacht hatte auf Erden, und es bekümmerte ihn in seinem Herzen, und sprach: Ich will die Menschen, die ich geschaffen habe, vertilgen von der Erde...

Dennoch lässt sich erkennen, dass der jämmerliche Zustand plötzlich wahrgenommen wurde. Es wäre ja auch irgendwie seltsam, wenn Zeus die ganze Zeit zugeschaut und nicht bemerkt hätte, wie diese Gesellschaft immer mehr entartete. Bemerkenswert noch, dass er sich bei der Analyse des menschlichen Geschlechts nicht auf der Erde, sondern in der Mitte des Alls aufhielt. Gottes Wege sind nach der christlichen Lehre zwar unergründlich, dennoch muss das Motiv für die Sintflut wie auch für das Strafmaß hinterfragt werden. Wären die Götter permanent auf der Erde verblieben, hätten sie ja gegensteuern und zunächst einmal die Gelbe Karte zücken können. Von einer Mitschuld kann man sie aufgrund ihrer Verantwortung der Menschheit gegenüber auch nicht ganz freisprechen. Umso verwunderlicher erscheint ihr Verhalten, Millionen Menschen ins Jenseits zu befördern – eigentlich eine unvorstellbare Tat für eine zivilisierte Gesellschaft. Somit kommt man nicht umhin anzunehmen, dass die Anklageschrift um einige Delikte erweitert wurde. Bei diesen Delikten kann es sich im Grunde nur um die Liquidierung ihrer Kollegen handeln, wie sie im Popol Vuh geschildert wird. Dies wiederum legt die Vermutung nahe, dass Außerirdische sich nicht allzu sehr vom menschlichen Wesen unterscheiden, denn dann war ihre Tat schlicht und einfach ein äußerst brutaler Racheakt. Findet deshalb in der Bibel der Angriff auf die Götter keine Erwähnung? Oder war es den Bibelschreibern einfach peinlich, darüber zu berichten, dass die allmächtigen Götter angreifbar waren?

Nur Noah fand Gnade?

Aus Vers 7 geht eindeutig hervor, dass Gott nicht die gesamte Menschheit vernichten wollte. Denn wörtlich genommen, hatte er doch verlauten lassen: **Ich will die Menschen, die ich geschaffen habe, vertilgen von der Erde.** So ist doch ein kleiner, aber feiner Unterschied festzuhalten: Nicht alle Menschen, sondern nur jene, die sein Produkt waren, sein auserwähltes Volk, welches ihn so sehr enttäuscht hatte, sollten ihrer gerechten Strafe nicht entgehen. Und noch ein Punkt stimmt nachdenklich: Einerseits wollte Gott die Menschen vernichten, andererseits einige erretten. Aber auch dies erzeugt einen Widerspruch; theoretisch gesehen – und auch dieses hätte einem weisen und gerechten Gott einleuchten müssen – konnte ein Nachkomme eines »verdorbenen« Menschen doch ein besserer Mensch werden als ein Nachkomme des »guten« Noah. Das ganze Geschehnis muss einen anderen Verlauf genommen haben.

Das 11. Moses-Kapitel beginnt mit dem Vers: **Es hatte aber alle Welt einerlei Zunge und Sprache.** Und als man begann, einen Turm zu bauen, der bis an die Spitze des Himmels reichen sollte, gefiel es dem Herrn nicht, und wieder mit einem Plural beginnt der 7. Vers: **Wohlauf, lasst uns herniederfahren und ihre Sprache verwirren.** Anschließend wurde dieses Volk mit dem Drang, Steine aufzutürmen, in alle Welt zerstreut. Ist es wirklich eine realistische Annahme, dass sich einst alle Menschen in derselben Sprache verständigten? Im Prinzip schon!

Wie heutzutage Englisch die Weltsprache Nr. 1 ist, war unter der Ägide Atlantis eine wohl noch dominantere Weltsprache verbreitet. Und wie in unserer Zeit aus dem angelsächsischen Vokabular immer mehr Schlagwörter in andere Sprachen einfließen, wird es damals ebenso geschehen sein, noch dazu über einen viel längeren Zeitraum. Somit konnten Namen und Begriffe auch nach dem Untergang von Atlantis in ähnlicher Form erhalten bleiben, wie am Beispiel des Namens Adam und dem indianischen Anom zu ersehen ist, weil diese Namen ja zuvor diesseits und jenseits des Atlantiks Verbreitung fanden. Und wenn im finnischen Kalevala-Epos Ilmarinen erwähnt wird, finden wir das passende Adäquat im prähistorischen König der Cordilleren, Illimani. Wie schon erwähnt, war bei den Tolteken der hohe Turm unter dem Namen Zakuali geläufig. Der Turm Zakuali, im Wortklang dem sumerischen Zikkurat gleich, ist nur eine von weiteren frappanten linguistischen Gleichartigkeiten zwischen den Völkern Südamerikas und dem Nahen Osten. Bei den Azteken, die angeben, dass ihre Vorfahren vor Jahrtausenden von der Insel Aztlan aus dem Osten nach Mexiko eingewandert sind, fällt die Ähnlichkeit der Worte Atlantis und Aztlan auf. Der deutsche Naturforscher Alexander von Humboldt, der die Mayasprache erforschte, war aufgrund der vielen Gemeinsamkeiten der Ansicht, die Mayas hätten Altgriechisch gesprochen.

In einem von den Rezensenten hochgelobten neueren Buch über die Sintflut wird doch tatsächlich behauptet, auch Noah hätte weltweit einen gleichlautenden Namen besessen. Tatsache ist, dass Noah seltsamerweise überall unter völlig verschiedenen Namen bekannt war, ob er nun Utnapischtim bei den Sumerern, Deukalion bei den Griechen, Tapi bei den Azteken, Manù bei den Indern oder Ima im persischen Kodex hieß. Eine mögliche Erklärung für diese unterschiedlichen Namen findet sich in einer der unbekanntesten und unbedeutendsten (für den Autor jedoch eine der bedeutendsten) Bibelstellen. Gleichzeitig liefert diese Stelle ein weiteres Indiz für den Untergang von Atlantis. Die betreffende Aussage finden wir in 1. Buch Mose, Kapitel 10, die Völkertafel: Noah zeugte Sem, Sem zeugte Eber. Interessant wird es in Vers 25: Eber zeugte zwei Söhne. Einer hieß Peleg, darum, dass zu seiner Zeit die Welt zerteilt ward… Wenn die Weltmetropole Atlantis, das Zentrum zwischen Amerika, Europa und Afrika, nicht mehr existierte, kann nach ihrem Untergang ohne Zweifel davon gesprochen werden, dass zu dieser Zeit die

Welt zerteilt ward! Infolgedessen konnte sich der Name Noah nicht mehr in andere Teile der Erde verbreiten. Noah selbst war ja zum Zeitpunkt der Sintflut schon uralt, während sein Urenkel Peleg vielleicht kurz vor dem Untergang von Atlantis das Licht der Welt erblickt hat.

Das Gilgamesch-Epos – das größte Epos der Weltgeschichte

Einige Wissenschaftler sind überzeugt, dass das Gilgamesch-Epos seinen Ursprung im peruanischen Tiahuanaco hatte, nicht wegen einzelner Wortübereinstimmungen, sondern angesichts des vielfach identischen Inhaltes. Verfolgt man diese Schiene weiter, erhält auch der Standort Nazca für die Himmelsleiter des Jacob eine noch größere Glaubhaftigkeit. Das Gilgamesch-Epos, dem allgemein attestiert wird, das größte Epos der Weltgeschichte zu sein, inspirierte nicht nur die Assyrer, Hethiter, Semiten sowie die Babyloner – einige andere Völker bedienten sich ebenfalls dieser Texte. Im Anschluss an das Epos folgt der ausführliche Sintflutbericht, der im 19. Jahrhundert vor allem die Christenheit aufwühlte.

Beim Vergleich mit der der apokalyptischen Sintflut-Katastrophe kommt man unweigerlich zu der Erkenntnis, dass dieses Ereignis im viel älteren akkadischen Gilgamesch-Epos doch sehr ausführlicher und exakter formuliert wird als in der Bibel. Das musste im Jahre 1872 auch George Smith vom Britischen Museum verwundert feststellen, als er die ersten Texte der in Keilschrift verfassten 30.000 Tontafeln entzifferte, die im babylonischen Ninive

Eine von 30.000 Tafeln, die George Smith in Ninive fand. In den Texten ist nicht nur Gilgameschs Blick aus dem All auf die Erde beschrieben, sondern ebenso ausführlich die von den Göttern inszenierte Sintflut.

gefunden worden waren. Gilgamesch, König von Uruk, will nach dem Tode seines Freundes Enkidu den akkadischen Noah Utnapischtim aufsuchen, um Unsterblichkeit zu erlangen... und auch hier bricht die Geschichte ab. Doch dann geschah eines der seltenen Wunder: Smith fand Sponsoren, die ihm eine Reise nach Ninive ermöglichten, und er entdeckte tatsächlich in einem riesigen Schutthaufen die fehlenden Tafeln. Es war die Sensation, dass sich die Bibel auf andere, mindestens 1500 Jahre ältere geschichtliche Quellen bezog, was wiederum zur Folge hatte, dass der Klerus vor Wut schnaubend George Smith auf den kirchlichen Index setzte und man ihn am liebsten mundtot gemacht hätte. Und beim Lesen des nachfolgenden akkadischen Sintflut-Berichts kann das Entsetzen der Kirchenväter durchaus nachvollzogen werden...

Die Sintflut im Gilgamesch-Epos:

Ea, der Sonnengott, spricht zu Utnapischtim: Rohrhaus, Rohrhaus! Wand, Wand! Rohrhaus, höre, Wand, begreife! Mann von Schuruppak, Sohn Ubara-Tutus! Reiß ab das Haus, erbau ein Schiff, lass fahren Reichtum, dem Leben jag nach! Besitz gib auf, dafür erhalt das Leben! Heb hinein allerlei beseelten Samen ins Schiff! Das Schiff, welches du erbauen sollst – dessen Maße sollen abgemessen sein, gleichgemessen seien ihm Breite und Länge. Du sollst es wie das Apsû bedachen. Da ich's verstanden, sprach ich zu Ea, meinem Herrn: Das Geheiß, Herr, das du mir gegeben, ich achtete wohl darauf und werde danach tun. Wie antwort ich aber der Stadt, der Bürgerschaft und den Ältesten? Ea tat zum Reden den Mund auf und sprach zu mir, seinem Knecht: Du Mann, zu ihnen sollst also du reden: Mir scheint, dass Enlil nichts mehr von mir wissen will. Da darf ich in eurer Stadt nicht mehr wohnen. Darf auf Enlils Boden meine Füße nimmer setzen. So will ich steigen hinab zum Apsû. Dann wohn ich bei meinem Herren Ea. Auf euch aber lässt er dann Überfluss regnen. Ertrag der Vögel, auch »Verborgenes« der Fische! Schenken wird er euch Reichtum und Ernte. Am Morgen wird er Küchlein, am Abend auf euch einen Weizenregen niedergehen lassen!

Kaum daß ein Schimmer des Morgens graute, versammelt zu mir sich das Land. Der Zimmermann brachte die Holzpfosten, Der Bootsbauer brachte die Klammern ... die Männer ... das Geheimnis. Das Kind trug herzu das Erdpech, der Arme ... brachte den Bedarf heran. Am fünften Tage entwarf ich des Schiffes Außenbau. Ein »Feld« groß war seine Bodenfläche, je zehnmal zwölf Ellen hoch seine Wände, zehnmal zwölf Ellen ins Geviert der Rand seiner Decke. Ich entwarf seinen Aufriss und stellte es dar: Sechs Böden zog ich ihm ein, in sieben Geschosse teilt' ich es ein. Seinen Grundriss teilte ich neunfach ein. Wasserpflöcke schlug ich ihm ein in der Mitte. Für Schiffsstangen sorgt ich, legte nieder den Bedarf: Sechs Saren Erdpech goss für den Ofen ich dar, drei Saren Pech tat ich hinein, drei Saren Korbträgersleute waren es, die das Öl trugen. Außer einem Sar Öl, das das Backmehl verbrauchte, zwei Saren Öl, die der Schiffer speicherte.

Rinder schlachtete ich für den Proviant, Schafe tötete ich Tag für Tag. Most, Feinbier, Öl und Wein. Dazu Suppen tranken sie, als ob's Flusswasser wäre. Dass sie ein Fest begingen als wie am Neujahrstag! Bei Sonnenaufgang legte ich Hand an, das Letzte zu tun. Das Schiff war fertig am siebenten Tag bei Sonnenuntergang. Schwierig waren ... immer neue Stützhölzer brachten sie »oben und unten« – bis das Schiff zu zwei Dritteln im Wasser schwamm. Was immer ich hatte, lud ich darein. Was immer ich hatte, lud ich darein an Silber. Was immer ich hatte, lud ich darein an Gold. Was immer ich hatte, lud ich darein an allerlei Lebenssamen. Steigen ließ ich ins Schiff meine ganze Familie und die Hausgenossen, Wild des Feldes, Getier des Feldes, alle die Meistersöhne hab ich hineinsteigen lassen. Den Zeitpunkt hatte Schamasch mir so angesetzt:

Am Morgen werde ich Küchlein, am Abend einen Weizenregen niedergehen lassen. Dann tritt hinein ins Schiff und verschließ dein Tor! Der Zeitpunkt kam herbei: Am Morgen gingen Küchlein nieder, am Abend ein Weizenregen. Des Wetters Aussehen betrachtete ich – das Wetter war fürchterlich anzusehen. Ich trat hinein ins Schiff und verschloss mein Tor. Dem Schiffer Pusur-Amurri, dem Verpicher des Schiffes, übergab den Palast ich samt seiner Habe. Kaum dass ein Schimmer des Morgens graute, stieg schon auf von der Himmelsgründung schwarzes Gewölk. In ihm drin donnert Adad, vor ihm her ziehen Schullat und Chanisch. Über Berg und Land als Herolde ziehen sie. Eragal reißt den Schiffspfahl heraus, Ninurta geht, lässt das Wasserbecken ausströmen. Die Anunnaki hoben Fackeln empor. Mit ihrem grausen Glanz das Land zu entflammen. Die Himmel überfiel wegen Adad Beklommenheit, jegliches Helle in Düster verwandelnd. Das Land, das weite, zerbrach wie ein Topf. Einen Tag lang wehte der Südsturm ..., eilte dreinzublasen, die Berge ins Wasser zu tauchen, wie ein Kampf zu überkommen die Menschen. Nicht sieht einer den andern, nicht erkennbar sind die Menschen im Regen. Vor dieser Sintflut erschraken die Götter. Sie entwichen hinauf zum Himmel des Anu – die Götter kauern wie Hunde, sie lagern draußen! Es schreit Ischtar wie eine Gebärende. Es jammert die Herrin der Götter, die schönstimmige:

Wäre doch jener Tag zu Lehm geworden, da ich in der Schar der Götter Schlimmes geboten! Wie konnte in der Schar der Götter ich Schlimmes gebieten. Den Kampf zur Vernichtung meiner Menschen gebieten! Erst gebäre ich meine lieben Menschen, dann erfüllen sie wie Fischbrut das Meer! Die Anunnaki-Götter klagen mit ihr. Die Götter ... sitzen da und weinen. Die verdorrten Lippen nehmen ... Speisen. Sechs Tage und sieben Nächte geht weiter der Wind, die Sintflut, ebnet der Orkan das Land ein. Wie nun der siebente Tag herbeikam, schlug plötzlich nieder der Orkan die Sintflut, den Kampf, nachdem wie eine Gebärende sie um sich geschlagen. Ruhig und still ward das Meer. Der böse Sturm war aus und die Sintflut. Ausschau hielt ich einen Tag lang, da war Schweigen ringsum. Und das Menschengeschlecht war ganz zu Erde geworden!

Gleichmäßig war wie ein Dach die Aue. Da tat ich eine Luke auf, Sonnenglut fiel aufs Antlitz mir. Da kniete ich nieder, am Boden weinend, über mein Antlitz flossen die Tränen. – Nach Ufern hielt ich Ausschau in des Meeres Bereich: Auf zwölfmal zwölf Ellen stieg auf eine Insel, zum Berg Nisir trieb heran das Schiff. Der Berg Nisir erfasste das Schiff und ließ es nicht wanken. Einen Tag, einen zweiten Tag erfasste der Berg Nisir das Schiff und ließ es nicht wanken. Einen dritten Tag, einen vierten Tag erfasste der Berg Nisir das Schiff und ließ es nicht wanken. Einen fünften und sechsten erfasste der Berg Nisir das Schiff und ließ es nicht wanken. Wie nun der siebente Tag herbeikam, ließ ich eine Taube hinaus. Die Taube machte sich fort – und kam wieder: Kein Ruheplatz fiel ihr ins Auge, da kehrte sie um. Eine Schwalbe ließ ich hinaus. Die Schwalbe machte sich fort – und kam wieder: Kein Ruheplatz fiel ihr ins Auge, da kehrte sie um. – Einen Raben ließ ich hinaus. Auch der Rabe machte sich fort, da er sah, wie das Wasser sich verlief, fraß er, scharrte, hob den Schwanz – und kehrte nicht um.

Da ließ ich hinausgeh'n nach den vier Winden, ich brachte ein Opfer dar, ein Schüttopfer spendete ich auf dem Gipfel des Berges: Sieben und abermals sieben Räuchergefäße stellte ich hin, in ihre Schalen schüttete ich Süßrohr, Zedernholz und Myrte. Die Götter rochen den Duft. Die Götter rochen den wohlgefälligen Duft. Die Götter scharten wie Fliegen sich um den Opferer. Sobald wie die Mach herzugekommen, hob sie die großen Fliegengeschmeide empor, die Anu ihr zum Vergnügen gemacht: Ihr Götter hier, so wahr des Lasuramuletts an meinem Halse ich nicht vergesse: Will ich die Tage hier, fürwahr, mir merken, dass ewig ihrer ich nicht vergesse! Die Götter mögen nur kommen zum Schüttopfer! Doch Enlil soll nicht kommen zum Schüttopfer, weil er unüberlegt die Sintflut machte. Und meine Menschen dem Verderben anheimgab!

Sobald wie Enlil herzugekommen, sah das Schiff und ergrimmte Enlil. Voller Zorn ward er über die Igigi-Götter: »Eine Seele wäre entronnen? Überleben sollt' niemand das Verderben!« Ninurta tat zum Reden den Mund auf und sprach zu Enlil, dem Helden: »Wer bringt denn etwas hervor außer Ea? Auch kennt ja Ea jedwede Verrichtung!« Ea tat zum Reden den Mund auf und sprach zu Enlil, dem Helden: »Held, du Klügster unter den Göttern! Ach, wie machtest unüberlegt du die Sintflut?! Seine Sünde leg auf dem Sünder! Seinen Frevel leg auf dem Frevler! Lockere, dass nicht ganz abgeschnitten werde. Ziehe hin, dass nicht getötet werde! Statt dass eine Sintflut du machst, mag ein Löwe aufstehen, die Menschen zu mindern! Statt dass eine Sintflut du machst, mag ein Wolf aufstehen, die Menschen zu mindern! Statt dass eine Sintflut du machst, mag eine Hungersnot gesandt werden, das Land zu fällen! Statt dass eine Sintflut du machst, mag Era aufstehen, die Menschen zu erwürgen! Nicht aber enthüllt' ich der großen Götter Geheimnis! Den Hochgescheiten ließ ich schaun einen Traum! So vernahm er der Götter Geheimnis. Schaffet nun für ihn Rat!«

Da hat Enlil das Schiff bestiegen, meine Hand gefasst, mich einsteigen lassen, knien mein Weib neben mir, hat berührt unsere Stirn, zwischen uns stehend, uns segnend: »Ein Menschenkind war zuvor Utnapischtim. Uns Göttern gleiche fortan Utnapischtim und sein Weib! Wohnen soll Utnapischtim fern an der Ströme Mündung!?«

Da nahmen sie mich und ließen mich fern an der Ströme Mündung wohnen.

Die Sintflut war geplant

Ob es nun eine Gruppe oder nur ein Außerirdischer in Gestalt des biblischen Gottes, des griechischen Zeus oder des akkadischen Enlil war – die Sintflut war geplant und wurde in die Tat umgesetzt. Daran führt kein Weg vorbei, und alle Versuche, die Berichte über dieses Geschehen mit diffusen mythologischen Deutungen zu begründen, würde bedeuten, unseren Vorfahren zu unterstellen, unter starken Halluzinationen gelitten zu haben.

Doch wenn die Vernichtung der Menschheit durch eine Sintflut inszeniert war, muss auch die Frage gestellt werden, welches Verfahren dafür angewendet wurde. Weil alles auf einen Asteroideneinschlag hindeutet – bleiben wir beim sumerischen »Enlil« und billigen ihm einige Zeit zu, bis er einen Asteroiden aus dem gleichnamigen Gürtel herbeigeschafft hat, um damit die Flut auszulösen. Das wird zwar einige Jahre in Anspruch genommen haben, aber handelte es sich wirklich um die in der Bibel erwähnte Frist von 120 Jahren?

Diese Frist findet im Gilgamesch-Epos keine Erwähnung. Einerseits existieren viele Gemeinsamkeiten zwischen dem akkadischen Epos und der Genesis, andererseits entdeckt man frappante Unterschiede. Während in der Bibel nur ein Gott für das Sintflutgeschehen verantwortlich war, sind in fast allen anderen Epen mehrere Götter involviert. Das Gilgamesch-Epos ist das durchweg logischere Werk, die Bibel mitunter eine mehr als dürftige Kopie – Noah musste auf Gott vertrauen, dass seine Arche nach dem Flutgeschehen irgendwo strandete. Utnapischtim dagegen konnte auf die Fähigkeiten eines erfahrenen Steuermannes vertrauen.

Utnapischtim und seine Sippe mussten also vor dem zu erwartenden kosmischen Einschlag in Sicherheit gebracht werden. Aber wie? Im heiligen iranischen Kodex Zend-Avesta wird man endlich fündig und erfährt, wie sie sich vor dem Impact und der folgenden Flut schützen sollten: Erbaue eine Varna (damit ist eine unterirdische Unterkunft gemeint), bringe Menschen und Tiere dorthin ... Es folgt die Aufforderung zur Selektion: Nicht die charaktervollsten Menschen, sondern nur die körperlich fitesten sollten in der Varna Zuflucht finden; schlechte Zähne etwa oder ein Buckel führten zum Ausschluss. Im oberen Teil der Varna mache neun Abteile, im mittleren sechs und im unteren drei. Bringe in die obersten Abteile tausend Männer und Frauen, in die mittleren sechshundert und in die unteren dreihundert. Und mache eine Türe, damit in das Innere Licht kommt. Na bitte, schon haben wir eine realistische Beschreibung für einen Zufluchtsort und vor allem den Hinweis wider alle Sintflutberichte, dass nicht nur Noah und seine nächsten Angehörigen gerettet wurden, um den Fortbestand der Menschheit zu sichern. Hier sollten fast 2000 Menschen die Chance erhalten, zu überleben, was ja auch einleuchtender erscheint. Zudem gesellten sich bei Utnapischtim die »Meistersöhne« hinzu, denn Fachkräfte aller Sparten sind sicherlich nach jeder Flutkatastrophe die am dringendsten benötigten Personen.

War die Arche ein Sicherheitstrakt?

Mit dem iranischen Kodex Zend-Avesta taucht plötzlich noch eine völlig andere Vermutung auf: Die Arche wird ja immer mit Stockwerken und Kammern beschrieben. War die vielfach beschriebene Arche in Wahrheit ein unterirdischer Sicherheitstrakt? Bei dem zu erwartenden Asteroideneinschlag machte eine solche Anlage natürlich Sinn, ja, sie war sogar dringend erforderlich! Selbstverständlich muss Utnapischtim ein Schiff besessen haben, vielleicht auch eine kleine Flotte, um den ganzen Clan zu evakuieren. Weil die Atlanter seit Jahrhunderten routinierte Hochseeschiffer waren, benötigten sie eigentlich keine Tipps von Außerirdischen, wie sie ihre Schiffe zu konstruieren hatten. Es ist aber nun mehr als einmal ausführlich über den Schiffsbau berichtet worden. Eine plausible Erklärung dafür wäre, dass die vorhandenen Schiffe für die zu erwartenden widrigen marinen Zustände nicht ausgelegt waren und widerstandsfähigere gebaut werden mussten.

Nach der Flut muss es einen Ur-Bericht über die Katastrophe gegeben haben, der weltweit den Menschen im Gedächtnis haftenblieb. Dabei muss etwas verlorengegangen, vertauscht oder verschwiegen worden sein, weil es nicht in die Geschichte von der wundersamen Errettung einiger Menschen passte. Ganz profan ausgedrückt, so blauäugig kann normalerweise kein Mensch sein, dass er sich bei Beginn einer weltweiten Flutkatastrophe auf ein Schiff begibt und mitten in dieses Inferno hineinsegelt. Es ist an der Zeit, sich endgültig von der Vorstellung zu lösen, einige hätten die Sintflut mit Hilfe einer Arche überlebt. Diese Version wird zwar seit Jahrhunderten wiedergegeben, aber im Prinzip ist diese Vorstellung an Schwachsinn nicht mehr zu überbieten. Entgegen allen Sintflutberichten muss bei realistischer Betrachtung davon ausgegangen werden, dass die Auserwählten bei schönstem Wetter die Segel hissten, um sich in einer »Varna« in Sicherheit zu bringen.

Existieren irgendwo auf der Erde derartige unterirdische Anlagen? Hier werde ich erneut bei Erich von Däniken fündig. In »Aussaat und Kosmos« beschreibt er phantastische Höhlensysteme in Ecuador und Peru an der Westküste Südamerikas, kilometerlang, mit großen Hallen über mehreren Etagen, Wände und Decken wie aus Beton gegossen. Sogar die im Zend-Avesta beschriebene Tür sollen Wissenschaftler geortet haben. Am Ende mehrstöckiger Hallen fanden sie Schottentüren aus riesigen Felsplatten, acht Meter hoch, fünf Meter breit und zweieinhalb Meter dick. Trotzdem konnten die Türen gedreht werden, denn sie lagen auf Steinkugeln in einem Wasserbett. Diese Anlagen, wenn sie in der beschriebenen Art tatsächlich so vorhanden sind, wären ein weiteres prähistorisches Bauwerk, für das wieder einmal kein Erbauer präsentiert werden kann.

Die Arche auf dem Ararat

Von jeher geistert der Berg Ararat in der Türkei durch die christlichen Sintflutberichte. Schon einige Male ging die Nachricht um die Erde, im besagtem Gebiet habe man die Arche oder Artefakte von ihr gefunden, und jedes Mal sprangen einige Kirchenfürsten, wenn auch vergebens, vor Freude in die Luft. Der italienische Archäologe Mario Zanot berichtet in seinem Buch »Die Welt ging dreimal unter«, wie er selber im Ararat auf der vergeblichen Suche nach der Arche war. In diesem Buch ist der Wissenschaftler Peter Kolosimo überzeugt, auf einer Luftaufnahme unterhalb des Gipfels die Arche eindeutig erkannt zu haben. Es muss schon ein Übermaß an Phantasie vorhanden sein, auf der Aufnahme der US Air Force unter einer Eisschicht einen Schiffsrumpf zu erkennen. Die Theorie von der Arche auf dem Ararat enthält mehrere grobe Denkfehler: Eine Arche kann niemals durch eine Flutwelle auf dem Ararat gestrandet sein, denn woher sollte so viel Wasser auf die Erde gekommen sein? Da helfen auch alle in der Bibel erwähnten Brunnen der Tiefe nicht, die sich angeblich öffneten und die ganze Erde mit Wasser bedeckten. Dann müsste das Wasser ja heute noch vorhanden sein, denn wohin sollte es versickern? Der Ausspruch »das ganze Land war unter Wasser mit den höchsten Bergen« ergibt nur in Verbindung mit Atlantis einen Sinn. Wenn der kleine Kontinent versank, stimmt die Aussage, dass alles Land unter Wasser war! Außerdem, wofür benötigte Noah überhaupt ein Schiff? Er hätte in den Jahren bis zur Sintflut mit seinem Tross doch bequem den Ararat zu Fuß erreichen können!

Zanot vermutete, die Arche sei ein rechteckiger Kasten mit einer Länge von 150 Metern, 25 Metern Breite und einer Höhe von

15 Metern gewesen, und wie die Varna soll sie drei Stockwerke besessen haben. In den genannten Dimensionen wäre dieser hölzerne Koloss alles andere, aber niemals hochseetüchtig gewesen, vor allem unter dem Aspekt eines unter den vermuteten Umständen wilden und unberechenbaren Ozeans. Schiffsbauexperten wie Tom Vosmer vertreten die Ansicht, dieser bauchige Kasten wäre wie ein Stein gesunken. Zanot erklärt, die Maße der Arche wären in beiden Berichten absolut identisch. In Gerd von Hasslers »Noahs Weg zum Amazonas« misst die Arche Noahs (L × B × H) 122 × 21 × 12,6 Meter, die von Utnapischtim 73 × 12,6 × 11 Meter. Wer hat nun recht?

Trotz allem wird Zanots »Die Welt ging dreimal unter« in einer Buchbesprechung der Frankfurter Allgemeinen Zeitung gelobt: Dass sich die Sintflut wirklich ereignet hat, daran zweifelt heute ernsthaft kein Historiker mehr. Zum Glück wird darauf verzichtet, den Menschengeist in bequemer und auflagenfördernder Weise aus fernen Galaxien einfliegen zu lassen… Lieber Rezensent, erst einmal ein kleiner Nachhilfeunterricht in Sachen Universum; Sie, die Außerirdischen, kommen nicht aus fernen Galaxien, sondern wenn schon, aus unserer gemeinsamen. Sehr wahrscheinlich nicht einmal vom anderen Ende oder aus dem Zentrum, sondern vermutlich aus unserem heimatlichen Spiralarm. Anstatt gleich süffisant zu Außerirdischen überzugehen, wäre es sinnvoller gewesen, dem Unsinn, die Arche als Rettungsboot zu betrachten, etwas skeptischer gegenüberzustehen. Wie lange kann den Menschen noch die Geschichte glaubhaft gemacht werden, dass es einigen Gottgefälligen gelungen sein soll, der größten Flutwelle aller Zeiten in einem plumpen, rechteckigen Holzkasten zu entkommen?

Es gab Krach im Götter-Clan

Eine Betrachtung der mythologischen Berichte fast aller alten Kulturen legt die Vermutung nahe, dass es nicht nur wegen des Jupiter-Venus-Experiments, sondern besonders bei der Sintflut zu Kontroversen innerhalb der außerirdischen Führungsmannschaft kam. Bei der Venus-Katastrophe konzentriert sich die Personifizierung auf

Luzifer, der in der römischen wie auch der griechischen Mythologie als Lichtbringer mit dem Planeten Venus in Verbindung gebracht wird. Einige Kirchenväter dämonisierten Luzifer daraufhin und setzten ihn mit den in der Bibel erwähnten gefallenen Engeln gleich. Seitdem muss Luzifer für alles Böse auf Erden herhalten. Wer nun das »Böse« personifizierte, mag dahingestellt sein, Luzifer jedenfalls zeichnete nicht für die Sintflut verantwortlich. In anderen Epen wird Luzifer als ehrgeiziger Engel beschrieben, der sich gegen Gott auflehnte, dessen Reich von Grund auf ablehnte und zudem noch einen Krieg im Himmel »anzettelte«. Konkretere Hinweise auf Differenzen im Götter-Clan in Bezug auf die Sintflut sind hingegen eindrucksvoll im Gilgamesch-Epos beschrieben. Es muss davon ausgegangen werden, dass einer der Götter die Vernichtung der Atlanter plante, während gleichzeitig eine Opposition die auserwählte Gruppe um Utnapischtim aufforderte, ein Schiff zu bauen, um dem Desaster zu entkommen.

Dass dies hinter dem Rücken des höchsten Gottes geschah, dafür liefert das Gilgamesch-Epos ein besonders gelungenes Beispiel: Ea, der Gott des Wassers, der an dem Rat der Götter teilnahm, beschloss Utnapischtim zu warnen. Er begab sich zu seiner Hütte und sprach leise: »Mauer, Mauer, höre. Mann aus Schurupak, erbaue dir ein Schiff ... trage auf das Schiff alle Arten von Sämereien ...« Nicht nur, dass der Gott Ea heimlich Utnapischtim aufsuchte, er sprach sogar leise, so, als ob kein anderer erfahren sollte, was er plante. Das Wort Mauer steht für die Wand einer Hütte, durch die er flüsterte. Die Aufforderung, die Mitnahme von Sämereien nicht zu vergessen, lässt gewiss nur den Schluss zu, dass die Geretteten nach der Überflutung von Atlantis später wieder auf diesen kleinen Kontinent zurückkehren und ihre Felder bestellen sollten.

In allen Überlieferungen findet sich der Hinweis, dass die Götter ein Zeichen geben wollten, wann das Schiff bestiegen werden sollte. Wie dieses Zeichen im Verlauf von Jahrtausenden verklärt gedeutet wurde, mag daraus ersehen werden, dass die Bandbreite von einem roter Fleck am Himmel bis zum Regnen von Getreide reichte. Es ist sehr wahrscheinlich, dass es ein solches Zeichen in irgendeiner Form wirklich gegeben hat; Utnapischtim konnte ja aus seinem Versteck heraus nicht beurteilen, ab wann der Atlantik wieder mit dem Schiff befahrbar sein würde. Aber die Außerirdischen konnten es, und so werden sie die Ampel auf »Grün« gestellt haben, um Utnapischtim zu signalisieren, dass er lossegeln konnte.

Somit erscheint die Geschichte von den fürchterlichen marinen Zuständen bei der Rückkehr in den Atlantik tatsächlich glaubwürdig. Wie im Gilgamesch-Epos wird ebenso in der Bibel von einer Seefahrt unter schwierigsten Bedingungen berichtet. Nach diesem Ereignis war der Atlantik wohl für längere Zeit ein mehr als unangenehmes Gewässer, in das Utnapischtims erfahrener Steuermann Pusur-Amurri ihr Schiff hineinsteuerte, um wieder zu ihrer Insel zu gelangen. Die Besatzung ließ Tauben, Raben und Schwalben ausfliegen. Warum wohl? Die Atlanter waren gewiss routinierte Seefahrer, und eigentlich müsste Atlantis längst erreicht sein. Zum Teufel, kein Land in Sicht, wird vielleicht Pusur-Amurri geflucht haben: Nach Ufern hielt ich Ausschau in des Meeres Bereich: Auf zwölfmal zwölf Ellen stieg auf eine Insel, zum Berg Nisir trieb heran das Schiff. Waren sie vielleicht auf den Azoren gelandet? Auf jeden Fall hatte man erstmals wieder festen Boden unter den Füßen und wollte den Göttern danken, dass man überlebt hatte. Bei der Auswahl der Gäste war man aber sehr penibel, denn nur die Gottheit Enlil war nicht eingeladen, weil unüberlegt er die Sintflut machte!

Ob Enlil aus seiner Orbitbahn mitbekommen hatte, dass einige überlebt hatten? Als er das Schiff entdeckt, erscheint er voller Zorn bei den Igigi-Göttern und staucht sie zusammen: Eine Seele wäre entronnen? Überleben sollte niemand das Verderben! Jetzt war Zoff angesagt im Götter-Clan. Schonungslos wird Enlil vorgehalten, was er mit der Flut angerichtet hat: Ach wie machtest unüberlegt du die Sintflut. Dann wird ihm eine umfangreiche Liste unter die Nase gehalten, wie er die Menschen ohne diese Katastrophe hätte strafen können. Enlil wird einsichtig, er besteigt das Schiff, reicht einem tränenüberströmten Utnapischtim die Hand und gestattet ihm und seinem Weib fern an der Ströme Mündung zu wohnen.

Wie aber kann der Ort »fern an der Ströme Mündung« geographisch eingeordnet werden? Gerd von Hassler beschreibt in »Noahs Weg zum Amazonas« überzeugend, welche Region gemeint ist: Südamerika. Mit der Ströme Mündung kann nur der Amazonas gemeint sein. Gilgamesch will schließlich Utnapischtim aufsuchen, um Unsterblichkeit zu erlangen. Akribisch erläutert von Hassler, dass die im Epos geschilderte Wegbeschreibung durch Nordafrika mit den tatsächlichen geographischen Merkmalen bis zum prähistorischen Lixus in Marokko übereinstimmt. Lixus kann aufgrund der gefundenen Unterwasseranlagen als erste Anlaufstation auf dem Weg zur Kolonie am Nil wie eventuell auch Malta angesehen werden. Ähnliche Anlagen auf dem Meeresboden fand man ebenso im Mündungsgebiet des Orinoko-Flusses im nördlichen Venezuela. Es hat den Anschein, dass beide Orte die ersten Anlaufstellen für die Atlanter in Richtung Südamerika und Afrika waren. In Lixus treibt Gilgamesch mit brutaler Gewalt ein Boot auf, um mit Hilfe des Fährmannes Urschanabi auf einem kaum befahrbaren Atlantik nach Südamerika zu gelangen, um Utnapischtim aufzusuchen.

Wie im akkadischen Epos bereut auch in der Genesis Gott sein Tun. Und wie auch Utnapischtim die Errettung gebührend feierte, ließ Noah sich ebenso nicht lumpen und veranstaltete wohl eine Grillparty: ... **und nahm von allerlei reinem Vieh und allerlei reinem Geflügel und opferte Brandopfer auf dem Altar. Und der Herr roch den lieblichen Geruch** (sehr merkwürdig, was ein bibelfester Christ so alles verdauen muss) und versprach sinngemäß: Ihr seid es zwar nicht wert, aber ich will nie wieder die Menschen mit einer Flut strafen. Bei diesem Versprechen hat der christliche Gott aber gelogen, dass sich die Planken der Arche nur so gebogen haben. Allein in China verloren seit dem 19. Jahrhundert durch zwei Fluten fast vier Millionen Menschen ihr Leben.

Wenn es von Interesse ist, wie viele Opfer nach der Sintflut zu beklagen waren, so gibt es eine einzige konkrete Zahl. Dennoch zweifelt man aufgrund der unglaublich hohen Opferzahl unwillkürlich an deren Glaubwürdigkeit. Wieder einmal ist es einer der Maya-Codices, der von Brasseur de Boubourg übersetzt wurde. Es ist der Codex Troano, der berichtet: Im sechsten Jahre Cans, am elften Muluc des Monats Zar, ereigneten sich furchtbare Erdbeben und dauerten bis zum dreizehnten Chuen. Das Land der Lehmhügel Mur und das Land Mound waren ihre Opfer. Sie wurden zweimal erschüttert und verschwanden plötzlich in der Nacht. Die Erdkruste wurde an verschiedenen Stellen von den unterirdischen Gewalten ständig angehoben und gesenkt, bis sie dem Druck nicht mehr standhalten konnte, und viele Länder wurden durch tiefe Risse voneinander getrennt. Schließlich versanken beide Länder mit 64 Millionen Einwohnern im Ozean. Es geschah vor 8060 Jahren.

64 Millionen Einwohner, diese Zahl übertrifft alles, was in der bekannten Menschheitsgeschichte an Katastrophen oder Kriege in nur wenigen Tagen über die Erde hereinbrach, selbst dann, wenn die Zahl um das Zehnfache erhöht wäre. Im ersten Augenblick erscheint eine in die Millionen gehende Opferzahl zur damaligen Zeit unmöglich. Dass aber unter optimalen Bedingungen über einen Zeitraum von annähernd 3000 Jahren eine Bevölkerung sprunghaft zunehmen kann, ist mit einem Blick in die heutige Zeit durchaus realistisch. Dass nach dem Asteroideneinschlag eine kilometerhohe Flutwelle über Atlantis hinwegstürmte und dabei Millionen von Opfern forderte, ist deshalb objektiv nachvollziehbar. Ebenso kann sich eigentlich jeder selber ausmalen, welche Monster-Tsunamis nach dem Versinken eines ganzen Kontinentes über den Atlantik rasten und weitere Hunderttausende von Menschen an den Küsten diese Katastrophe nicht überlebten. Die Opferzahl wird sich in den Jahrzehnten danach indirekt durch veränderte Umweltbedingungen wie eine drastische Abkühlung durch weltumspannende Aschewolken und unvorstellbar heftige Regenfälle nochmals erhöht haben.

Die Sintflut – ein heikles Thema

Es ist davon auszugehen, dass jeder den Sintflutbericht kennt. Aber wie wird er von der Mehrzahl der Christen eingestuft, welchen Stellenwert hat er heute noch? Die ehrliche Antwort lautet: keinen.

Wie aber gehen sie mit dieser Erzählung um – verdrängen sie einfach die Überlieferung, dass Gott die Menschen, die er geschaffen hat, von der Erde tilgen wollte? Dass auch noch Hunderttausende Unschuldiger mit ums Leben kamen, hat er wohl billigend in Kauf genommen.

Nur zu verständlich, dass dieses rücksichtlose Verhalten den religiösen Vertretern schlaflose Nächte bereitet. Eine brutale Massenvernichtung durch die Sintflut mit einem den Menschen gegenüber harmoniebedürftigen, gütigen Gott in Einklang zu bringen stellte die Religionen vor schier unüberwindbare Hindernisse. Um diesem Dilemma aus dem Wege zu gehen, bot sich als eleganteste Lösung an, dieses Ereignis einfach durch Ignoranz nicht mehr zur Kenntnis zu nehmen. Somit hat sich unbemerkt ein Wandel vollzogen, der daran zu erkennen ist, dass von den markantesten Geschehnissen und den von Gott zu verantwortenden fürchterlichsten Katastrophen in der Menschheitsgeschichte so gut wie nichts mehr zu erfahren ist. Dabei müsste das am Anfang der Genesis Geschilderte eigentlich der Quell fast aller Kanzelpredigen sein, weil an keiner anderen Stelle in der Bibel die Begegnung mit Gott eine derartige Dramaturgie erreicht.

Es bleibt nicht aus, dass aufgrund dieser Ausgangslage Diskussionen mit Gläubigen entstehen, und wenn diese mit der Sintflut konfrontiert werden, erkennt man den Kreationisten an seiner unerschütterlichen Auffassung, die Sintflut habe ohne Wenn und Aber wie in der Bibel beschrieben stattgefunden. Der »moderne« Christ (man gestatte die Wortschöpfung »Blablaist«) hingegen weicht diesen für ihn unangenehmen Fragen in der Regel mit einem »Gott darf nicht hinterfragt werden« aus. Da fragt man sich doch, wer hat das Recht, zu entscheiden, was hinterfragt werden darf und was nicht? Jedem steht das Recht zu, alles, aber auch wirklich alles zu hinterfragen, und keine klerikale Instanz darf sich anmaßen, bestimmten Themen eine sakrosankte Immunität zu verleihen.

Infolgedessen hat eine schleichende Reformation die Religionen erfasst; gekennzeichnet durch ein mystisch-klerikales Bla-blabla, das allen konkreten Fragen nach Gottes (Un-)Taten ausweicht.

Der personifizierte liebe Gott ist schon lange nicht mehr aktuell. Mit Unterstützung philosophischer Definitionen taucht eine neue, dem Zeitgeist angepasste Version auf: Irgendwo im Universum schwirrt eine nicht definierbare Kraft umher, die auch irgendwie alles steuert und zusammenhält. Sozusagen ein metaphysischer Kloß, der nicht nur intellektuellen Seelenqualen rezeptfreie Linderung verspricht, sondern durch ein geistiges Daumennuckeln zur seelischen Entspannung beiträgt. Mit dieser Auslegung aber degeneriert das christliche Glaubensbekenntnis endgültig zu einer belanglosen Wellness-Religion.

Dass ist eben das Dilemma dieser neumodischen Wellness-Religion, die sich nur noch durch eine nichtssagende Rhetorik ohne jegliche Aussagekraft artikuliert. Deshalb kam denen, die sich mit einer Massenvernichtung nicht anfreunden konnten, die von Sir Leonard Woolleys im Euphrat-Tigris-Gebiet geortete Flut wie gelegen. Im Jahre 1928 stieß er bei Grabungen in Warka-Ur in zwölf Meter Tiefe auf eine über zwei Meter dicke Schwemmlehmschicht. Einige Theologen wie auch Archäologen rekapitulierten jetzt, diese durch einen Tsunami ausgelöste lokale Flut habe sich über Jahrtausende im Gedächtnis der Menschen festgesetzt, und im Laufe der Zeit entstand die Sage von der Sintflut. Nicht nur, dass mit dieser These die Aussage der Bibel definitiv in Zweifel gezogen wurde – gleichzeitig hatte man die Frage, ob Gott ein Massenmörder war, elegant umschifft. Wenn ein göttliches Strafgericht mit einer frühgeschichtlichen Naturkatastrophe bagatellisiert wird, so ist dies ein Beleg für die Inkonsequenz der Religionen. Wer sich zu der biblischen Geschichte bekennt, muss sich unabdingbar auch zu diesem Holocaust bekennen. Göttliche Einflussnahme je nach Gutdünken zu bejahen oder zu verneinen, funktioniert auf Dauer nicht.

Die Euphrat-Tigris-Flut verdeutlicht gleichzeitig, welch ein außergewöhnliches Genie Otto Heinrich Muck war und mit welch bestechender Logik er argumentierte. Für ihn war diese Flut dennoch Bestandteil der Großen Flut vor über 10.000 Jahren. Muck begründete seine Theorie damit, dass die Schwemmschicht das Produkt eines Asche- und Schlammregens sei, der als Folge des Asteroideneinschlages weltweit für monatelange, verheerende Regenfälle sorgte. Als zum Jahreswechsel 2004/05 die Flutwelle in Südasien 230.000 Menschen das Leben kostete, konnte jeder erstmals sehen, welcher Unrat durch einen Tsunami an Land gespült wird. Es sah aus wie auf einem Schlachtfeld, darunter befanden sich tote Menschen wie auch Tiere. Weil von alledem in den Bodenschichten der Woolleyschen Flut nichts vorhanden war, so Muck, konnte diese Überschwemmung niemals das Produkt eines Tsunamis sein.

Lasst uns Menschen machen ...

Eine fiktive Reportage

Ein spanischer Dichter formulierte einmal den vielsagenden Ausspruch: **Die Wahrheit ist ein Verdacht, der sich bestätigt.** Durch die in den vorangegangenen Kapiteln vorgelegten Beweise, Belege und Indizien besteht die begründete Hoffnung, dass der hier in Reportageform geschilderte Geschichtsverlauf sich eines Tages als wahr herausstellt. Es ist der Versuch, auf Basis der Logik und unter Einbeziehung wissenschaftlicher Erkenntnisse das frühgeschichtliche Geschehen in einer Art und Weise zu erklären, die dem interessierten Leser keine Antwort schuldig bleiben soll.

Wenn es den Religionen gestattet ist, aufgrund von Menschheitserinnerungen eine Glaubenslehre zu manifestieren, und wenn es gestattet ist, in TV-Berichten ein wissenschaftlich nicht belegbares Szenario als authentisches frühgeschichtliches Ereignis anzubieten, dann muss es ebenso legitim sein, die prähistorischen Geschehnisse unter Einbeziehung physikalischer Fakten aus einem anderen Blickwinkel zu betrachten. Ob es sich um die Genesis handelt oder die uralte Atlantis-Erzählung – es ist an der Zeit, diesen wie vielen anderen jahrtausendealten Überlieferungen eine realitätsnähere Version zur Seite zu stellen. Diese »fiktive Reportage«, die einen Zeitraum von etwa 12.000 bis 8500 Jahren vor der Zeitrechnung beschreibt, erhebt keinen Anspruch auf Endgültigkeit. Dafür präsentiert sich die gesamte Thematik zu mannigfaltig und auch zu umfangreich. Eine Problematik besteht darin, dass auf jede sich stellende Frage in der Regel mehrere Antworten zur Disposition stehen. Am Beispiel der Sintflut kann ersehen werden, wie viele Möglichkeiten sich hierbei anbieten. Daher ist es natürlich nicht sicher, dass meine hier vorgestellte Version der Realität wirklich am nächsten kommt. Dennoch möchte ich Ihnen meine über die Jahre entwickelte Theorie eines etwas anderen Geschichtsverlaufes nicht vorenthalten und sie an dieser Stelle in Form einer fiktiven Reportage vorstellen:

Es war wohl in der Zeit um 12.000 v. Chr., als sich eine Expedition eines fremden Planeten (wir wollen ihm den Namen Tercia geben) unserem Sonnensystem näherte. Welches Erlebnis muss es für die Tercianer gewesen sein, als sie nach Jahrhunderten oder sogar Jahrtausenden zu einem Sonnensystem gelangten und in diesem endlich einen Planeten vorfanden, der auf den ersten Blick alle Voraussetzungen bot, der ihnen in ferner Zukunft zur neuen Heimat werden konnte, bevor ihr Planet durch eine kosmische Katastrophe für immer unbewohnbar würde. Unweigerlich deutete das, was unter ihren Sichtluken vorbeiglitt, auf einen Planeten hin, der alles zu haben schien, um den Fortbestand ihrer Zivilisation zu ermöglichen: eine Atmosphäre, Ozeane, Kontinente und ... sicherlich auch Leben? Es muss der absolute Höhepunkt in ihrem Dasein gewesen sein, als sie erstmals mit völlig anderen Lebensformen konfrontiert wurden. Geradezu überwältigend war für sie sicherlich der unbeschreibliche Reichtum von Abermillionen verschiedenen Pflanzenarten und Lebensformen auf diesem Planeten.

Und dennoch erlebten die Tercianer noch eine Steigerung all dessen, als sie eines Tages auf die ersten Sippen von Steinzeitmenschen stießen. Die Sensation war perfekt: Es gab, wenn auch auf einer niederen Stufe, intelligentes Leben auf diesem Planeten, das eine gewisse Ähnlichkeit mit ihnen aufzeigte. Und mit einem Mal standen sie vor Entscheidungen, deren immense Tragweite für die Erde damals niemand absehen konnte. Denn ihr Eingriff in eine bestehende Ordnung würde diesen Planeten für immer verändern. Andererseits sahen sie als Nebeneffekt ihrer Mission die einmalige Chance, im Universum eine neue Zivilisation nach ihren Absichten zu formen. Und somit erging der Appell:

Lasst uns Menschen machen, ein Bild, das uns gleich sei ...

Für die Tercianer muss diese Entscheidung gleichzeitig einen riesigen Berg von Fragen aufgeworfen haben: Welche Ziele sollten mit dieser ersten Zivilisation anvisiert werden? Inwieweit konnten und sollten sie Einfluss durch genetische Veränderungen auf diese neue Menschenrasse nehmen? Welche soziale Struktur war für dieses neue Gemeinwesen am geeignetsten und welcher Ort bot die besten Bedingungen, um diese neue Population anzusiedeln?

Um alle diese Probleme zu lösen, wählten sie exakt auf der Äquatorlinie einen Ort in den südamerikanischen Kordilleren aus, um eine erste Station auf der Erde zu errichten, die permanent in Verbindung zu ihrem Mutterraumschiff stand. Der kleine Kontinent zwischen Afrika und Amerika war nach ihren Vorstellungen der ideale Standort für diese erste Zivilisation. Mitten im Ozean gelegen, ohne störende Einflüsse von außen, bot er für ihr Vorhaben die besten Voraussetzungen. Und es bereitete ihnen keinerlei Schwierigkeiten, mit ihrer vorhandenen Technik ein erstes Weltzentrum zu errichten, von dem aus diese neue Zivilisation nach den Vorstellungen der Tercianer und ebenso auch zu ihrem eigenen Vorteil über den gesamten Erdball herrschen konnte. Nun stellte sich die Frage, wie weit sie bei der Schaffung der »ersten neuen Menschen« gehen sollten. Ein vorrangiges Ziel war es, die Lebenserwartung dieser Spezies erheblich zu erhöhen. Denn diese Population war allein schon wegen ihres anfänglich geringen Bestandes zu kostbar, als dass sie bereits nach wenigen Jahrzehnten das Zeitliche segnen sollte.

Für die Tercianer bestand nicht der geringste Zweifel, dass der Planet Erde das Objekt war, auf dem sie sich später ansiedeln konnten. Gleichzeitig war damit unweigerlich ein Aufenthalt von mehreren Jahrhunderten vorprogrammiert. Denn es war davon auszugehen, dass sie einige Menschengenerationen benötigten, bis ihre Vorstellungen realisiert waren. Höchste Priorität hatte aber die Suche nach weiteren bewohnbaren Planeten. Deshalb entschlossen sie sich, die geplante Route durch die Galaxie weiterzuführen und einen Teil der Besatzung auf der Erde zurückzulassen, um diesen Planeten und das gesamte Sonnensystem bis in den letzten Winkel zu erforschen. Ihr Augenmerk galt dabei besonders dem Jupiter-Mond Europa, der unter Umständen ebenfalls eine Alternative für neuen Lebensraum sein konnte – eine verhängnisvolle Entscheidung mit katastrophalen Folgen nicht nur für die gesamte Menschheit, sondern auch für die Erde und das Sonnensystem.

In der Enklave Eden auf Atlantis entstand eine neue Menschenrasse, die sich im Laufe der Jahrhunderte kontinuierlich zu einer prosperierenden Gesellschaft entwickelte. Es entstand ein Imperium ohnegleichen, die ersten Kolonien außerhalb von Atlantis wurden gegründet. Doch der Zenit dieser Kultur war schneller überschritten als erwartet. Die von den Tercianern eingeforderte und anfänglich erbrachte vielfältige Unterstützung und Hilfe für die übrige Menschheit wandelte sich zunehmend in Ausbeutung und Unterdrückung um. Bald waren die auf der Erde zurückgebliebenen Tercianer dem menschlichen Wesen, das mit zunehmendem Wohlergehen charakterlich immer mehr degenerierte, nicht mehr gewachsen.

Eine Gruppe von Tercianern entwickelte die wahnwitzige Idee, den Planeten Jupiter als zweite Sonne zu zünden. Der Planet zwischen Mars und Jupiter, der ohnehin durch die starken Gravitationskräfte des Jupiters einen instabilen Orbit hatte, sollte durch Beeinflussung seiner Umlaufbahn mit dem Jupiter kollidieren, in dessen Gashülle eindringen und mit ihm verschmelzen. Der dadurch entstehende erhöhte Druck im Planeteninneren, so jedenfalls waren ihre Vorstellungen, konnte Helium erzeugen, so dass der Jupiter als zweite Sonne erstrahlen würde, die dann auf dem Jupiter-Mond Europa die Bildung einer Atmosphäre begünstigen würde.

Um das Jahr 11.400 v. Chr. kam es zu einem kosmischen Crash, der das Sonnensystem radikal veränderte, als der Planet in einem spitzen Winkel auf den Jupiter zuraste und mit ihm kollidierte. Der kleinere Planet wurde wieder ins All hinausgeschleudert. Seine Rotation kam zum Stillstand, und damit war das Desaster vorprogrammiert. Weil die Fliehkräfte weiterwirkten, wurde die Außenhülle in einer unvorstellbaren Explosion abgesprengt und verteilte sich als Asteroidengürtel zwischen den zwischen Mars und Jupiter befindlichen Planeten. Als der Planet – eine glühende Kugel ohne Hülle, jedoch mit einem Millionen Kilometer langen Schweif giftiger Gase – durch das All taumelte und nach Jahren zum ersten Mal die Laufbahn der Erde kreuzte, standen der Erde katastrophale Veränderungen bevor. Die Gravitationskraft des neuen Planeten Venus zog die Erde auf eine erweiterte Umlaufbahn, zudem verlagerten sich die Pole um 1500 Kilometer. Es entstanden weltweit verheerende Flutwellen, die auch Atlantis stark in Mitleidenschaft zogen und verwüsteten. Hunderttausende Menschen wurden weltweit Opfer dieser Katastrophe.

Nicht alle Tercianer waren mit diesem Plan einverstanden gewesen. Und auch den Menschen war nicht verborgen geblieben, dass die Harmonie unter »ihren Göttern« im Laufe der Jahre gelitten hatte. Aufgrund dieser Konstellation reiften erste Pläne, sich von diesen seltsamen Außerirdischen zu befreien, die immer nur Genügsamkeit, Charakterfestigkeit und Hilfsbereitschaft predigten, wo doch die Erde für sie alles im Überfluss bereithielt. Ein erster gescheiterter Attentatsversuch der Atlanter konnte diese nicht davon abhalten, einen weiteren Anschlag auszuführen, dem drei Tercianer zum Opfer fielen.

Die Tercianer mussten sich eingestehen, dass ihre Vorhaben, eine erste menschliche Zivilisation auf der Erde zu schaffen und einen Mond bewohnbar zu machen, in einem Desaster geendet hatten. Es gelang ihnen wenigstens noch, die Umlaufbahn der Venus zu korrigieren, um die Gefahr einer ansonsten unausweichlichen Kollision mit der Erde zu bannen. Mit der Kolonie in Ägypten planten sie dieses katastrophale Ereignis in einem Mahnmal zu verewigen. Auf dem Plateau von Giseh entstanden in einigen Jahren die drei Pyramiden. Durch ihre Anordnung sowie die Art ihrer Form wurden alle Daten der Katastrophe für immer dokumentiert. Ohne Hoffnung, dass der andere Teil ihrer Gruppe zurückkehren würde, verließen sie die Erde und kehrten nach Tercia zurück.

Die durch Flutwellen zerstörte Weltmetropole übte indessen noch immer eine magische Anziehungskraft auf die Menschen rings um den Atlantik aus. Aus allen Teilen der Welt kamen im Laufe der Jahre die Verbliebenen des ehemals auserwählten Volkes auf den kleinen Kontinent zurück, in ihrem Gefolge die unterschiedlichsten Menschenrassen. Es entwickelte sich eine dominante Subkultur, die durch Gewalt und Terror die Erde beherrschte.

Diese chaotischen Zustände fand die andere Gruppe der Tercianer vor, als sie um das Jahr 9000 v. Chr. wider Erwarten von ihrer weitergeführten Expedition zurückkehrte. Schon beim Eintritt in das Sonnensystem bemerkten sie die radikalen Veränderungen im Planetensystem. In den Pyramiden am Nil fanden sie alle Informationen über das Geschehen während ihrer Abwesenheit vor. Als ihr Anführer die Gewissheit hatte, dass drei Mitglieder seiner Mannschaft von den Atlantern liquidiert worden waren, beschloss er, diese völlig entartete Zivilisation restlos zu vernichten. Zu groß war die Enttäuschung, zu unbegreiflich, dass ihre großzügige Geste gegenüber den Menschen mit einer derartig barbarischen Tat beantwortet worden war. Für diese Strafaktion wollte er ein mehrere Kilometer großes Bruchstück der zerstörten Planetenkruste aus dem Asteroidengürtel in den Atlantik stürzen lassen und durch eine riesige Flutwelle alles Leben auf Atlantis vernichten. Eine Gruppe von Tercianern, die während dieser Zeit auf der Erde zurückbleiben sollte, entdeckte auf einer abgelegenen Insel im Atlantik ein kleines Völkchen, das noch ein Leben nach ihren Geboten führte. Diesen Menschen gaben sie den Rat, auf einigen Schiffen alles mitzunehmen, was sie benötigten, um nach der Flut wieder neues Leben auf Atlantis zu beginnen. In einer von den Tercianern vorbereiteten Höhle an der Ostküste Südamerikas sollten sie das Ende der Flut abwarten, um nach diesem Strafgericht wieder nach Atlantis zurückzukehren.

Als der Asteroid der Erde immer näher kam und sichtbar wurde, ahnten auch die Atlanter, was ihnen bevorstand. Panik brach aus. Viele wollten fliehen, aber nicht einer hatte eine Chance. Sie alle wurden Opfer der größten Flutkatastrophe, die je über die Menschheit hereinbrach. Als der Asteroid in zwei Teile zerbrechend mit ungeheurer Wucht in den Atlantik einschlug, brach entlang des Atlantischen Rückens die Erdkruste auf. Milliarden Tonnen glühenden Magmas stiegen in die Atmosphäre auf. Innerhalb weniger Stunden versanken die Reste des kleinen Kontinents im Meer. Eine kilometerhohe Flutwelle fegte über den versinkenden Kontinent hinweg. Millionen Menschen wurden Opfer der Katastrophe. Viele Landmassen im Atlantik wurden für immer überspült. Mit dem nicht eingeplanten Untergang von Atlantis erlebten die Tercianer ein weiteres Debakel. Aus der geplanten Überflutung des kleinen Kontinents, die alles Leben vernichten sollte, war eine geologische Katastrophe entstanden, die das Aussehen des Planeten Erde markant veränderte.

Nach einiger Zeit versuchten die letzten Überlebenden wieder nach Atlantis zurückzukehren, doch als sie im aufgewühlten Atlantik die richtige Stelle erreicht hatten, fanden sie kein Land mehr vor. Als der Anführer der Tercianer erfuhr, dass einige Atlanter die Flut überlebt hatten, wollte er diese auch noch liquidieren – nicht ein einziger der von ihnen geschaffenen Menschenrasse sollte überleben. Doch die Mehrheit der Mannschaft, welche die Aktion ihres Anführers nicht befürwortet hatte, verhinderte, dass die letzten Überlebenden des auserwählten Volkes ebenfalls vernichtet wurden. Den Tercianern blieb vor ihrer Abreise nur noch die Möglichkeit, den Menschen ein weiteres verheerendes Strafgericht bei ihrer angekündigten Rückkehr anzudrohen. Ihre anfänglich euphorischen Ambitionen in Bezug auf die Erde und deren Bewohner waren durch düstere Visionen ersetzt worden. Befürchteten sie vielleicht sogar, dass ihr Wirken auf der Erde nach einigen Generationen verklärt und falsch wiedergegeben werden würde? Diese Gedanken werden sie vielleicht bewegt haben, als der blaue Planet als immer kleiner werdender Punkt im All aus ihrem Blickfeld verschwand. Somit war die vielleicht einzigartige, schicksalhafte Begegnung im Universum zwischen verschiedenen Lebewesen vom Planeten Tercia und der Erde vorläufig zu Ende gegangen. Ob es zu einer Neuauflage dieser Begegnung kommt – das steht noch in den Sternen ...

Planet Erde – das Objekt der Begierde

»Gottes Reich auf Erden wird kommen!«, schallt es einem in irgendeiner belebten Fußgängerzone entgegen. Sicherheitshalber bekommt man noch ein bedrucktes, aber dennoch substanzloses Faltpapier in die Hand gedrückt, um es beim nächsten Papierkorb elegant und unbemerkt dem Recycling-System wieder zuzuführen. Und sollte man in seiner Wochenendzeitung unter der an Spannung nicht mehr zu überbietenden Rubrik »Gedanken zum Sonntag« wieder auf den gleichen Ausspruch stoßen, wird wohl auch kein intensiveres Nachdenken einsetzen. Wenn zudem aus dem »Vater unser« flehentlich, aber ebenso gedankenlos **Dein Reich komme, dein Wille geschehe im Himmel wie auf Erden** gefordert wird, sei die Frage erlaubt, macht es Sinn, für einen eventuellen Erd-Okkupanten weiterhin die Werbetrommel zu rühren? Mögen die Christen erwartungsfroh diesem nach ihrem Verständnis ausgerichteten Reich in Verknüpfung mit einer imaginären Herrlichkeit entgegenfiebern – in ihrer Ankündigung steckt für mich der eindeutige Hinweis auf die imperialen Ansprüche Außerirdischer auf die Erde. Unter dem Aspekt der hier vertretenen Ansicht wäre es jedenfalls besser, wenn diese Ankündigungen als »Androhungen« interpretiert würden, die alles andere, aber auf keinen Fall paradiesische Zustände auf Erden erwarten lassen.

Vielleicht wird das Repertoire mancher Sonntagsredner in Zukunft etwas dürftiger bemessen sein, wenn man sich die Freiheit nimmt, einige populäre Bibelaussagen etwas anders als gewohnt auszulegen. Dass dieses mitunter aus einem ironischen Blickwinkel geschieht, lässt sich aufgrund des kuriosen Inhaltes mancher Aussagen leider nicht verhindern. Aber wenn der Versuch unternommen werden soll, Hinweisen nachzugehen, die auf eine Rückkehr der Außerirdischen deuten, kommt man naturgemäß an der Bibel nicht vorbei, denn keine andere Schrift ist so randvoll mit diesen Ankündigungen gespickt. Auch wenn gegenwärtig diese Gefährdung nur hypothetischer Natur ist, handelt es sich um ein realistisches Szenario, das eines Tages zur bitteren Wahrheit werden kann. Wann die Rückkehr Gottes stattfinden soll, darüber gibt die Bibel ganz präzise Auskunft: »Keiner weiß die Zeit, keiner kennt die Stunde ...«

Wenn die Götter zurückkehren ...

Anstatt weiterhin die grenzenlose Güte des Allmächtigen zu preisen, wäre es besser, wenn kriminaltechnisch ausgebildete Profiler alles, was an alten Mythen und Überlieferungen vorhanden ist, analytisch auswerten, um ein ungefähres Bild von der Wesensart der Außerirdischen zu erhalten. Vielleicht bewahrheitet sich dadurch eine Verheißung der Bibel, die da lautet: »Was verborgen ist, wird offenbar werden.« Könnte nur einer der Tausenden von Theologie-Lehrstühlen an den Universitäten in einen Fachbereich mit dem Forschungsauftrag »Der reale Gott« umgewandelt werden, wäre der Menschheit sicherlich mehr gedient, als wenn die Religionsverfechter weiterhin ihr Gottesreich propagieren. Denn auf ihren selbstgestrickten Gott können sie noch eine Million Jahre warten, er wird nicht kommen. Deshalb ist jedes Jahr des Nichtstuns ein vergeudetes Jahr, jedes Jahr der Forschung nach dem »realen Gott« ein gewonnenes Jahr.

Nach Berechnungen von Astrophysikern ereignen sich alle 100 Jahre in unserer Galaxie zwei Supernovä. Folglich kommt es in einem Zeitraum von 100.000 Jahren zu etwa 2000 Supernovä. Somit ist es allein schon statistisch mehr als wahrscheinlich, dass die Erde irgendwann wieder ins Visier einer ums Überleben kämpfenden Zivilisation gerät. Deshalb muss die Erde nicht ständig in Erwartung eines solchen Ereignisses verharren. Aber eine Warnung vor einer Besitznahme der Erde ist dennoch angebracht, denn eines dürfte außer Zweifel stehen: Der außergewöhnliche Planet Erde wird für extraterrestrische Zivilisation immer ein begehrenswertes Objekt sein.

Der bei einer Rückkehr der Götter unweigerlich folgende Schockzustand könnte prophylaktisch unweigerlich mental besser überwunden werden, wenn sich ein wissenschaftlich erforschtes Gotteswesen gegenüber einem bisher nur in der Phantasie existierenden offenbarte. Das mag zwar bitter für praktizierende Christen und die Anhänger anderer Religionen sein, andererseits kann es für viele Menschen einer Befreiung gleichkommen, die der Religiosität schon immer skeptischer gegenüberstanden. Über der Menschheit schwebt unabwendbar das Damoklesschwert in Form einer Rückkehr der Götter. Die Vertreter der Religionen drohen zwar unentwegt mit dem Jüngsten Gericht bei deren Wiedererscheinen, aber kaum einer schert sich ernsthaft darum, und erschrecken kann man damit heutzutage niemanden mehr. Dafür hat die Menschheit im Grunde genommen auch keine Zeit, denn irgendwo auf dem Erdenrund wird ständig ein Konflikt mit militärischen Mitteln ausgetragen. Dass aber ein Konflikt in gänzlich anderen, uns kaum vorstellbaren Dimensionen immer näher rückt, in dem die Menschheit nicht die Spur einer Chance hätte, nimmt dagegen so gut wie keiner zur Kenntnis.

Dass die Außerirdischen für den Fall einer Rückkehr zur Erde bestens präpariert sind, das müsste wohl auch dem angeblich um die Sicherheit des Volkes besorgten naivsten Politiker einleuchten. Bei dieser Begegnung wird gewiss kein feierlicher Akt durch die UNO-Vollversammlung zur Begrüßung außerirdischer Intelligenzen stattfinden. Wie aber würde die Kaste der Volksvertreter reagieren, wenn die Außerirdischen ihre angekündigte Wiederkehr wahr machten und eines Tages völlig unverhofft wieder auf der Erde erschienen? Wären die staatlichen Instanzen in diesem Falle überhaupt noch legitimiert, das ihnen erteilte legislative und exekutive Votum anzuwenden? Könnten die religiösen Institutionen, falls sie in dieser Zeit überhaupt noch repräsentativ sein sollten, als Vermittler auftreten? Sollten die Außerirdischen etwas Humor besitzen und zudem Hände und einen Bauch haben, werden sie sich wahrscheinlich Letzteren vor Lachen halten, wenn sie erfahren, dass ausgerechnet diese kostümierte, Zeremonien zelebrierende und Myrre schwenkende

Fraktion sich jahrhundertelang dem menschlichen Publikum als ihre Stellvertreter präsentierte. Aufgrund der Tatsache, dass die Erde an den Milliarden von Menschenmassen förmlich erstickt, wird ihnen das Lachen endgültig vergehen, wenn sie in Erfahrung bringen, dass ihre selbsternannten »Stellvertreter« eine Geburtenkontrolle strikt ablehnten.

Die gesellschaftlichen wie auch die politischen Ordnungen würden im Chaos versinken! Diese Ansicht vertrat schon vor Jahrzehnten der bekannte Schweizer Psychologe Prof. Carl Gustav Jung (1875–1961). Er war der Überzeugung, dass bei der Begegnung mit einer außerirdischen Zivilisation die Grundfesten der Menschheit unterminiert und Staaten unter den Füßen Außerirdischer zerbröckeln würden. Jung vertrat diesen Standpunkt noch unter der Voraussetzung, dass sie in friedlicher Absicht die Erde besuchten. Die hier unterbreitete Theorie ergibt ein viel erschreckenderes, aber dennoch realistischeres Szenario, so dass eher Alarmstufe 1 angesagt ist, sollten die realen Götter zurückkehren. Eine riesige Schockwelle würde sich über den Erdball ausbreiten und das Ende einer geschichtlichen Epoche einläuten. Welche Optionen blieben einer völlig verunsicherten und verängstigten Menschheit? Wie sollte man den Außerirdischen gegenübertreten, wenn sie nicht einen Deut von ihrem Vorhaben abrücken, auf der Erde ihren Fortbestand zu sichern?

Mag es auch eine verlockende Idee sein, wenn eine überlegene Macht in die Geschicke der Erdenbewohner eingreift und alles zum Besten wendet. Bei einer emotionslosen realistischen Betrachtung wäre es auf jeden Fall besser, wenn ein Zusammentreffen, trotz aller negativen Entwicklungen, welche die Menschheit nun einmal im Laufe ihrer Historie aufzuweisen hat, nie stattfindet. Diese Ansicht vertritt ebenso der weltbekannte englische Astrophysiker Prof. Stephen Hawking und warnt eindringlich davor, dass die Menschen im Universum auf sich aufmerksam machen. Von der Schlussfolgerung ausgehend, dass ihr Ziel darin besteht, neuen Lebensraum zu erobern, kann eine solche Begegnung nur in einem unbeschreiblichen Chaos für die Menschheit enden. Die gesellschaftlichen Ordnungen eines bewohnten Planeten lassen sich nicht auf einen anderen übertragen. Sinn machte dieses nur, wenn die besuchte Population sich auf einem Niveau befindet, das dem Standard der Menschen vor über 15.000 Jahren entsprach. Keinen Sinn machte es in der gegenwärtigen irdischen Situation, weil nicht ausgeschlossen werden kann, dass Menschen außerirdischen Intelligenzen auf einigen Gebieten sogar überlegen wären. Verschiedene kosmische Kulturen erreichen aufgrund ihrer wohl ausgeprägt anders gearteten Gesellschaftssysteme wohl nie eine derartige Affinität, dass sie auf einem Planeten eine funktionierende multikosmische Gesellschaft etablieren könnten. Wie sollte dies auch gelingen, wenn schon auf der Erde die Versuche scheitern, ethnisch unterschiedliche Kulturkreise zu einer multikulturellen Gesellschaft zu formen? Deshalb führen auch diese Überlegungen unweigerlich zu der Erkenntnis, dass ein gemeinsames, paradiesisches Zusammenleben in Gottes Reich auf Erden niemals Realität werden kann.

Muss Amerika evakuiert werden?

Wie gestaltet sich die Zukunft der Menschheit im Falle einer tatsächlichen Rückkehr der Außerirdischen? Findet eine Parallele zu der Eroberung des amerikanischen Kontinentes durch die Europäer statt? Wird eventuell den Menschen wie damals den indianischen Ureinwohnern nur noch ein Überleben in kleinen Reservaten zugebilligt, oder, noch schlimmer, fristen die Erdenbewohner ihr Dasein als zu bestaunende Objekte in einem Menschen-Zoo? Sollten die Außerirdischen tatsächlich noch ein Faible für die Menschen besitzen und ihre großzügige Seite präsentieren, billigen sie eventuell der Menschheit noch eine Bevölkerungsanzahl zu, die sich in Zukunft vielleicht zwischen zehn und hundert Millionen Menschen einzupendeln hat, aber bitte nur in Afrika, Europa oder Asien. Den amerikanischen Kontinent haben sie für sich reserviert, deshalb ist in zehn siderischen Erdumlaufbahnen diese Landmasse unverzüglich zu räumen. Einige dieser Schreckensversionen könnten sogar noch ein annehmbarer Kompromiss sein im Gegensatz zu der schon erwähnten Möglichkeit, dass den Menschen nur noch der Jupiter-Mond Europa als Überlebensraum zugebilligt würde. Diese Gedanken dürfen keinesfalls als abwegig betrachtet werden, denn wie bereits erwähnt, befassen sich die Menschen bereits selbst mit dieser Option.

Staaten zerbröckelten unter ihren Füßen... schrieb Prof. Jung. Welche Dimensionen das Chaos auf der Erde bei einer Konfrontation mit einer außerirdischen Macht annehmen würde, das mag sich kaum einer ausmalen, wenn schon ein in der Relation unbedeutender Hurrikan namens Katrina die gesellschaftliche Ordnung zu erschüttern vermag. Welches Chaos würde erst ausbrechen, wenn das weltweit kapitalistisch ausgerichtete Wirtschaftssystem innerhalb weniger Stunden kollabieren würde und für die Weltmacht Nummer eins, die USA, faktisch das Ende ihrer Nation angesagt wäre. Würden sie sich diesem Diktat beugen oder sollte doch der Versuch gewagt werden, militärisch gegen die Außerirdischen vorzugehen? Das könnte zwar das Ende der Menschheit bedeuten, aber wer kann schon sicher sein, dass auf einem fernen Planeten das Urteil über die Erdenbewohner nicht längst gefällt ist? Ob unsere geistigen Eliten andererseits in der Lage wären, ihnen einzureden, wie edel doch die menschliche Rasse sei, und die Außerirdischen deshalb doch bitte schön von ihrem Vorhaben Abstand nehmen sollten, muss ebenso bezweifelt werden wie die Hoffnung, dass sie sich mit einem »Sorry, wir wollen nicht weiter stören« wieder von der Erde verabschiedeten.

Werden wir beobachtet?

Auch den Ufologen, die ja überwiegend in der naiven Hoffnung leben, dass sich eines Tages ein Raumschiff der Erde nähert und dank der überlegenen Intelligenz der Außerirdischen wären mit einem Schlage alle Probleme der Menschheit gelöst, sei versichert: Pustekuchen! Alle diese Träume werden sich in nichts auflösen. Die Außerirdischen kommen bestimmt nicht mit einem »Hallo, wir geben euch einige Tipps, macht dieses oder jenes besser so oder so«.

Die irdischen Probleme sind den Menschen wohlbekannt. Leider sind sie aus den unterschiedlichsten Gründen nicht ernsthaft bereit, diese selber zu lösen. Viele sind ja der Überzeugung, dass Außerirdische nicht nur eine den Menschen haushoch überlegene Technik besitzen, sondern wie selbstverständlich damit einhergehend zudem eine höhere Ethik, von der die Menschheit nur profitieren könnte. Aber das euphorische Bild der sehnsüchtig erwarteten, überlegenen Zivilisation, die der gesamten Menschheit eine phantastische, für immer sorgenfreie Zukunft offeriert, wird sich sehr schnell als Trugbild entpuppen, wenn die wahren Absichten und Zielsetzungen der Außerirdischen zutage treten.

Zugegeben, für einige der Abertausenden von Ufo-Beobachtungen wird auch von seriösen Wissenschaftlern keine logische Erklärung angeboten. Trotzdem ist es einfach unrealistisch, dass seit Jahrzehnten, seit dieses Phänomen vor allem in den USA erstmals auftauchte, eine außerirdische Intelligenz ständig mit ihren Ufos Menschen entführte, um deren Physiologie zu durchleuchten. Wahrscheinlich wird ihnen diese besser bekannt sein als den brillantesten irdischen Medizinern. Und wer immer noch glaubt, dass nahe dem Militärstützpunkt Rosewell in Arizona im Jahre 1947 ein Ufo abgestürzt sei und der geheimste aller US-Geheimdienste die Trümmer und die dabei ums Leben gekommenen Außerirdischen so geheim hielt, dass dennoch Fotos der getöteten ETs an die Öffentlichkeit gelangten, dem ist einfach nicht mehr zu helfen.

Realistischer als alle Ufo-Storys erscheint dagegen die schon des Öfteren geäußerte Vermutung, dass seit Jahrtausenden auf einem fixierten Punkt zwischen Erde und Mond ein oder auch mehrere Satelliten positioniert sind, welche die Erde permanent beobachten. Das wäre ein sinnvolles Verfahren, dessen sich wohl Menschen in der gleichen Situation ebenso bedienen würden. Sollte tatsächlich ein derartiges System installiert sein und die früheren Erdenbesucher kämen aus einer Distanz von bis zu etwa 100 Lichtjahren, dann müssten sich die Menschen trotz der gegenwärtigen Erderwärmung »warm anziehen«, denn die Klimaveränderungen ließen bereits Rückschlüsse auf eine Übervölkerung der

Erde zu. Der von den Satelliten aufgefangene irdische Funkverkehr würde wohl nicht so besorgt zur Kenntnis genommen wie die überaus zahlreichen registrierten Atombombenexplosionen der letzten Jahrzehnte. Sollten diese Ereignisse wiederum in den nächsten Jahrzehnten außerhalb unseres Sonnensystems wahrgenommen werden, könnte man dort zu der Einsicht gelangen: Auf der Erde tut sich was, es wird höchste Zeit, dass wir dort noch mal nach dem Rechten sehen müssen!

In diesem Zusammenhang existieren einige sehr merkwürdige Begebenheiten, die nicht unerwähnt bleiben sollten: Von 1927 bis 1970 wurden bei Versuchen mit Radiowellen im Kurzwellenbereich Echos mit unerklärlichen Verzögerungen empfangen. Diese Echos wurden weltweit registriert, nur fand keiner der Wissenschaftler eine logische Erklärung für dieses Phänomen. Wären die Wellen zum Beispiel vom Mond reflektiert worden, hätte es nie eine Verzögerung gegeben. Nun befassten sich keine spinnerten Science-Fiction-Autoren mit diesen Problemen, sondern hochgescheite Leute, wie zum Beispiel Prof. Bracewell von der Stanford University in den USA oder Duncan Lunan, Präsident der Schottischen Vereinigung für Technologie, der die verzögerten Signale analysierte und in ein Diagramm eintrug, mit dem Ergebnis, dass eine Sternenkarte von dem Doppelsternsystem Epsilon Bootes erschien. Die nach dem gleichen Schema angelegten Sekundengitter aus sechs verschiedenen Jahren ergaben immer das Gleiche: Vergrößerungen des Sternenbildes um Epsilon Bootes. Aufgrund der Sternpositionen recherchierte Duncan Lunan weiter und kam zu dem Ergebnis, dass sich seit 12.600 Jahren!!! ein Satellit in einer Mondumlaufbahn befindet.

All das stimmt zwar wunderbar mit meiner Zeitrechnung überein, trotzdem ist Skepsis angesagt, wenn Duncan Lunan zudem noch zu der Feststellung gelangt, dass der Absender des Satelliten von dem sechsten der sieben Planeten kommt und dass zu dem Sonnensystem auch noch sechs Monde gehören. Dennoch erhebt sich die Frage, wenn dem so wäre, warum sollten die Außerirdischen auf diese Weise ihren exakten Standort preisgeben? Nun ist das Doppelsternsystem Epsilon Bootes, 101 Lichtjahre von der Erde entfernt, schon des Öfteren in Zusammenhang mit den unterschiedlichsten Spekulationen gebracht worden. Sollte die geschilderte Planetenkonstellation eines Tages Bestätigung finden, wie es bei den Mars-Monden und den Sirius-Begleitern B und C geschah, von deren Existenz Berichte existierten, bevor sie gesichtet werden konnten, kann es für die NASA oder ESA nur eine Parole geben: Sucht den Satelliten in der Nähe des Mondes! Sollte tatsächlich durch konsequentes Suchen eines Tages ein derartiges Beobachtungssystem geortet werden, gelangten wiederum die Religionen in noch größere Erklärungsnot, denn ein allgegenwärtiger Gott benötigt doch wohl keine Satelliten, um seine Schäflein im Auge zu behalten!

Aufgrund physikalischer Gesetzmäßigkeiten wird wohl nie ein Transfer zwischen den einzelnen der über 100 Milliarden anderen Galaxien mit ihren Billionen oder Billiarden Zivilisationen stattfinden. Anders gestalten sich die Voraussetzungen in unserer heimischen Galaxie mit einigen Zehntausend vermuteten Zivilisationen. Ist die Gefahr eines Besuches Außerirdischer auf der Erde dennoch real? Der berühmte amerikanische Astronom und Buchautor Carl Sagan – sozusagen ein kosmischer Aristoteles der Neuzeit – lehnte dies kategorisch ab. Er vertrat die Ansicht, dass eine Zivilisation jährlich 10.000 Raumschiffe starten müsste, bis sie einen Erfolg verbuchen könnte. Leider hat Carl der Große nicht verlauten lassen, wie viele Zivilisationen seiner Meinung nach existieren, sowie die Möglichkeit unterschätzt, dass andere Zivilisationen vielleicht exakt selektieren können, in welchen Sonnensystemen lebensfreundliche Planeten vorhanden sein könnten.

Nun muss man Sagan zugute halten, dass die Astrophysik vor drei Jahrzehnten doch noch um einiges von den gegenwärtigen Erkenntnissen entfernt war. Deshalb ist die Gefahr, dass der Planet Erde zum Objekt der Begierde wird, nicht nur sehr realistisch, sondern zunehmend akut, weil eine völlig andere Ausgangslage gegeben ist, wenn eine Zivilisation um ihre Existenz kämpfen muss. Und auch darüber muss sich die gesamte Menschheit im Klaren sein: Dieser Existenzkampf kann sehr brutal und rücksichtslos geführt werden. Und wer immer noch die Ansicht vertritt, die enormen Distanzen zwischen den Sonnensystemen bildeten einen natürlichen Schutzwall, der unterschätzt leichtsinnig die Bemühungen, die wohl jede Zivilisation für ihr Überleben zu erbringen bereit wäre.

Wie groß die Gefährdung wirklich ist, hängt einzig und allein davon ab, wie viele bewohnbare Planeten in einem Umkreis von mehreren hundert Lichtjahren existieren. Sind es sehr viele, könnte die Erde etwas sicherer vor einer Okkupation sein, sind es nur einige wenige, dürfte der Appetit auf dieses Filetstück unter den Planeten besonders stark ausgeprägt sein. Sollte sich dennoch eines Tages eine extraterrestrische Expedition der Erde nähern, dann ist davon auszugehen, dass für diese Besucher die Erde kein fremder Planet ist – sie kennen jeden Winkel, und, was noch bedrohlicher ist, sie kennen das Wesen der Menschen!

»Denn sollte in Wahrheit Gott auf Erden wohnen?«

Das glorifizierte Endziel aller Religionen gipfelt bekanntermaßen in einem gemeinsamen Leben bei Gott in der Herrlichkeit. Haben die Menschen von der Frühzeit bis heute vielleicht etwas missverstanden oder verwechselt? Realistischer ist jedenfalls, dass die Götter ihrerseits eines Tages eher bei den Menschen ihr Quartier beziehen!

Einen gab es wohl doch, der die ganze Angelegenheit richtig verstanden hatte. In der Bibel 1. Könige 8 Vers 27 fragt sich Salomon besorgt und zweifelnd: Denn sollte in Wahrheit Gott auf Erden wohnen? Siehe, der Himmel und aller Himmel Himmel mögen dich nicht fassen. Wie sollte es denn dies Haus tun, das ich gebaut habe? Aller Wahrscheinlichkeit nach waren die Menschen sogar bemüht, ihrem außerirdischen Herrn und Gebieter eine adäquate Wohnstatt auf der Erde zu errichten. Dass die Götter womöglich eine Geringschätzung für die Erde und deren Bewohner empfanden, dafür liefert Jesaja im 66. Kapitel Vers 1 wieder ein prägnantes Beispiel: So spricht der Herr: Der Himmel ist mein Stuhl, und die Erde meine Fußbank. Zudem fragte Gott neugierig und interessiert nach: Was ist's denn für ein Haus, das ihr mir bauen wollet? Oder welches ist die Stätte, da ich ruhen soll?

Zum Abschluss möchte ich noch einmal kurz Jesaja zitieren, der vielleicht sogar die letzten gemeinsamen Stunden zwischen Außerirdischen und Menschen Revue passieren ließ, auch wenn er diesen Akt sicherlich nicht live miterlebte. Vor geraumer Zeit hörte ich einen Pfarrer predigen: Denn nun muss ich von euch gehen ... Ich horchte auf, als er fortfuhr: ... denn meine Gedanken sind nicht eure Gedanken, und eure Wege sind nicht meine Wege ... sondern so viel der Himmel höher ist denn die Erde, so sind auch meine Wege höher denn eure Wege und meine Gedanken denn eure Gedanken. Erst später brachte ich in Erfahrung, dass es sich bei dieser Passage um Jesaja 55, Vers 8ff. handelt. Ob sich dort der Allmächtige verabschiedet hat oder außerirdische Wesen den Menschen adieu sagen wollten, mag der Leser selber beurteilen. Eigentlich ein Schlag ins Kontor des Selbstwertgefühls der erhabenen Menschenrasse. Jedenfalls wird den Menschen hier in einer fast schon als arrogant zu bezeichnenden Weise klargemacht, was sie doch für kleine Lichter sind. Interessant ist dabei, dass der Unterschied zwischen Göttern und Menschen in mathematischen Parametern wiedergegeben wird. Ja, dieser Vers 8 hat es in sich, und vielleicht wird mancher Gläubige bei der nächsten Begegnung mit diesem populären Spruch doch etwas nachdenklicher. Für die Menschheit könnte es das größte Geschenk sein, wenn sich der von Jesaja beschriebene Abschied beim nächsten Zusammentreffen mit extraterrestrischen Wesen wiederholte.

Dass es zu einer erneuten Konfrontation mit den »Göttern« kommen kann, ist in den einzelnen Kapiteln eindringlich geschildert und belegt. In keinem Bereich des breiten Spektrums der wissenschaftlichen Disziplinen, die hier mit den vorgelegten Hypothesen konfrontiert werden, kann ich mich als ausgewiesener Experte präsentieren. Das kann unter Umständen auch ein Vorteil sein, denn somit ist der »Gesamtüberblick« nicht durch zu spezifische Fachkenntnisse zu sehr eingeengt. Mein Bestreben ist es vorrangig, Denkanstöße zu geben – endgültige Beweise müssen ausschließlich von wissenschaftlicher Seite kommen, und zwar ohne Rücksicht auf irgendwelche religiösen Interessengruppen. Weil dieses nicht ohne Widerstand akzeptiert wird, sollten sich die Wissenschaftler der treffenden Aussage von Prof. Luis E. Navia, Professor des New Yorker Instituts of Technology, ständig bewusst sein: Wenn wir gezwungen sind, die Meere religiöser Überzeugungen zu befahren, müssen wir uns darüber im Klaren sein, dass die Wissenschaft kein willkommener Reisegefährte ist.

Es ist meine persönliche Hoffnung, dass es der Wissenschaft gelingt, einige der in diesem Buch aufgestellten Hypothesen als Fakten zu bestätigen, allein schon um jeglichem religiösen Fundamentalismus – ganz gleich, auf welcher Religion er begründet ist – endlich den Nährboden zu entziehen. Kein Regime könnte dann noch seine kriegerischen Handlungen durch irgendwelche religiösen Inspirationen legitimieren. Die einen müssten Abschied nehmen von der Vorstellung, ein Recht auf Land geltend zu machen, das ihnen in grauer Vorzeit von Gott ohne Grundbucheintragung zugewiesen wurde. Andere wiederum könnten keinen Gottesstaat mehr einfordern, zudem lässt ein ad absurdum geführter Gott die glorifizierten Gotteskrieger noch irrationaler erscheinen.

Welchen Verlauf eine erneute Begegnung zwischen Menschen und Außerirdischen nehmen würde, darauf kann gegenwärtig kein Wissenschaftler, Politiker oder Philosoph und wohl noch weniger ein Kirchenfürst eine befriedigende Antwort geben. Weil die Menschheit ihr Dasein seit Jahrtausenden sozusagen ungestört mit ihren selbstgeschaffenen Problemen verbringt, ist gegenwärtig leider so gut wie kein gedanklicher Raum für die Situation vorhanden, dass die Erde irgendwann in Zukunft ein begehrenswertes Objekt für eine außerirdische Zivilisation sein könnte. Es geht nicht darum, Panik zu erzeugen – dennoch wäre es wünschenswert, wenn diese mögliche Gefahr im Bewusstsein der Menschen verankert würde, wozu ein von Mythologien befreiter Blick in die Vergangenheit mehr als hilfreich wäre. Wie Jesaja möchte ich mich nun ebenfalls verabschieden, jedoch auch mit einer kleinen, aber erlaubten Abwandlung:

Denn meine Gedanken, so hoffe ich, sind auch eure Gedanken...

Ein Dankeschön …

allen, die mir bei diesem Buch behilflich waren. Als Erstes Michael Görden, der es mir ermöglichte, einen renommierten Verlag für mein Buchprojekt zu gewinnen. Des Weiteren Dr. Hans Jelitto für seinen Beitrag sowie für seine wertvollen Anregungen und Ratschläge den physikalischen Bereich betreffend. Erich von Däniken für die Überlassung von Fotos aus dem Nazca-Gebiet. Ebenso einem Astrophysiker und Asteroidenexperten, der mir Material über den Asteroidengürtel zukommen ließ, aber ungenannt bleiben will, was ich auch respektiere. Den Kollegen der Siegener Zeitung, die mir in technischer Hinsicht behilflich waren. Und zum Schluss meinem Sohn Stephan, der Computer-Animationen sowie Grafiken für dieses Buch erstellte und vor allem für einen störungsfreien Betrieb meines Notebooks nebst Drucker sowie der Internetanwendung sorgte.

Literaturhinweise

Becklake, Sue: Das große Buch vom Weltall, Bassermann Verlag, 1995
Berlitz, Charles: Das Bermuda-Dreieck, Zsolnay Verlag, 1975
Berlitz, Charles: Das Atlantis-Rätsel, Zsolnay Verlag, 1976
Chactun – Die Götter der Maya, Diederichs Gelbe Reihe, 1986
Charroux, Robert: Das Rätsel der Anden, Econ Verlag, 1978
Coles, John: Erlebte Steinzeit, C. Bertelsmann Verlag, 1973
Däniken, Erich von: Aussat und Kosmos, Econ Verlag, 1972
Däniken, Erich von: Die Augen der Sphinx, C. Bertelsmann Verlag, 1989
Däniken, Erich von: Zeichen für die Ewigkeit, Goldmann Verlag, 1999
Das Leben des Propheten, Erdmann Verlag, 1976
Edwards, I. E. S.: Die ägyptischen Pyramiden, Harrassowitz Verlag, 1967
Hassler, Gerd von: Noahs Weg zum Amazonas, Glöss Verlag, 1976
Jelitto, Hans, Dr.: Pyramiden und Planeten, Wissenschaft & Technik Verlag, 1999
Muck, Otto H.: Alles über Atlantis, Econ Verlag, 1976
Nack, E., u. Wägner, W.: Im Reich der Inka, Deutscher Bücherbund
Navia, Luis E., Prof.: Unsere Wiege steht im Kosmos, Econ Verlag, 1976
Navia, Luis E., Prof.: Das Abenteuer Universum, Econ Verlag, 1977
Palm, Rolf: Die Sarazenen, Econ Verlag, 1978
Popol Vuh – Das Buch des Rates, Diederichs Gelbe Reihe, 1978
Temple, Robert: Das Sirius-Rätsel, Umschau Verlag, 1977
Tollmann, A. u. E.: Und die Sintflut gab es doch, Droemer Knauer Verlag, 1993
Tompkins, Peter: Die Geheimnisse der großen Pyramiden, Kaiser Verlag, 1973
Toth, Max: Das Geheimnis der Pyramid Power, Goldmann Verlag, 1988
Velikovsky, Immanuel: Welten im Zusammenstoß, Kohlhammer Verlag, 1952
Velikovsky, Immanuel: Die Seevölker, Ullstein Verlag, 1988
Velikovsky, Immanuel: Erde in Aufruhr, Ullstein Verlag, 1988
Zanot, Mario: Die Welt ging dreimal unter, Weltbild Verlag, 1991

Literaturverweise

von Dr. Hans Jelitto aus Kapitel »Pyramiden und Planeten«:

[1] Jelitto, Hans: Gespiegelte Planeten – Die Anordnung der Pyramiden von Gizeh. Kosmos Erde Mensch – Spezial, Magazin 2000plus Nr. 156, Argo-Verlag, Marktoberdorf (Dez. 2000) 12–22

[2] Smyth, Charles Piazzi: The Great Pyramid in Egypt. Aus: Astronomical Observations Made at the Royal Observatory, Edinburgh (1871) Bd. XIII, Tafel 43

[3] Wölfli, Willy: Archäologie mit einem Schwerionenbeschleuniger. Physik in unserer Zeit, 25. Jahrgang (1994) Nr. 2, 58

[4] Haas, H., Devine, J., Wenke, R., Lehner, M., Woelfli, W., Bonani, G.: Radiocarbon Chronology and the Historical Calendar in Egypt. Chronologies in the Near East, BAR International Series 379 ii (1987) 585

[5] Badawy, Alexander: The Stellar Destiny of Pharaoh and the so-called Air-shafts in Cheops' Pyramid. Mitteilungen des Instituts für Orientfoschung, Deutsche Akad. der Wissensch. zu Berlin, MIOAWB 10 (1964) 189

[6] Trimble, Virginia: Astronomical Investigation concerning the so-called Air-shafts of Cheops' Pyramid. (Wie vorherige Referenz) MIOAWB 10 (1964) 183

[7] Bauval, Robert und Gilbert, Adrian: Das Geheimnis des Orion. List Verlag, München, Leipzig (1994)

[8] Jelitto, Hans: Pyramiden und Planeten – Ein vermeintlicher Meßfehler und neues Gesamtbild der Pyramiden von Giza. Wissenschaft & Technik Verlag, Berlin (1999)

[9] Herrmann, Joachim: dtv-Atlas zur Astronomie. Deutscher Taschenbuch Verlag, 11. Auflage (1993) 105

[10] Borchardt, Ludwig: Längen und Richtungen der vier Grundkanten der Großen Pyramide bei Gise. Springer-Verlag, Berlin (1926)

[11] Cole, J. H.: Determination of the Exact Size and Orientation of the Great Pyramid of Giza. Survey of Egypt Paper No. 39, Government Press, Cairo (1925)

[12] Lang, Kenneth R.: Astrophysical Data – Planets and Stars. Springer-Verlag, New York, Berlin, Heidelberg, … (1992) 41ff.

[13] Meeus, Jean: Astronomical Algorithms. Willmann-Bell, Inc., Richmond, Virginia (1991)

[14] Bretagnon, P.: Théorie du mouvement de l'ensemble des planétes – Solution VSOP82. Astronomy and Astrophysics 114 (1982) 278

[15] Bretagnon, P., Francou, G.: Planetary theories in rectangular and sperical variables – VSOP87 solutions. Astronomy and Astrophysics 202 (1988) 309

[16] Petrie, William Matthew Flinders: The Pyramids and Temples of Gizeh. Field & Tuer, New York, first edition (1883) 125

Bildquellennachweis

Grafiken und Schwarzweißfotos im Textteil:

Seiten 24, 41, 50, 52, 53, 56 NASA; Seiten 50, 61, 118, 149, 151, 156 agenturheinrich; Seiten 120, 124, 125, 133, 144 eigene Aufnahmen; alle Grafiken im Kapitel »Pyramiden und Planeten« sowie Seiten 135, 146 Hans Jelitto; Seite 160 Erich von Däniken; Seiten 184, 186, 189, 191, 193 O. H. Muck, Econ Verlag.

Fotos im Farbteil:

Seiten I, II, IV, V, VI, VII, VIII, XIII NASA; III agenturheinrich; IX, X eigene Aufnahmen; XI Hans Jelitto; XII, XIV Erich von Däniken; XV Piri-Reis-Karte aus Internet; XVI Graham Hancock.

Personen und Sachverzeichnis